目次

教科書ぴったりトレーニング
教育出版版 数学1年

自分にあった学習法を
見つけよう!

成績アップのための学習メソッド

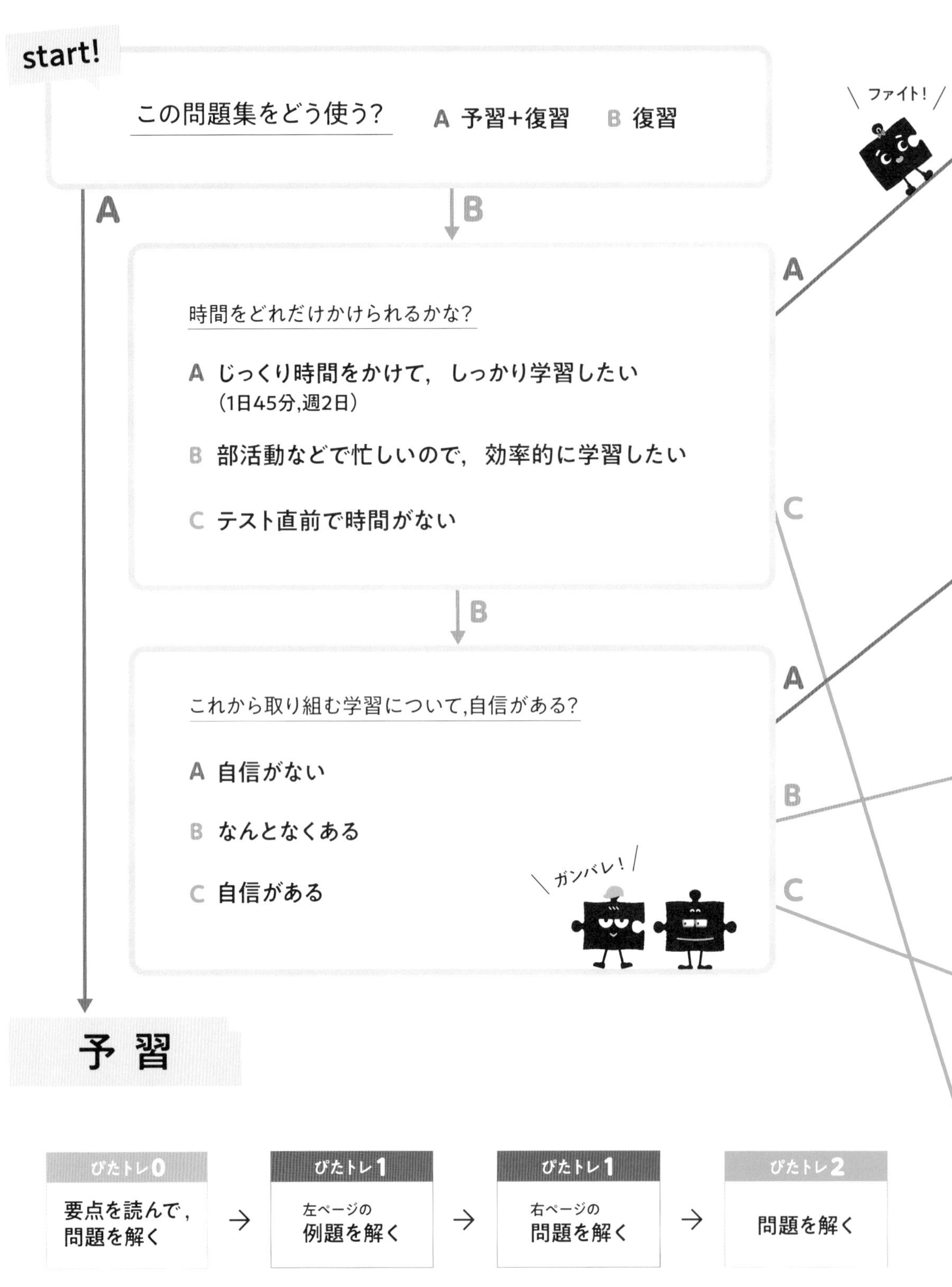

ぴたトレ0		ぴたトレ1		ぴたトレ1		ぴたトレ2
要点を読んで，問題を解く	→	左ページの 例題を解く	→	右ページの 問題を解く	→	問題を解く

わからない時は…学校の授業をしっかり聞いて解決! → 残りのページを 復習 として解く

復 習

目安の時間には,丸付けや見直しの時間も含まれているよ。

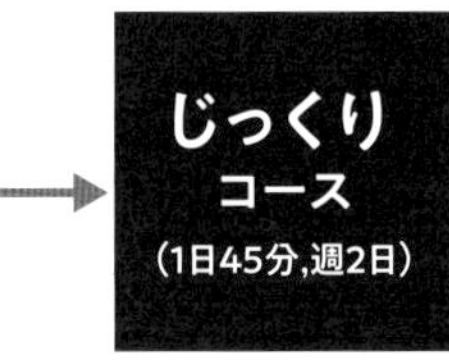

じっくりコース（1日45分,週2日）

ぴたトレ0：要点を読んで，問題を解く
→ ぴたトレ1（45分）：左ページの例題を解く
└ 解けないときは 考え方 を見直す
右ページの問題を解く
└ 解けないときは ●キーポイント を読む
→ ぴたトレ2（45分）：問題を解く
└ 解けないときは ヒント を見る ぴたトレ1 に戻る
→ ぴたトレ3（45分）：テストを解く
└ 解けないときは ぴたトレ1 ぴたトレ2 に戻る
→ 教科書のまとめ：まとめを読んで，学習した内容を確認する

定期テスト予想問題や別冊mini bookなども活用しましょう。

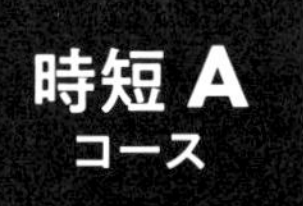
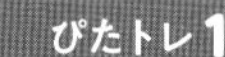

時短 A コース

ぴたトレ1（45分）：問題を解く
→ ぴたトレ2（30分）：よく出る だけ解く
→ ぴたトレ3：時間があれば取り組もう!

時短 B コース

ぴたトレ1（20分）：右ページの よく出る 絶対理解 だけ解く
→ ぴたトレ2（45分）：問題を解く
→ ぴたトレ3（45分）：テストを解く

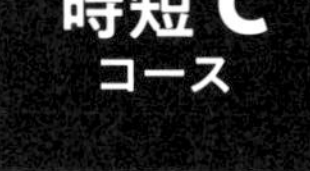

時短 C コース

ぴたトレ1：省略
→ ぴたトレ2（45分）：問題を解く
→ ぴたトレ3（45分）：テストを解く

＼めざせ,点数アップ!／

テスト直前コース

5日前 ぴたトレ1：右ページの よく出る 絶対理解 だけ解く
→ 3日前 ぴたトレ2：よく出る だけ解く
→ 1日前 定期テスト予想問題：テストを解く
→ 当日 別冊mini book：赤シートを使って最終確認する

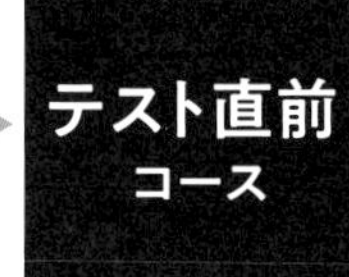

コースがきまったら,4~5ページを見てみよう ➡

成績アップのための **学習メソッド**

《 ぴたトレの構成と使い方 》

教科書ぴったりトレーニングは,おもに,「ぴたトレ1」,「ぴたトレ2」,「ぴたトレ3」で構成されています。それぞれの使い方を理解し,効率的に学習に取り組みましょう。
なお,「ぴたトレ3」「定期テスト予想問題」では学校での成績アップに直接結びつくよう,通知表における観点別の評価に対応した問題を取り上げています。

学校の通知表は以下の観点別の評価がもとになっています。

知識 技能	思考力 判断力 表現力	主体的に 学習に 取り組む態度

ぴたトレ0 スタートアップ

各章の学習に入る前の準備として,これまでに学習したことを確認します。

学習メソッド
この問題が難しいときは,以前の学習に戻ろう。あわてなくても大丈夫。苦手なところが見つかってよかったと思おう。

ぴたトレ1 要点チェック

基本的な問題を解くことで,基礎学力が定着します。

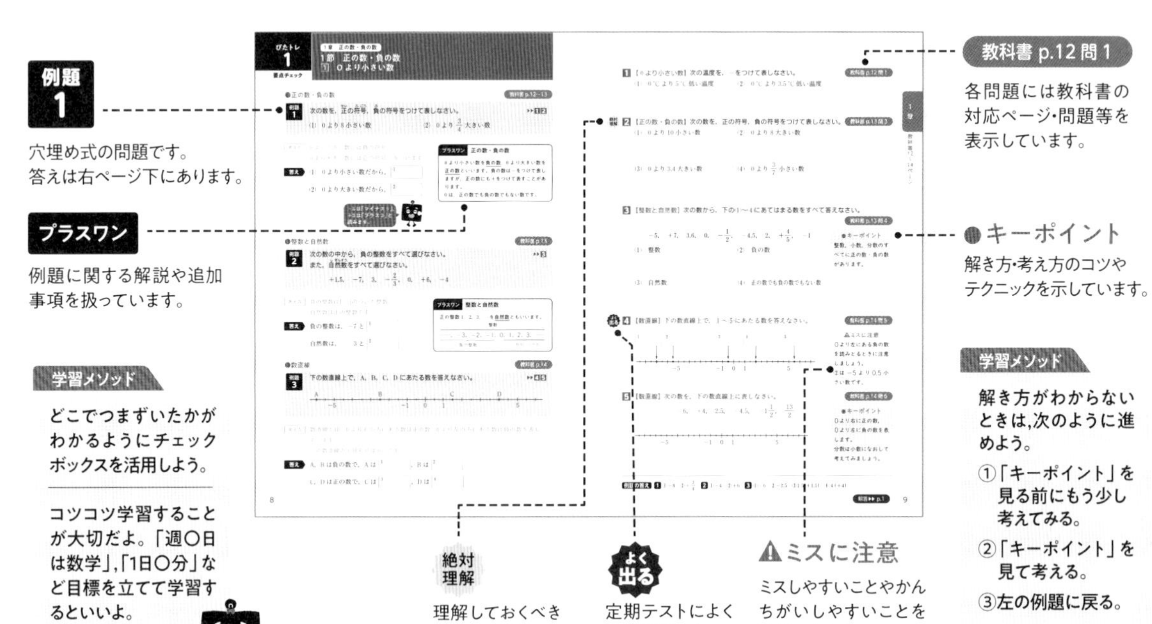

例題 1
穴埋め式の問題です。
答えは右ページ下にあります。

プラスワン
例題に関する解説や追加事項を扱っています。

学習メソッド
どこでつまずいたかがわかるようにチェックボックスを活用しよう。

コツコツ学習することが大切だよ。「週〇日は数学」,「1日〇分」など目標を立てて学習するといいよ。

教科書 p.12 問 1
各問題には教科書の対応ページ・問題等を表示しています。

キーポイント
解き方・考え方のコツやテクニックを示しています。

学習メソッド
解き方がわからないときは,次のように進めよう。
①「キーポイント」を見る前にもう少し考えてみる。
②「キーポイント」を見て考える。
③左の例題に戻る。

絶対理解
理解しておくべき重要な問題です。

よく出る
定期テストによく出る問題です。

ミスに注意
ミスしやすいことやかんちがいしやすいことを確認できます。

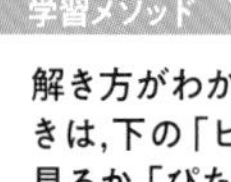

ぴたトレ2 練習

理解力・応用力をつける問題です。
解答集の「理解のコツ」では実力アップに欠かせない内容を示しています。

学習メソッド
解き方がわからないときは,下の「ヒント」を見るか,「ぴたトレ1」に戻ろう。
間違えた問題があったら,別の日に解きなおしてみよう。

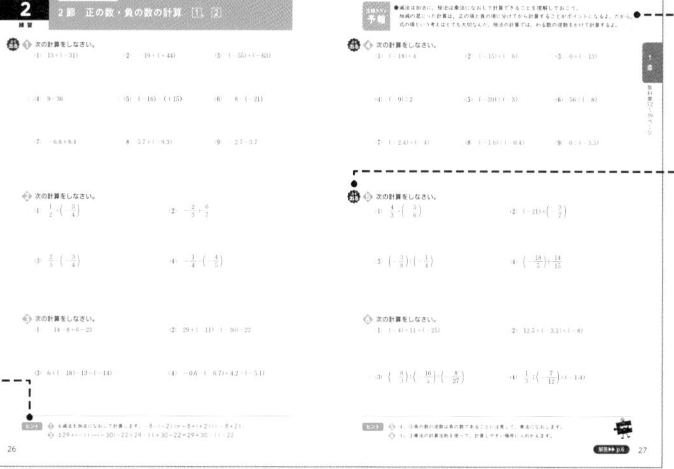

定期テスト予報
テストに出そうな内容を重点的に示しています。

よく出る
定期テストによく出る問題です。

学習メソッド
同じような問題に繰り返し取り組むことで,本当の力が身につくよ。

ヒント
問題を解く手がかりです。

ぴたトレ3 確認テスト

どの程度学力がついたかを自己診断するテストです。

成績評価の観点
知 考
問題ごとに「知識・技能」「思考力・判断力・表現力」の評価の観点が示してあります。

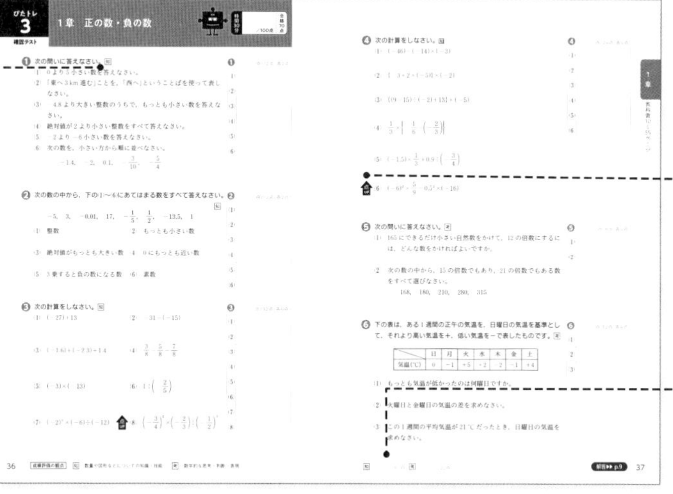

学習メソッド
テスト本番のつもりで何も見ずに解こう。
- 解けたけど答えを間違えた →ぴたトレ2の問題を解いてみよう。
- 解き方がわからなかった →ぴたトレ1に戻ろう。

学習メソッド
答え合わせが終わったら,苦手な問題がないか確認しよう。

点UP
テストで問われることが多い,やや難しい問題です。

各観点の配点欄です。自分がどの観点に弱いかを知ることができます。

教科書のまとめ

各章の最後に,重要事項をまとめて掲載しています。

学習メソッド
重要事項をしっかり見直したいときは「教科書のまとめ」,短時間で確認したいときは「別冊minibook」を使うといいよ。

定期テスト予想問題

定期テストに出そうな問題を取り上げています。
解答集に「出題傾向」を掲載しています。

学習メソッド
ぴたトレ3と同じように,テスト本番のつもりで解こう。
テスト前に,学習内容をしっかり確認しよう。

1章　整数の性質
2章　正の数，負の数

□不等号　　◀ 小学3年

$\frac{8}{8}=1$ のように，等しいことを表す記号＝を等号といい，

$1>\frac{5}{8}$ や $\frac{3}{8}<\frac{5}{8}$ のように，大小を表す記号＞，＜を不等号といいます。

□計算のきまり　　◀ 小学4～6年

$a+b=b+a$　　$(a+b)+c=a+(b+c)$

$a\times b=b\times a$　　$(a\times b)\times c=a\times(b\times c)$

$(a+b)\times c=a\times c+b\times c$　　$(a-b)\times c=a\times c-b\times c$

1 次の数を下の数直線上に表し，小さい順に書きなさい。　　◀ 小学5年〈分数と小数〉

$\frac{3}{10}$，0.6，$\frac{3}{2}$，1.2，$2\frac{1}{5}$

0　　1　　2

ヒント
数直線の1目もりは0.1だから……

2 次の□にあてはまる記号を書いて，2数の大小を表しなさい。　　◀ 小学3，5年〈分数，小数の大小，分数と小数の関係〉

(1)　3 □ 2.9　　(2)　2 □ $\frac{9}{4}$

(3)　$\frac{7}{10}$ □ 0.8　　(4)　$\frac{5}{3}$ □ $\frac{5}{4}$

ヒント
大小を表す記号は……

3 次の計算をしなさい。　　◀ 小学5年〈分数のたし算とひき算〉

(1)　$\frac{1}{3}+\frac{1}{2}$　　(2)　$\frac{5}{6}+\frac{3}{10}$

(3)　$\frac{1}{4}-\frac{1}{5}$　　(4)　$\frac{9}{10}-\frac{11}{15}$

(5)　$1\frac{1}{4}+2\frac{5}{6}$　　(6)　$3\frac{1}{3}-2\frac{11}{12}$

ヒント
通分すると……

4 次の計算をしなさい。

(1) $0.7+2.4$　(2) $4.5+5.8$

(3) $3.2-0.9$　(4) $7.1-2.6$

← 小学4年〈小数のたし算とひき算〉

ヒント
位をそろえて……

5 次の計算をしなさい。

(1) $20\times\frac{3}{4}$　(2) $\frac{5}{12}\times\frac{4}{15}$

(3) $\frac{3}{8}\div\frac{15}{16}$　(4) $\frac{3}{4}\div12$

(5) $\frac{1}{6}\times3\div\frac{5}{4}$　(6) $\frac{3}{10}\div\frac{3}{5}\div\frac{5}{2}$

← 小学6年〈分数のかけ算とわり算〉

ヒント
わり算は逆数を考えて……

6 次の計算をしなさい。

(1) $3\times8-4\div2$　(2) $3\times(8-4)\div2$

(3) $(3\times8-4)\div2$　(4) $3\times(8-4\div2)$

← 小学4年〈式と計算の順序〉

ヒント
×，÷や（　）をさきに計算すると……

7 計算のきまりを使って，次の計算をしなさい。

(1) $6.3+2.8+3.7$　(2) $2\times8\times5\times7$

(3) $10\times\left(\frac{1}{5}+\frac{1}{2}\right)$　(4) $18\times7+18\times3$

← 小学4〜6年〈計算のきまり〉

ヒント
きまりを使って工夫すると……

8 次の□にあてはまる数を書いて計算しなさい。

(1) $57\times99=57\times($①□$-$②□$)$

$=57\times$①□$-57=$③□

(2) $25\times32=(25\times$①□$)\times$②□

$=100\times$②□$=$③□

← 小学4年〈計算のくふう〉

ヒント
99＝100－1や25×4＝100を使うと……

解答▶▶ p.1

1節 整数の性質
1 素数と素因数分解／2 素因数分解の活用

●素数と素因数分解

教科書 p.16～18

例題 1 120を素因数分解しなさい。 ▶▶1 2 3

考え方 右のように，120を2，3，……のような素因数でわっていきます。

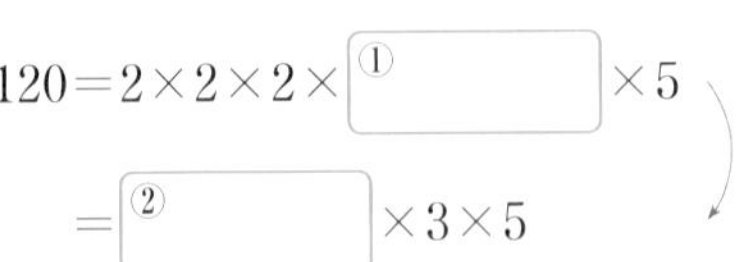

答え $120=2\times2\times2\times$ ① $\times5$

$=$ ② $\times3\times5$

累乗の指数を使う

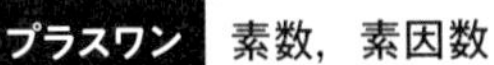

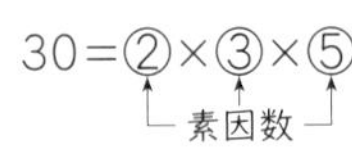

プラスワン 素数，素因数

素数…1とその数自身の積の形でしか表せない数のこと。1は素数に入れない。

素因数…自然数をいくつかの素数の積の形で表したとき，かけ合わされた1つ1つの素数のこと。

30＝②×③×⑤（素因数）

プラスワン 累乗

3^2 を3の2乗，3^3 を3の3乗と読み，2乗，3乗などを累乗といいます。

右上の小さな数は，かけ合わせた個数を表し，指数といいます。

$3\times3=3^2$（指数）3を2個かける

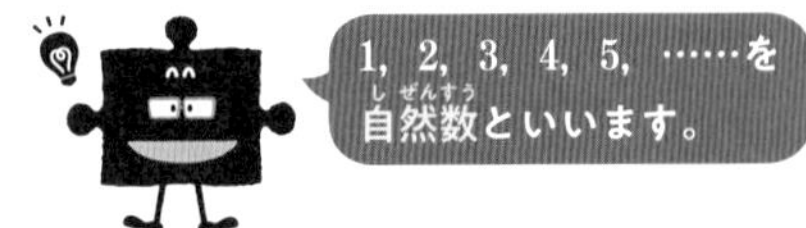

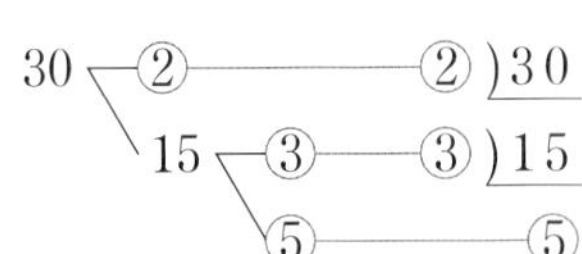

●素因数分解の活用

教科書 p.19～20

例題 2 素因数分解を利用して，30の約数を求めなさい。 ▶▶3

考え方 素因数分解して，素因数の組み合わせを考えます。

答え $30=2\times3\times5$ と素因数分解できる。

30→②→15→③→⑤　（2)30，3)15，5）

- すべての自然数の約数である 1
- 素因数 ……2，3，①
- 素因数2個の積……$2\times3=6$
  $2\times5=$ ②，
  $3\times5=15$
- 素因数3個の積……$2\times3\times5=$ ③

1 【素数】下の数の中から，素数であるものを選び，○で囲みなさい。

教科書 p.16 問 3

□

14　　15　　18　　19　　21　　23　　29

2 【素因数分解】次の自然数を素因数分解しなさい。

教科書 p.18 例 1, たしかめ 2

□(1)　40　　　　□(2)　126

⚠ミスに注意

(1)　$40=10\times2^2$ は間違(まちが)いです。10 はまだ素因数の積に分解できます。

3 【素因数分解の利用】2 つの自然数 32 と 80 について，次の問いに答えなさい。

教科書 p.19 たしかめ 1, p.20 たしかめ 2

□(1)　32 と 80 をそれぞれ素因数分解しなさい。

●キーポイント

最大公約数は，2 つの数の共通な素因数をすべてかけ合わせたものです。

最小公倍数は，2 つの数の最大公約数と，2 つの数に共通でない素因数をかけ合わせたものです。

□(2)　(1)の結果を使って，32 と 80 の約数をそれぞれ求めなさい。

□(3)　(1)の結果を使って，32 と 80 の最大公約数を求めなさい。

例題の答え　**1** ①3　②$2^3$　**2** ①5　②10　③30

解答▶▶ p.1~2

2章　正の数，負の数

1節　正の数，負の数
①　符号のついた数／②　数の大小—(1)

●符号のついた数

教科書 p.26〜28

例題 1

A 地点を基準にして，それより東へ 2 km の地点を ＋2 km と表すとき，A 地点より西へ 3 km の地点を正(せい)の符号(ふごう)，負(ふ)の符号を使って表しなさい。 ▸▸1 2

考え方　反対の性質や反対の方向をもつ数量は，基準を決めて，一方を正の符号＋(プラス)を使って表すと，もう一方は負の符号－(マイナス)を使って表すことができます。

答え　A 地点より西の方向は負の符号を使って表されるから，［　　］km
東の反対は西

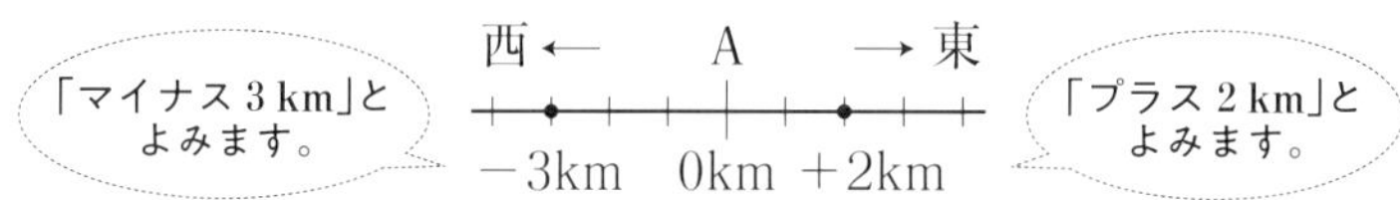

●正の数，負の数

教科書 p.29

例題 2

次の数を，正の符号，負の符号を使って表しなさい。 ▸▸3
(1)　0 より 3 小さい数　　(2)　0 より 5 大きい数

考え方　0 より大きい数は正の符号，0 より小さい数は負の符号を使って表します。

答え　(1) ①［　　］　(2) ②［　　］

プラスワン　正の数，負の数

0 より大きい数を正の数，0 より小さい数を負の数といいます。

整数
……，－3，－2，－1，0，＋1，＋2，＋3，……
負の整数　　正の整数(自然数)

●数直線

教科書 p.30

例題 3

下の数直線で，点 A，点 B に対応する数を書きなさい。 ▸▸4 5

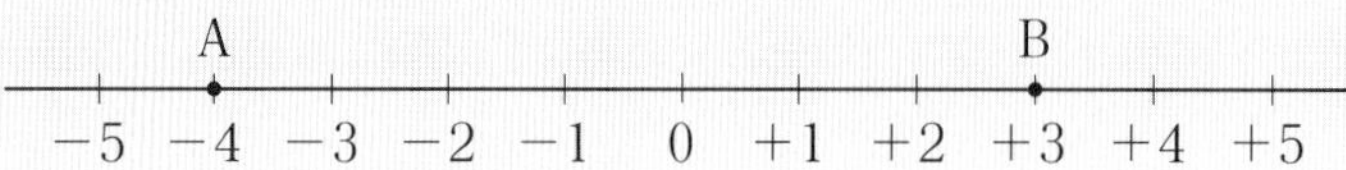

考え方　数直線の 0 より右側にある数は正の数，左側にある数は負の数を表しています。

答え　点 A は負の数で ①［　　］

点 B は正の数で ②［　　］

数直線上の 0 の点を原点(げんてん)といいます。

絶対理解 **1** 【正の符号，負の符号】0 °C を基準にしたとき，次の温度を，正の符号，負の符号を使って表しなさい。

教科書 p.26 たしかめ 1

□(1) 0 °C より 3 °C 低い温度　　□(2) 0 °C より 12 °C 高い温度

●キーポイント
0℃より低い温度には−，高い温度には＋をつけて表します。

2 【反対の方向をもつ数量】東西にのびる道路で，東へ 6 km 進むことを +6 km と表すとき，次の数量を，正の符号，負の符号を使って表しなさい。

教科書 p.27 例 2

□(1) 東へ 4 km 進むこと　　□(2) 西へ 8 km 進むこと

●キーポイント
基準は「東にも西にも進まないこと」です。

よく出る **3** 【正の数，負の数】次の数を，正の符号，負の符号を使って表しなさい。

教科書 p.29 たしかめ 5

□(1) 0 より 10 小さい数　　□(2) 0 より 8 大きい数

□(3) 0 より 3.4 大きい数　　□(4) 0 より $\frac{3}{7}$ 小さい数

絶対理解 **4** 【数直線】下の数直線で，A〜C の各点に対応する数を書きなさい。

教科書 p.30 たしかめ 1

□

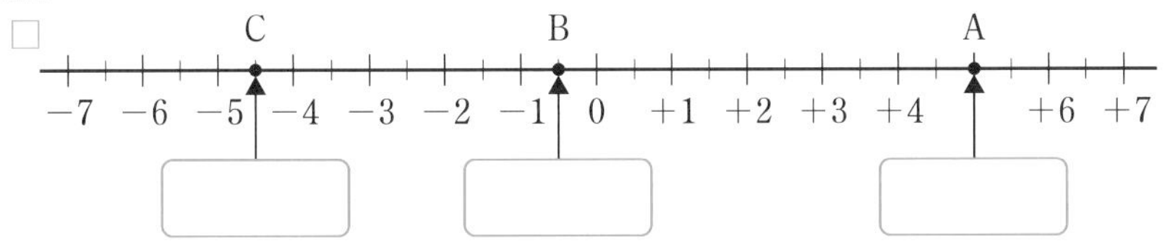

●キーポイント
数直線の0の点は原点です。正の数は原点より右，負の数は原点より左にあります。

5 【数直線】次の数に対応する点を，下の数直線上に表しなさい。

教科書 p.30 問 1

□(1) +2.5　　□(2) −1.5　　□(3) $-\frac{11}{2}$

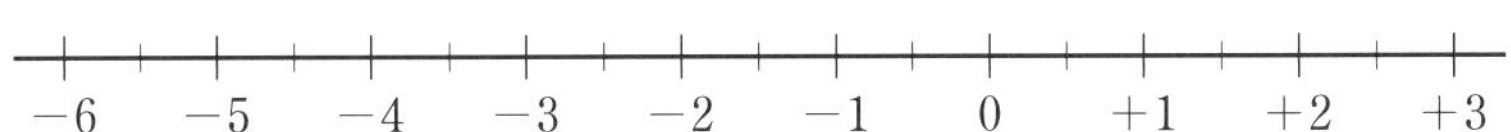

⚠ミスに注意
数直線の1めもりは，0.5を表しています。
(3) $-\frac{11}{2}=-5.5$

例題の答え **1** −3　**2** ①−3　②+5　**3** ①−4　②+3

2章　教科書26〜30ページ

1節 正の数，負の数
② 数の大小—(2)

●数の大小と数直線 教科書 p.31

例題 1 数直線を利用して，次の各組の数の大小を，不等号(ふとうごう)を使って表しなさい。 ▶▶1

(1) −2，+3　　(2) −5，−7

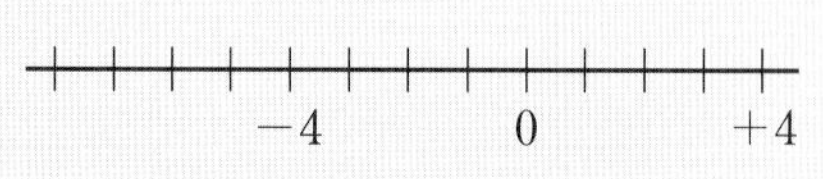

考え方 数直線上で，右側にある数のほうが大きくなります。

大きくなる
小さくなる

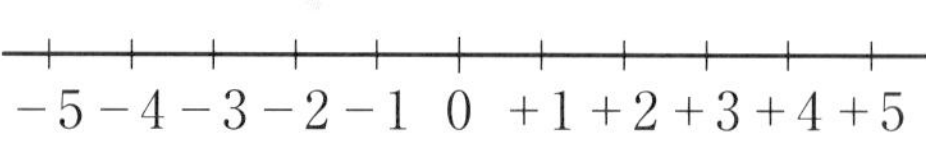

答え (1) +3 は −2 より右側にあるから，+3 のほうが大きい。

−2 ① [　　] +3

−2　0　+3

(2) −5 は −7 より右側にあるから，−5 のほうが大きい。

−5 ② [　　] −7

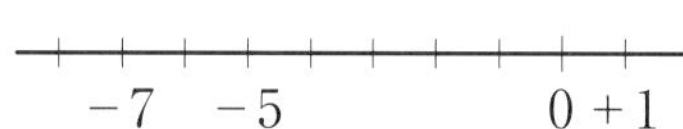

●絶対値 教科書 p.32〜33

例題 2 次の数の絶対値(ぜったいち)を答えなさい。 ▶▶2 3

(1) +3　　(2) −5

考え方 数直線上で，その数と原点との距離(きょり)を考えます。

答え (1) ① [　　]　　(2) ② [　　]

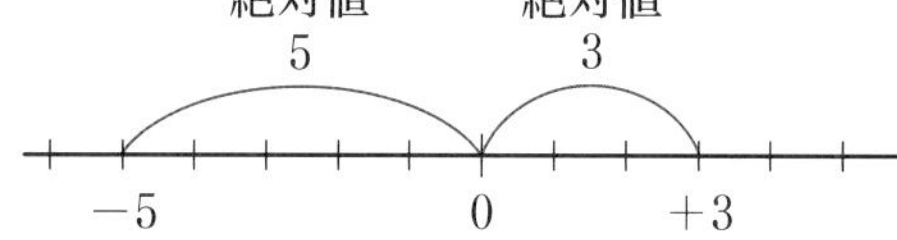

例題 3 絶対値を利用して，次の各組の数の大小を，不等号を使って表しなさい。 ▶▶4

(1) +2，+6　　(2) −2，−6

考え方 同じ符号(ふごう)どうしの数の大小は，絶対値の大きさを比べます。

答え (1) +6 は +2 より絶対値が大きいので，

+2 ① [　　] +6　　正の数は，絶対値が大きいほど大きい

(2) −6 は −2 より絶対値が大きいので，

−2 ② [　　] −6　　負の数は，絶対値が大きいほど小さい

1 【数の大小と数直線】数直線を利用して，次の各組の数の大小を，不等号を使って表しなさい。

教科書 p.31 たしかめ 2

□(1)　$+4$，-4　　　□(2)　-0.5，-1.5

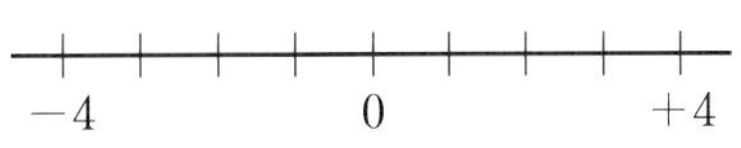

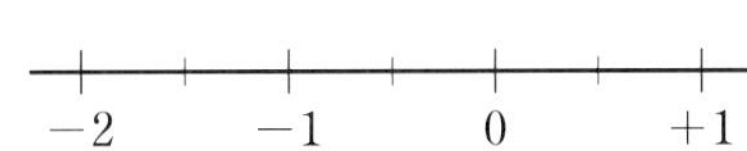

絶対理解

2 【絶対値】次の数の絶対値をいいなさい。

教科書 p.32 たしかめ 3

□(1)　-9　　　□(2)　0

□(3)　$+0.1$　　　□(4)　$-\frac{2}{3}$

●キーポイント

絶対値は，その数から符号を取り除いたものと考えられます。

数		絶対値
+4	→	4
−4	→	4

3 【絶対値】次の数をすべて答えなさい。

教科書 p.32 問 2

□(1)　絶対値が 5 である数　　　□(2)　絶対値が 0 である数

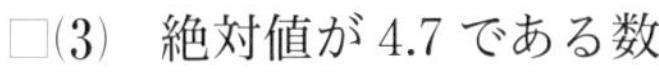

□(3)　絶対値が 4.7 である数　　　□(4)　絶対値が $\frac{4}{5}$ である数

⚠ミスに注意

絶対値が5である数は正の数と負の数の2つあります。

4 【数の大小と絶対値】絶対値を利用して，次の各組の数の大小を，不等号を使って表しなさい。

教科書 p.33 問 4

□(1)　-10，-6　　　□(2)　-6，-4.1

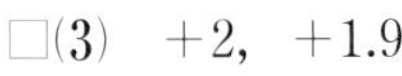

□(3)　$+2$，$+1.9$　　　□(4)　$-\frac{3}{4}$，$-\frac{5}{8}$

●キーポイント

1 負の数<0<正の数

2 正の数は，絶対値が大きいほど大きい。

3 負の数は，絶対値が大きいほど小さい。

例題の答え **1** ①<　②>　**2** ①3　②5　**3** ①<　②>

解答▶▶ p.2

2節　加法と減法
1　加法

●同符号の2つの数の和

教科書 p.34〜37

例題 1　次の計算をしなさい。 ▶▶1 2

(1)　$(+2)+(+3)$　　　(2)　$(-4)+(-9)$

考え方　同符号(ふごう)の2つの数の和は，
- 符号　…共通の符号
- 絶対値…2つの数の絶対値の和

たし算のことを加法(かほう)といいます。

答え

(1)　$(+2)+(+3)$
$=+(2+3)$
$=$ ①［　　］

符号を決める（共通の符号は＋）
絶対値の和を計算

(2)　$(-4)+(-9)$
$=-(4+9)$
$=$ ②［　　］

符号を決める（共通の符号は－）

●異符号の2つの数の和

教科書 p.35〜37

例題 2　次の計算をしなさい。 ▶▶1 2

(1)　$(-8)+(+3)$　　　(2)　$(-4)+(+5)$

考え方　異符号の2つの数の和は，
- 符号　…絶対値の大きい数の符号
- 絶対値…絶対値の大きいほうから小さいほうをひいた差

答え

(1)　$(-8)+(+3)$
$=-(8-3)$
$=$ ①［　　］

符号を決める（絶対値の大きいほうの符号は－）
絶対値の差を計算

－8の絶対値は8
＋3の絶対値は3

(2)　$(-4)+(+5)$
$=+(5-4)=$ ②［　　］

●加法の交換法則と結合法則

教科書 p.37〜38

例題 3　$(+5)+(-9)+(+7)+(-6)$ の計算をしなさい。 ▶▶3

考え方　加法では，交換(こうかん)法則や結合法則が成り立つことを使って，数の順序や組み合わせを変えて計算できます。

答え

$(+5)+(-9)+(+7)+(-6)$
$=\{(+5)+(+7)\}+\{(-9)+(-6)\}$
$=(+12)+(-15)$
$=$［　　］

加法の交換法則　$a+b=b+a$
加法の結合法則　$(a+b)+c=a+(b+c)$

1 【2数の加法】数直線を使って，次の2数の和を求めなさい。

教科書 p.35 問2, p.36 問5

□(1)　(+2)+(+7)

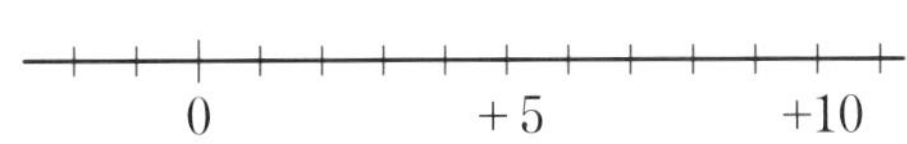

●キーポイント
「＋△」は正の向きに△進む，「－□」は負の向きに□進むと考えます。

□(2)　(−5)+(−3)

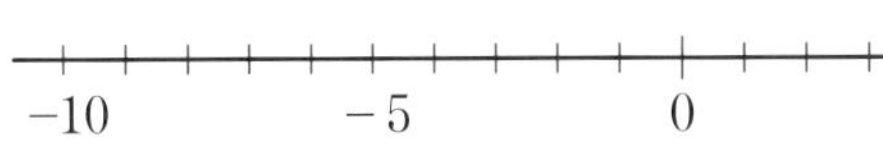

□(3)　(+5)+(−10)

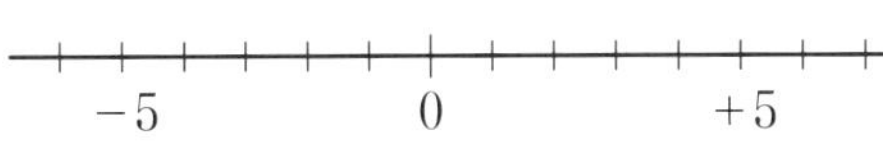

□(4)　(−3)+(+7)

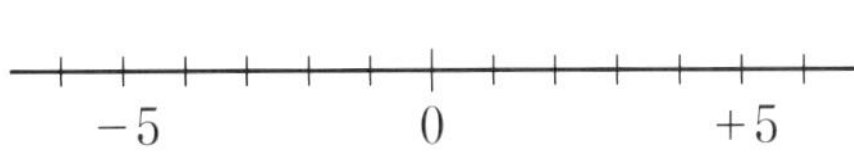

絶対理解

2 【2数の加法】次の計算をしなさい。

教科書 p.36 例1, p.37 例2

□(1)　(+9)+(+6)　　□(2)　(−15)+(−8)

□(3)　(+7)+(−18)　　□(4)　(−19)+(+34)

□(5)　(−12)+(+12)　　□(6)　0+(−16)

●キーポイント
異なる符号
絶対値が等しい　→0
●+0=●
0+■=■

3 【3つ以上の数の加法】次の計算をしなさい。

教科書 p.38 例題1

□(1)　(−6)+(+13)+(−4)

□(2)　(−2)+(−9)+(+20)+(−6)

□(3)　(−9)+(+4)+(−2)+(+9)+(−2)

例題の答え　**1** ①+5　②−13　**2** ①−5　②+1　**3** −3

解答▶▶ p.2〜3

2節 加法と減法
② 減法

●正の数の減法

教科書 p.39,41

□ **例題 1** $(-3)-(+8)$ の計算をしなさい。 ▶▶1

考え方 減法は，ひく数の符号(ふごう)を変えて，加法に直してから計算します。

答え $(-3)-(+8)=(-3)+($①　$)$

$=-(3+8)$

$=$②

ひき算のことを減法(げんぽう)といいます。

●負の数の減法

教科書 p.40~41

□ **例題 2** $(-9)-(-4)$ の計算をしなさい。 ▶▶2

考え方 減法は，ひく数の符号を変えて，加法に直してから計算します。

答え 加法に直す

$(-9)-(-4)=(-9)+($①　$)$　「−4 をひく」ことと，「+4 をたす」ことは同じ

符号を変える　異符号の 2 つの数の和

$=-(9-4)$

$=$②

● 0 との減法

教科書 p.41

□ **例題 3** 次の計算をしなさい。 ▶▶3

(1) $(-5)-0$　　(2) $0-(+5)$

答え (1) $(-5)-0$

$=$①

どんな数から 0 をひいても，差はもとの数に等しい
●−0=●
ここがポイント

(2) $0-(+5)$

$=0+($②　$)$　ひく数の符号を変えて，加法に直して計算

$=$③

絶対理解 **1** 【正の数をひく減法】次の計算をしなさい。 教科書 p.41 例1

□(1) $(+6)-(+1)$　　□(2) $(+5)-(+8)$

□(3) $(+13)-(+19)$　　□(4) $(-7)-(+3)$

□(5) $(-2)-(+5)$　　□(6) $(-27)-(+31)$

●キーポイント
ひく数の符号＋を－に変えて，加法の式に直します。
－(＋△)＝＋(－△)

よく出る **2** 【負の数をひく減法】次の計算をしなさい。 教科書 p.41 例1

□(1) $(+4)-(-4)$　　□(2) $(+6)-(-9)$

□(3) $(+17)-(-6)$　　□(4) $(-8)-(-2)$

□(5) $(-5)-(-7)$　　□(6) $(-14)-(-14)$

●キーポイント
ひく数の符号－を＋に変えて，加法の式に直します。
－(－□)＝＋(＋□)

3 【0との減法】次の計算をしなさい。 教科書 p.41 問4

□(1) $(+11)-0$　　□(2) $(-9)-0$

□(3) $0-(+4)$　　□(4) $0-(-12)$

⚠ミスに注意
0－(＋4)＝＋4 としないように注意します。

例題の答え **1** ①-8 ②-11 **2** ①$+4$ ②-5 **3** ①-5 ②-5 ③-5

2節 加法と減法
③ 加法と減法の混じった式の計算

●加法と減法の混じった式

教科書 p.42

例題 1 $(+4)-(+8)+(-3)-(-9)$ を，加法だけの式に直して計算しなさい。 ▶▶1

考え方 減法は加法に直せることを使います。

答え $(+4)-(+8)+(-3)-(-9)$

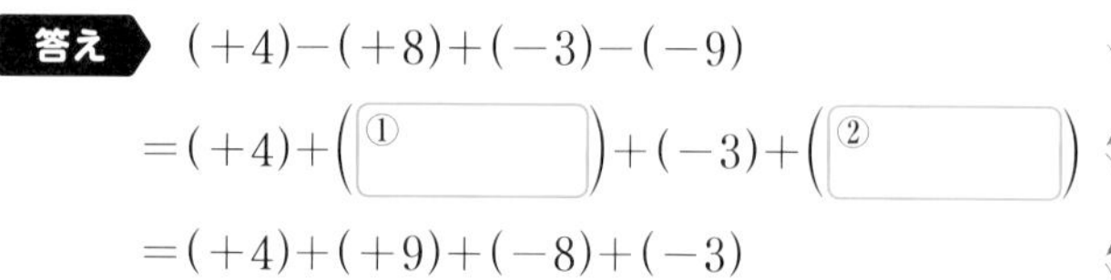

$=(+4)+($ ① $)+(-3)+($ ② $)$

$=(+4)+(+9)+(-8)+(-3)$

$=(+13)+($ ③ $)$

$=$ ④

1 加法だけの式に直す

2 同符号(ふごう)の数を集める（加法の交換法則）

3 同符号の数の和を求める（加法の結合法則）

プラスワン　項

加法だけの式 $(+4)+(-8)+(-3)+(+9)$ のそれぞれの数を項(こう)といいます。

正の項

項…$+4$，-8，-3，$+9$

負の項

●項を並べた式の計算

教科書 p.42〜43

例題 2 $5-9-3+8$ を，項を並べた式とみて計算しなさい。 ▶▶2 3

考え方 $(+5)+(-9)+(-3)+(+8)$ のように，加法だけの式と考えて，同符号どうしの数をまとめます。

答え $5-9-3+8=5+8-9-3$

$=13-12=$ ［　］

同符号の数を集めて，同符号の数の和を求めます。

●項を並べた式で表す計算

教科書 p.43〜44

例題 3 $8-(+2)+(-7)-(-4)$ を，項を並べた式で表して計算しなさい。 ▶▶4

考え方 加法の記号＋(たす)とかっこをはぶきます。

答え $8-(+2)+(-7)-(-4)$

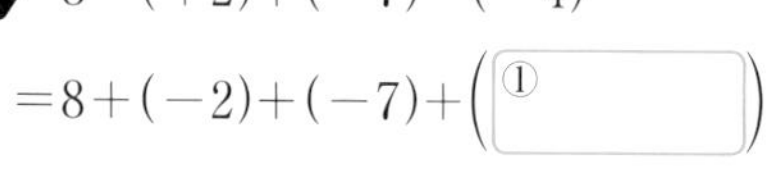

$=8+(-2)+(-7)+($ ① $)$

$=8-2-7+4$

$=8+4-2-7$

$=12-9=$ ②

ここがポイント

1 加法だけの式に直す

2 加法の記号＋とかっこをはぶく

3 同符号の数を集める

4 同符号の数の和を求める

絶対理解 **1** 【加法と減法の混じった式】次の式を，加法だけの式に直して計算しなさい。

教科書 p.42 たしかめ 1

□(1)　$(-4)-(+7)-(-6)$

□(2)　$(+9)+(-8)-(+13)-(-10)$

2 【項を並べた式】次の式を，加法だけの式に直してから，項を並べた式で表しなさい。

教科書 p.43 たしかめ 2

□(1)　$(+5)-(+9)$

□(2)　$(-12)+(-3)-(-7)$

●キーポイント
式のはじめが正の数のときは，正の符号＋(プラス)もはぶきます。

3 【項を並べた式の計算】次の式を，項を並べた式とみて計算しなさい。

教科書 p.43 たしかめ 3

□(1)　$8-4+11$

□(2)　$-11+6-14+12$

●キーポイント
先に同符号どうしの数をまとめます。

4 【項を並べた式で表す計算】次の式を，項を並べた式で表して計算しなさい。

教科書 p.43 例題 1

□(1)　$10-(+8)+(-6)$

□(2)　$-21-(+7)-(-18)-3$

●キーポイント
加法だけの式になおす
▼
加法の記号＋(たす)とかっこをはぶく

5 【小数や分数をふくむ式の計算】次の計算をしなさい。

教科書 p.44 例 1

□(1)　$0.9-1.6$

□(2)　$-\frac{1}{3}-\frac{1}{6}+\frac{1}{4}$

例題の答え **1** ①-8　②$+9$　③-11　④$+2$　**2** 1　**3** ①$+4$　②3

解答▶▶ p.3

1章　1節　整数の性質　①，②
2章　1節　正の数，負の数　①，②／2節　加法と減法　①～③

1 次の問いに答えなさい。

□(1)　72 を素因数分解しなさい。

□(2)　素因数分解を使って，126 と 210 の最大公約数を求めなさい。

2 次の数量を，正の符号（ふごう），負の符号を使って表しなさい。

□(1)　1000 円の収入を $+1000$ 円と表すとき，500 円の支出

□(2)　西に 9 km 進むことを -9 km と表すとき，東に 2 km 進むこと

3 次の数について，下の問いに答えなさい。

$$-12,\quad +7,\quad +1.2,\quad +\frac{3}{4},\quad 0,\quad -\frac{6}{5},\quad +1,\quad -4$$

□(1)　負の数をすべて選びなさい。

□(2)　整数をすべて選びなさい。

4 次の数に対応する点を，下の数直線上に表しなさい。

□(1)　$+3$　　□(2)　-2　　□(3)　$+4.5$　　□(4)　$-\frac{7}{2}$

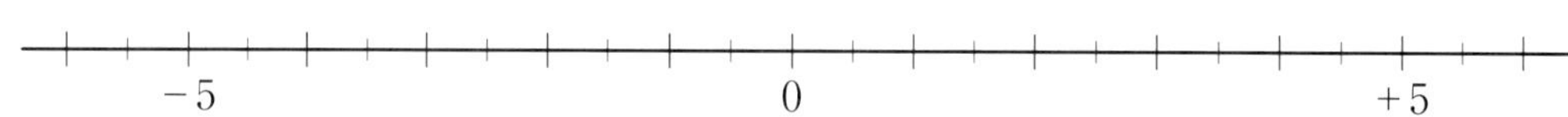

よく出る **5** 次の各組の数の大小を，不等号を使って表しなさい。

□(1)　$-3,\ -7$　　□(2)　$-4,\ +3,\ -1$

□(3)　$-\frac{3}{4},\ -\frac{1}{4}$　　□(4)　$-1.5,\ 0,\ -1$

ヒント　**2** 収入(＋)↔支出(－)，西(－)↔東(＋)
5 同符号の分数の大小を比べるときは，通分してその絶対値を調べる。

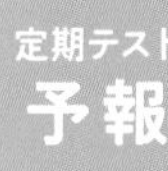

定期テスト予報

●加法の符号の決め方をしっかり理解しておこう。
同符号の2数の和の符号は共通の符号に，異符号の2数の和の符号は絶対値の大きい数の符号にするよ。符号を間違えないように注意しよう。

6 次の計算をしなさい。

□(1) $(-12)+(+9)$　　□(2) $(-8)+(-14)$

□(3) $(+27)+(-27)$　　□(4) $0+(-17)$

□(5) $(-1.8)+(+5.9)$　　□(6) $\left(+\frac{3}{4}\right)+\left(-\frac{7}{8}\right)$

7 次の計算をしなさい。

□(1) $(+17)-(+8)$　　□(2) $(-6)-(+25)$

□(3) $(-16)-(-16)$　　□(4) $0-(-31)$

□(5) $(-7.4)-(-5.6)$　　□(6) $\left(-\frac{3}{10}\right)-\left(+\frac{4}{15}\right)$

8 次の計算をしなさい。

□(1) $(+9)-(+4)+(-7)$　　□(2) $(-25)+(+18)+(+13)$

□(3) $15-18-12$　　□(4) $-10+4-13+16$

□(5) $0-(+16)+(-21)+13$　　□(6) $32+(-15)-24+42$

□(7) $(-2.8)+3.9+(-7.6)$　　□(8) $\frac{1}{2}+\left(-\frac{5}{6}\right)-\frac{2}{3}$

ヒント

7 減法は，ひく数の符号を変えて，加法に直して計算する。$(+17)-(+8)=(+17)+(-8)$

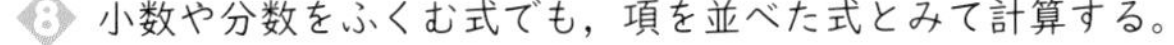

8 小数や分数をふくむ式でも，項を並べた式とみて計算する。

1・2章　教科書16～45ページ

解答▶▶ p.3～4

ぴたトレ 1 要点チェック

2章 正の数，負の数

3節 乗法と除法
1 乗法

●正の数，負の数の乗法

教科書 p.46〜50

例題 1 次の計算をしなさい。 ▶▶1

(1) $(-5)\times(-2)$　　(2) $(+3)\times(-6)$

考え方

1 同符号の2つの数の積 ｛符号 …正の符号／絶対値…2つの数の絶対値の積｝

⊕×⊕→⊕
⊖×⊖→⊕

2 異符号の2つの数の積 ｛符号 …負の符号／絶対値…2つの数の絶対値の積｝

⊖×⊕→⊖
⊕×⊖→⊖

答え

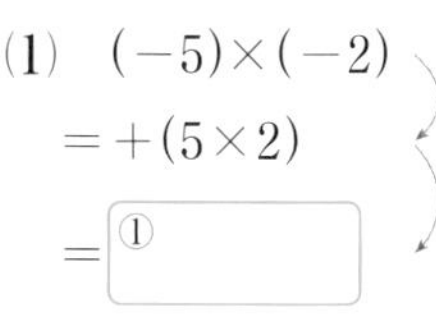

符号を決める
絶対値の積を計算
ここがポイント

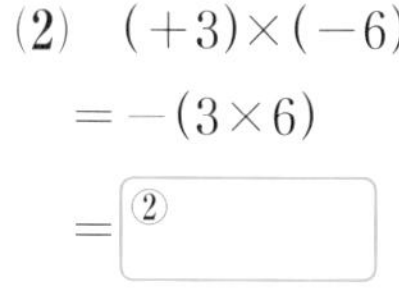

●いくつかの数の積

教科書 p.50〜51

例題 2 $(-5)\times(-1)\times(-4)\times(+2)$ を計算しなさい。 ▶▶2

考え方

積の符号…負の数が ｛偶数個のとき→正の符号＋／奇数個のとき→負の符号−｝

絶対値…それぞれの数の絶対値の積

答え $(-5)\times(-1)\times(-4)\times(+2)$

$=-(5\times1\times4\times2)$

$=$ □

符号を決める
絶対値の積を計算

負の数が3個→符号は −（マイナス）

●累乗

教科書 p.51

例題 3 次の計算をしなさい。 ▶▶3 4

(1) $(-2)^2$　　(2) -2^2

考え方 (1) $(-2)^2$ は，-2 を2個かけ合わせることを表しています。

(2) -2^2 は，2を2個かけ合わせたものに−をつけています。

答え

(1) $(-2)^2$

$=(-2)\times(-2)$

$=$ ①

(2) -2^2

$=-(2\times2)$

$=$ ②

絶対理解 **1** 【正の数，負の数の乗法】次の計算をしなさい。

教科書 p.48 例 1,2
p.49 問 5, 例 3

□(1)　$(+5)\times(+8)$　　□(2)　$(-4)\times(-6)$

□(3)　$(+10)\times(-5)$　　□(4)　$(-7)\times(+9)$

□(5)　$0\times(-8)$　　□(6)　$(-1)\times(+2)$

□(7)　$(+4)\times(-3.2)$　　□(8)　$\left(-\frac{3}{4}\right)\times(-12)$

●キーポイント

[1] 符号を決める

⊕×⊕, ⊖×⊖ → ⊕

⊕×⊖, ⊖×⊕ → ⊖

[2] 絶対値の積を計算

2 【いくつかの数の積】次の計算をしなさい。

教科書 p.50 例 4

□(1)　$(+3)\times(-2)\times(-4)$

□(2)　$(+4)\times(-9)\times(+2)\times(-5)$

●キーポイント

積の符号は，負の数の個数で決まります。

負の数が ｛偶数個→＋ / 奇数個→－｝

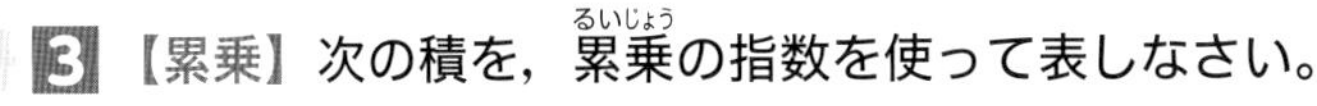

絶対理解 **3** 【累乗】次の積を，累乗(るいじょう)の指数を使って表しなさい。

教科書 p.51 たしかめ 5

□(1)　$(-9)\times(-9)$　　□(2)　$(-8)\times(-8)\times(-8)$

4 【累乗をふくむ乗法】次の計算をしなさい。

教科書 p.51 例 5

□(1)　$(-7)^2$　　□(2)　$-3^2\times(-4)$

●キーポイント

(2) まず，-3^2 を計算します。

例題の答え **1** ① $+10$　② -18　**2** -40　**3** ① 4　② -4

2章　正の数，負の数

3節　乗法と除法
②　除法／③　四則の混じった式の計算—(1)

●正の数，負の数の除法　　教科書 p.52〜53

例題 1　次の計算をしなさい。　▸▸1

(1)　$(-18)\div(-3)$　　(2)　$(+24)\div(-6)$

考え方

1　同符号の2つの数の商｛符号　…正の符号／絶対値…2つの数の絶対値の商

2　異符号の2つの数の商｛符号　…負の符号／絶対値…2つの数の絶対値の商

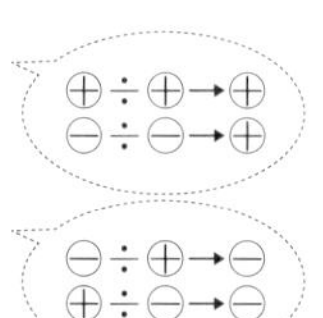

答え

(1)　$(-18)\div(-3)$
$=+(18\div3)$
$=$ ①

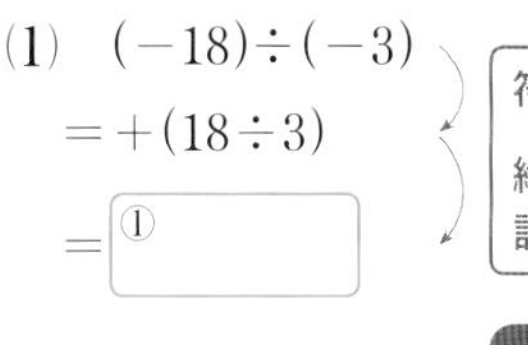

(2)　$(+24)\div(-6)$
$=-(24\div6)$
$=$ ②

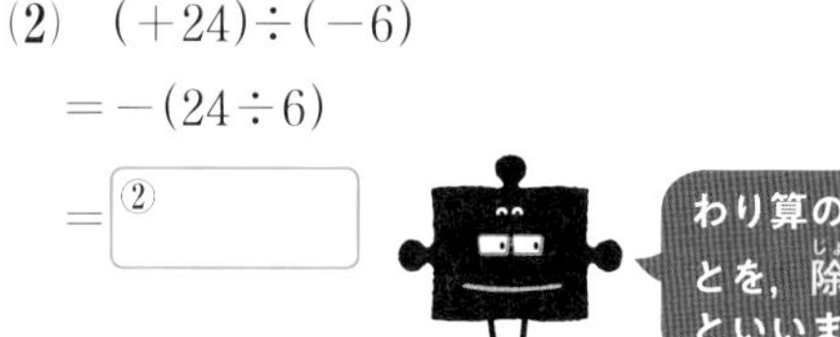

●除法と逆数，乗法と除法の混じった式の計算　　教科書 p.54〜55

例題 2　$\left(-\frac{2}{3}\right)\div(-6)\times\frac{5}{2}$ を計算しなさい。　▸▸2 3

考え方　除法はわる数を逆数にして，乗法に直すことができます。
除法は乗法に直せることを使って，乗法だけの式に直して計算します。

答え　$\left(-\frac{2}{3}\right)\div(-6)\times\frac{5}{2}=\left(-\frac{2}{3}\right)\times\left(\text{①}\right)\times\frac{5}{2}$

$=+\left(\frac{2}{3}\times\frac{1}{6}\times\frac{5}{2}\right)=$ ②

（-6 の逆数は $-\frac{1}{6}$ です。）

（$\frac{\overset{1}{\cancel{2}}}{3}\times\frac{1}{6}\times\frac{5}{\underset{1}{\cancel{2}}}$）

●四則やかっこの混じった式の計算　　教科書 p.56〜57

例題 3　次の計算をしなさい。　▸▸4

(1)　$8+3\times(-6)$　　(2)　$4\times(-4+5^2)$

考え方　●かっこをふくむ式は，かっこの中を先に計算します。
●累乗のある式は，累乗を先に計算します。
●乗法や除法は，加法や減法よりも先に計算します。

答え

(1)　$8+3\times(-6)$
$=8+\left(\text{①}\right)$
$=$ ②

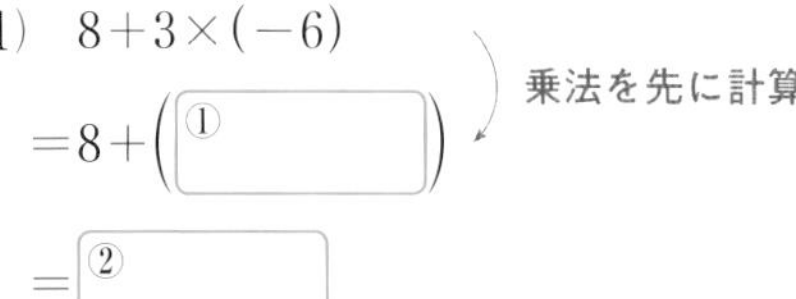

(2)　$4\times(-4+\underline{5^2})$
$=4\times(-4+\underline{25})$
$=4\times$ ③
$=$ ④

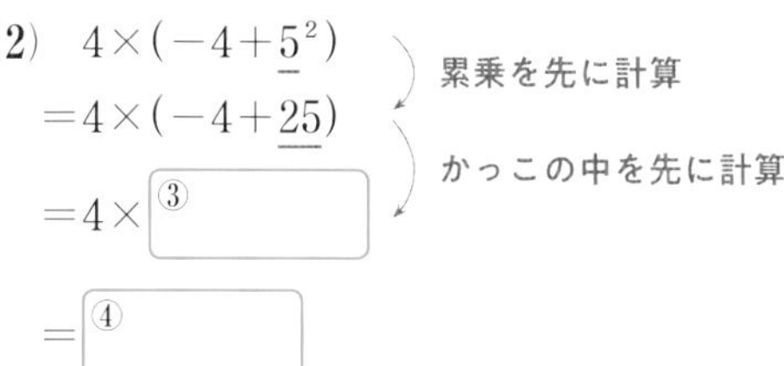

絶対理解 **1** 【正の数，負の数の除法】次の計算をしなさい。 教科書 p.53 例 1,2,3

□(1)　$(+42)\div(-7)$　　□(2)　$(-54)\div(+6)$

□(3)　$0\div(-6)$　　□(4)　$(-13)\div(-1)$

□(5)　$(-14)\div(+9)$　　□(6)　$(-21)\div(-49)$

●キーポイント
わり切れないときは，商を分数の形に表します。

2 【除法と逆数】次の除法を乗法に直して計算しなさい。 教科書 p.54 例 4

□(1)　$\left(+\frac{8}{9}\right)\div(-6)$　　□(2)　$\left(-\frac{5}{8}\right)\div\left(+\frac{1}{2}\right)$

●キーポイント
わる数を逆数にして，乗法に直して計算します。

3 【乗法と除法の混じった式の計算】次の計算をしなさい。 教科書 p.55 例題 1

□(1)　$(-9)\times(-4)\div\frac{6}{5}$　　□(2)　$(-3)^2\div(-6)\div(-4)$

絶対理解 **4** 【四則の混じった式の計算】次の計算をしなさい。 教科書 p.56 例 1,2

□(1)　$-9+15\div(-5)$　　□(2)　$12-(-3)\times2^2$

□(3)　$(-6)\times(-7-2)$　　□(4)　$63\div\{(-2)^2-5^2\}$

●キーポイント
1 かっこをふくむ式は，かっこの中を先に計算
2 累乗のある式は，累乗を先に計算
3 乗法や除法は，加法や減法より先に計算

例題の答え **1** ①+6　②−4　**2** ①$-\frac{1}{6}$　②$+\frac{5}{18}$　**3** ①−18　②−10　③21　④84

解答▶▶ p.5

●分配法則

教科書 p.57

例題 1 □ 分配法則を使って，$12\times\left(\frac{2}{3}-\frac{3}{4}\right)$ を計算しなさい。 ▶▶1

考え方 分配法則 $a\times(b+c)=a\times b+a\times c$ を使います。

答え $12\times\left(\frac{2}{3}-\frac{3}{4}\right)=12\times$ ① □ $-12\times\frac{3}{4}=$ ② □

●数の集合と四則計算

教科書 p.58〜59

例題 2 □ □や△がどんな整数であっても，□÷△ の計算の結果がいつでも整数になるかどうかを答えなさい。ただし，△は 0 でない数とします。 ▶▶2

考え方 □や△に整数をあてはめてみます。

答え 例えば，□に 3，△に −7 をあてはめて，計算の結果をみます。

$3\div(-7)=$ □ →整数でない ⇒いつでも整数にならない。

●正の数，負の数の活用

教科書 p.61〜62

例題 3 □ はるかさんは，数学の問題を 1 週間に 50 題解くことを目標にしています。下の表は，6 週間で解いた数学の問題数を表しています。 ▶▶3

	第 1 週	第 2 週	第 3 週	第 4 週	第 5 週	第 6 週
解いた数(題)	60	54	48	56	47	53

(1) 週ごとに解いた問題数を，50 題を基準として，それより多い数を正の数，少ない数を負の数で表します。㋐，㋑にあてはまる数を求めなさい。

	第 1 週	第 2 週	第 3 週	第 4 週	第 5 週	第 6 週
基準との差	10	㋐	−2	6	㋑	3

(2) 1 週間あたりの解いた問題数の平均を求めなさい。

考え方 (2) (基準の値(あたい))+(基準との差の平均)=(平均) を使うと，簡単に求められます。まず，基準との差の平均を求めて，平均を求めます。

答え (1) ㋐ $54-50=$ ① □　　㋑ $47-50=$ ② □

(2) $(10+4-2+6-3+3)\div6=$ ③ □ 基準との差の平均

$50+3=$ ④ □ (題)

よく出る **1** 【分配法則】分配法則を使って，次の計算をしなさい。 教科書 p.57 例 3, 問 5

□(1) $\left(\frac{5}{7}-\frac{3}{4}\right)\times(-28)$

□(2) $45\times(-96)+55\times(-96)$

●キーポイント
(2)は，分配法則の逆を使って，式をまとめます。
$b\times a+c\times a$
$=(b+c)\times a$

2 【数の集合と四則計算】次の(1)〜(3)の数の範囲(はんい)で計算がいつでもできるものを，下の□の中からすべて選び，記号で答えなさい。 教科書 p.59 問 8

㋐ 加法	㋑ 減法	㋒ 乗法	㋓ 除法

□(1) 自然数　　□(2) 整数

□(3) 数全体

3 【平均の求め方】下の表は A，B，C，D，E の 5 人の生徒のテストの得点を，クラスの平均点を基準にして，それより高い点数を正の数，それより低い点数を負の数で表したものです。

	A	B	C	D	E
基準との差	+3	−5	0	+8	−1

A の点数が 68 点のとき，次の問いに答えなさい。 教科書 p.61〜62

□(1) クラスの平均点を求めなさい。

□(2) 5 人のテストの平均点を求めなさい。

●キーポイント
(1) (クラスの平均点)
=(A の点数)−3 点

例題の答え **1** ① $\frac{2}{3}$ ② −1 **2** $-\frac{3}{7}$ **3** ① 4 ② −3 ③ 3 ④ 53

解答▶▶ p.5〜6

3節　乗法と除法　①〜③
4節　正の数，負の数の活用　①

よく出る ❶ 次の計算をしなさい。

□(1)　$(-15)\times(-6)$

□(2)　$18\times(-10)$

□(3)　$\left(-\frac{8}{3}\right)\times\left(-\frac{3}{2}\right)$

□(4)　$(-0.4)\times2.5$

□(5)　$(-25)\times\left(-\frac{6}{5}\right)$

□(6)　$(-4)^2$

よく出る ❷ 次の計算をしなさい。

□(1)　$0\div(-27)$

□(2)　$(-84)\div(-7)$

□(3)　$(-8)\div20$

□(4)　$9\div\left(-\frac{3}{7}\right)$

□(5)　$\left(-\frac{9}{10}\right)\div(-15)$

□(6)　$\left(-\frac{4}{7}\right)\div\frac{4}{5}$

❸ 次の計算をしなさい。

□(1)　$(-6)\times2\times(-5)$

□(2)　$(-5)\times\left(-\frac{3}{10}\right)\times\left(-\frac{1}{3}\right)$

□(3)　$\left(-\frac{3}{10}\right)\times(-5)^2\times(-2)^3$

□(4)　$-72\div(-8)\times(-3)$

□(5)　$(-3^2)\div\left(-\frac{2}{5}\right)\times\left(-\frac{1}{2}\right)$

□(6)　$8\div\frac{2}{3}\times(-1)^3$

ヒント　❶❷ 符号に注意して計算すること。
❸ 除法はわる数を逆数にして乗法に直して計算する。

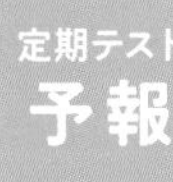

●四則の混じった式の計算のしかたをしっかり覚えておこう。
累乗(るいじょう)→かっこの中→乗法・除法→加法・減法の順に計算するよ。式をしっかり見て，順序を考えてから計算しよう。

4 次の計算をしなさい。

□(1) $(6+15)\div3+2\times(-5)$

□(2) $(-9)^2\times4-4\times(-6)^2$

□(3) $11-(-8)^2\div(-4)$

□(4) $4\times\{-4-(-4)^2\}$

□(5) $\{(-3)^2-4^2\}\times(-2)^2$

□(6) $\left(\frac{5}{9}-\frac{5}{12}\right)\times(-72)$

2章 教科書46～62ページ

5 次の(1)，(2)のことは正しいといえますか。いえるときは○を書きなさい。いえないときは×を書き，その例をあげなさい。

□(1) 2数があり，その積は正の数になって，和は負の数になる。この2数の差は負の数である。

□(2) (1)の2数の積にさらにもう1つの数をかけたら，答えは0以下になった。この3つの数の和は負の数である。

6 右の表は，生徒A～Eのそれぞれの身長から160.0 cmをひいた差を示したものである。次の問いに答えなさい。

生徒	A	B	C	D	E
差(cm)	−1.2	+0.1	−8.3	+10.4	−2.5

□(1) 身長が最も高いのはだれで，何cmですか。

□(2) 5人の身長の平均は何cmですか。

4 計算の順序に注意する。工夫して計算できるものもある。
6 (2)表の5つの数の平均に160.0を加えれば，身長の平均が求められる。

解答▶▶ p.6～7

1章 整数の性質
2章 正の数，負の数

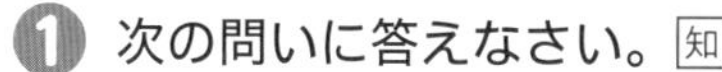

❶ 次の問いに答えなさい。 知

(1) 504 を素因数分解しなさい。

(2) 素因数分解を使って，108 と 180 の最大公約数を求めなさい。

❷ 次の数量を，正の符号，負の符号を使って表しなさい。 知

(1) いまを基準にして 3 時間後を +3 時と表すとき，いまから 2 時間前

(2) 南北にのびる道路で，南へ 1 km 進むことを −1 km と表すとき，北へ 3.5 km 進むこと

❷	点／6点（各3点）
(1)	
(2)	

❸ 次の問いに答えなさい。 知

(1) $-\frac{1}{4}$ と $-\frac{1}{3}$ の大小を不等号を使って表しなさい。

(2) 絶対値が 2 より小さい整数をすべて書きなさい。

(3) −4.8 より大きい負の整数をすべて書きなさい。

(4) 数直線で，−3 からの距離が 7 である数をすべて書きなさい。

❹ 次の計算をしなさい。 知

(1) $9+(-8)$

(2) $-7+(-12)$

(3) $0+\left(-\frac{3}{4}\right)$

(4) $-13+(-13)$

(5) $3-(-6)$

(6) $(-8)-(-4)+(-6)$

(7) $-2.9+(-4.8)-(-5.3)$

(8) $-\frac{1}{4}-\left(-\frac{2}{3}\right)-\frac{5}{6}$

成績評価の観点　知…数量や図形などについての知識・技能　考…数学的な思考・判断・表現

❺ 次の計算をしなさい。 知

(1) $(-9)\times(-5)$

(2) $(-3)\times(-2)\times6$

(3) $(-3)\times(-2^3)$

(4) $(-4)\div(-72)$

(5) $(+9)\div\left(-\dfrac{3}{8}\right)$

(6) $(-6)\div\left(-\dfrac{9}{4}\right)\times27$

❺ 点/24点(各4点)

(1)	
(2)	
(3)	
(4)	
(5)	
(6)	

❻ 次の計算をしなさい。 知

(1) $-19+8\times(-1)^2$

(2) $(-15)\times2-(-6)\times8$

(3) $\dfrac{1}{2}-\left(-\dfrac{1}{2}\right)^2\times(-6)$

(4) $\dfrac{3}{5}\times\left(-\dfrac{2}{9}\right)+\dfrac{3}{5}\times\left(-\dfrac{7}{9}\right)$

❻ 点/16点(各4点)

(1)	
(2)	
(3)	
(4)	

❼ 下の表は，ある1週間の気温を，火曜日の20 ℃を基準にして，それより高い気温を正の数，低い気温を負の数で表したものである。次の問いに答えなさい。 考

曜　日	日	月	火	水	木	金	土
差(℃)	+5	−1	0	+2	−2	−1	+4

(1) 気温が最も低かったのは何曜日ですか。

(2) 気温が最も高い日と最も低い日の差は何 ℃ですか。

(3) この1週間の平均気温を求めなさい。

❼ 点/12点(各4点)

(1)	
(2)	
(3)	

1・2章 教科書13～68ページ

知 /88点	考 /12点

解答▶▶ p.7~8

教科書のまとめ 〈1章　整数の性質〉〈2章　正の数，負の数〉

●素数
自然数をいくつかの自然数の積で表すとき，1とその数自身の積の形でしか表せない自然数を**素数**という。1は素数には入れない。

●素因数分解
自然数を素因数だけの積の形に表すことを，自然数を**素因数分解**するという。

(例)　42を素因数分解すると，

$42=\underline{2}\times\underline{3}\times\underline{7}$

（2，3，7）←素因数

●数の大小
1　正の数は0より大きく，負の数は0より小さい。

2　正の数は，その絶対値が大きいほど大きい。

3　負の数は，その絶対値が大きいほど小さい。

●正の数，負の数の加法
1　同符号の2つの数の和

　符　号……共通の符号

　絶対値……2つの数の絶対値の和

2　異符号の2つの数の和

　符　号……絶対値の大きい数の符号

　絶対値……絶対値の大きいほうから小さいほうをひいた差

●加法の計算法則
・加法の交換法則　$a+b=b+a$

・加法の結合法則　$(a+b)+c=a+(b+c)$

●正の数，負の数の減法
ひく数の符号を変えて，加法に直す。

●加法と減法の混じった式の計算
①項を並べた式に直す→②同符号の数を集める→③同符号の数の和を求める

●乗法の計算法則
・乗法の交換法則　$a\times b=b\times a$

・乗法の結合法則　$(a\times b)\times c=a\times(b\times c)$

●積の符号と絶対値
積の符号
- 負の数が偶数個のとき……＋
- 負の数が奇数個のとき……－

積の絶対値……それぞれの数の絶対値の積

●正の数，負の数の乗法と除法
1　同符号の2つの数の積・商

　符　号……正の符号

　絶対値……2つの数の絶対値の積・商

2　異符号の2つの数の積・商

　符　号……負の符号

　絶対値……2つの数の絶対値の積・商

●四則やかっこの混じった式の計算
・乗法や除法は，加法や減法よりも先に計算する。

・累乗のある式は，累乗を先に計算する。

・かっこをふくむ式は，かっこの中を先に計算する。

(例)　$4\times(-3)+2\times\{(-2)^2-1\}$

$=-12+2\times(4-1)$

$=-12+2\times3$

$=-12+6$

$=-6$

●分配法則
・$a\times(b+c)=a\times b+a\times c$

・$(b+c)\times a=b\times a+c\times a$

3章　文字と式

□文字と式

← 小学6年

同じ値段のおかしを3個買います。

おかし1個の値段が50円のときの代金は，

50　×　3　=　150　で150円です。

おかし1個の値段を□，代金を△としたときの□と△の関係を表す式は，

おかし1個の値段　×　個数　=　代金　だから，

□　×　3　=　△　と表されます。

さらに，□を x，△を y とすると，

x　×　3　=　y　と表されます。

1 同じ値段のクッキー6枚と，200円のケーキを1個買います。

← 小学6年〈文字と式〉

(1)　クッキー1枚の値段が80円のときの代金を求めなさい。

ヒント
ことばの式に表して考えると……

(2)　クッキー1枚の値段を x 円，代金を y 円として，x と y の関係を式に表しなさい。

(3)　x の値が90のときの y の値を求めなさい。

2 右の表で，ノート1冊の値段を x 円としたとき，次の式は何を表しているかを書きなさい。

← 小学6年〈文字と式〉

・値段表・
ノート1冊……●円
鉛筆（えんぴつ）1本………40円
消しゴム1個…70円

(1)　$x\times8$

(2)　$x+40$

(3)　$x\times4+70$

ヒント
$x\times4$ は，ノート4冊の代金だから……

解答▶▶ p.9

1節　文字を使った式
①　文字の使用／②　式の表し方

●文字を使った式

教科書 p.72〜73

例題 1 次の数量を，文字を使った式で表しなさい。 ▶▶1

(1) 1個250円のシュークリームをx個買ったときの代金

(2) 1本100円の鉛筆(えんぴつ)a本と，1冊120円のノートb冊を買ったときの代金の合計

考え方　数量の関係をことばの式に表してから，数や文字をあてはめます。
(1) (シュークリームの値段)×(個数)＝(代金)
(2) (鉛筆の代金)＋(ノートの代金)＝(合計の代金)

答え (1) (① ［　　］$\times x$)円

(2) ($100\times a+$② ［　　］$\times b$)円

●積の表し方

教科書 p.74〜75

例題 2 次の式を，積の表し方の約束にしたがって表しなさい。 ▶▶2 4 5

(1) $a\times(-4)$　(2) $b\times a\times 6$　(3) $y\times y\times 9$

考え方　[1] 乗法の記号×は，はぶきます。
[2] 文字と数の積では，数を文字の前に書きます。
[3] 同じ文字の積は，累乗(るいじょう)の指数を使って表します。

答え (1) $a\times(-4)=$① ［　　］
数を文字の前に書く

(2) $b\times a\times 6=$② ［　　］
文字はアルファベットの順に表す

(3) $y\times y\times 9=$③ ［　　］
同じ文字の積は累乗の指数を使って表す

●商の表し方

教科書 p.76

例題 3 次の式を，商の表し方の約束にしたがって表しなさい。 ▶▶3 4 5

(1) $a\div 2$　(2) $(2x-5)\div 3$

考え方　除法の記号÷は使わないで，分数の形で書きます。

答え (1) $a\div 2=\dfrac{①\,［\quad］}{2}$
分数の形で表す

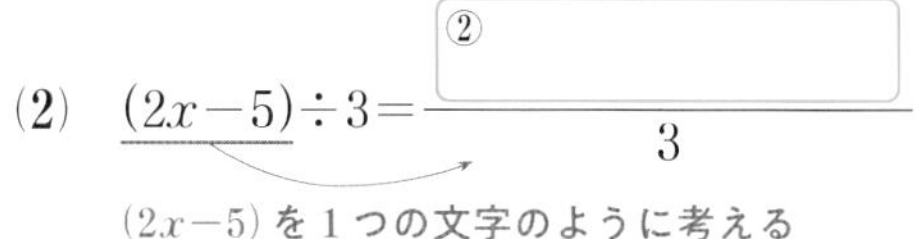

(2) $(2x-5)\div 3=\dfrac{②\,［\quad］}{3}$
$(2x-5)$を1つの文字のように考える

絶対理解 **1** 【文字を使った式】次の数量を，文字を使った式で表しなさい。 教科書 p.73 例 1

□(1) 1 個 350 円のケーキを x 個買って，1000 円出したときのおつり

□(2) a m のテープを 6 等分するときの 1 本の長さ

2 【積の表し方】次の式を，積の表し方の約束にしたがって表しなさい。 教科書 p.74〜75 例 1〜3

□(1) $n\times m\times(-5)$　　□(2) $x\times(-1)-4\times y$

□(3) $x\times x\times 2$　　□(4) $y\times(-2)\times y+y$

⚠ミス に注意
(2) $x\times(-1)$ は，$-1x$ と書かず，$-x$ と表します。

3 【商の表し方】次の式を，商の表し方の約束にしたがって表しなさい。 教科書 p.76 例 4

□(1) $4x\div 9$　　□(2) $(3a-2)\div 4$

□(3) $a\div(-2)$　　□(4) $3\div y$

⚠ミス に注意
(3) $a\div(-2)$ は $\dfrac{a}{-2}$ としないようにしましょう。

よく出る **4** 【記号×，÷を使わない表し方】次の式を，文字を使った式の表し方にしたがって表しなさい。 教科書 p.76 問 3

□(1) $8\times a\div 5$　　□(2) $4\times(x-y)\div 3$

⚠ミス に注意
(2) －の記号ははぶくことができません。

5 【記号×，÷を使って表す】次の式を，×，÷の記号を使って表しなさい。 教科書 p.76 問 4

□(1) $6xy$　　□(2) $\dfrac{a+b}{3}$

●キーポイント
(2) $a+b$ は 1 つの文字のように考えて，(　) をつけます。

例題の答え **1** ①250　②120　**2** ①$-4a$　②$6ab$　③$9y^2$　**3** ①a　②$2x-5$

解答▶▶ p.9

1節　文字を使った式
③ 数量の表し方／④ 式の値／⑤ 式の読みとり

●数量の表し方

教科書 p.77〜78

例題1 次の数量を式で表しなさい。 ▸▸1

(1) 1個 x 円のパンを2個と1本 y 円のジュースを1本買ったときの代金の合計

(2) 定価 a 円の13％の金額

(3) 時速 y km で走っている自動車が2時間で進む道のり

考え方　数量の関係をことばの式で考えてから，数や文字をあてはめます。式を表すときは，式の表し方の約束にしたがって表します。

答え

(1) $x\times$ ①［　　］$+y\times1=$ ②［　　］$+y$ 　　答 (③［　　］) 円

パンの代金　ジュースの代金

(2) 13％は0.13です。

$a\times0.13=$ ④［　　］

定価　割合

答 ④［　　］円

(3) $y\times$ ⑤［　　］$=$ ⑥［　　］

速さ　時間

答 ⑥［　　］km

●式の値

教科書 p.79〜80

例題2 $x=-3$，$y=2$ のとき，次の式の値（あたい）を求めなさい。 ▸▸2

(1) $5x-2$ 　　(2) x^2-4y

考え方　文字 x を -3 に，y を2に置きかえて計算します。

答え

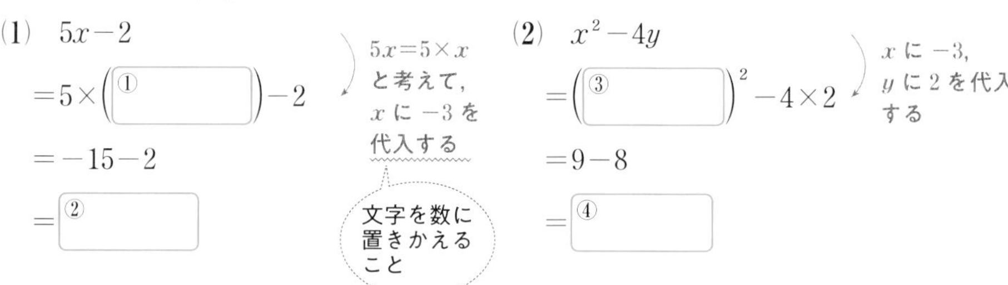

(1) $5x-2$

$=5\times$ (①［　　］) -2

$=-15-2$

$=$ ②［　　］

(2) x^2-4y

$=$ (③［　　］)$^2-4\times2$

$=9-8$

$=$ ④［　　］

●式の読みとり

教科書 p.81〜82

例題3 美術館の入館料は，大人1人が a 円，子ども1人が b 円である。このとき，$(2a+3b)$ 円はどんな数量を表していますか。 ▸▸3 4

答え $2a$ 円は大人2人の入館料，$3b$ 円は子ども［　　］人の入館料を表しているから，

└ $2\times a=a\times2$ 　　└ $3\times b=b\times3$

$(2a+3b)$ 円は，大人2人と子ども3人の入館料の合計を表しています。

絶対理解 **1** 【式による数量の表し方】次の数量を式で表しなさい。

教科書 p.77~78 例 1,2,4

□(1) 1 辺が a cm の立方体の体積

□(2) x km の道のりを 3 時間で走る自動車の速さ

□(3) a kg の荷物と b g の箱の合計の重さ

⚠ミスに注意
(3) 荷物の重さと箱の重さの単位をそろえましょう。

よく出る **2** 【式の値】$x=5$，$y=-3$ のとき，次の式の値を求めなさい。

教科書 p.79~80 例題 1,2

□(1) $2x-6$　　□(2) $-y$

□(3) $\dfrac{21}{y}$　　□(4) $-x^2$

□(5) $2xy-5y$　　□(6) $-x+y^2$

●キーポイント
負の数を代入するときは，(　)をつけて計算します。

3 【式の読みとり】あるお店で，1 本 100 円の鉛筆(えんぴつ)を a 本と 1 本 150 円のペンを b 本買いました。このとき，次の式はどんな数量を表していますか。また，それぞれの単位を書きなさい。

教科書 p.81 例 1

□(1) $a+b$　　□(2) $100a+150b$

4 【式の読みとり】1 辺が a cm，高さが h cm の正三角形で，次の式はどんな数量を表していますか。また，それぞれの単位を書きなさい。

教科書 p.81 問 2

□(1) $\dfrac{ah}{2}$　　□(2) $3a$

●キーポイント
(1)の式を，×，÷の記号を使って表すと，$a \times h \div 2$ になります。

例題の答え **1** ① 2　② $2x$　③ $2x+y$　④ $0.13a$　⑤ 2　⑥ $2y$　**2** ① -3　② -17　③ -3　④ 1　**3** 3

解答▶▶ p.9

1節 文字を使った式 ①～⑤

1 次の式を，×，÷の記号を使わないで表しなさい。

□(1) $x\times y\times(-2)$

□(2) $(x-1)\times y$

□(3) $b-a\times(-1)$

□(4) $m\times m\times(-2)\times m$

□(5) $x\times 4\times x-x$

□(6) $(-9x)\div 6$

□(7) $(a+b)\div(-7)$

□(8) $9\times(a-b)\div 2$

□(9) $n\times n-n\div 5$

□(10) $(x-y)\div 5+(x+y)\div(-4)$

2 次の式を，×，÷の記号を使って表しなさい。

□(1) $-a^3$

□(2) $-3x+4y$

□(3) $\dfrac{xy}{z}$

□(4) $\dfrac{a+b}{2}$

□(5) $-\dfrac{1}{3}(x-y)+xy$

□(6) $5(x-4)+\dfrac{y}{3}$

ヒント **1** 加法の記号＋，減法の記号－は，はぶくことができない。
2 (5)$-\dfrac{1}{3}(x-y)$は，×または÷のどちらを使って表してもよい。

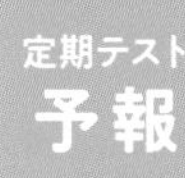

定期テスト予報

●代入のしかたを理解しておこう。
$6x$ は $6\times x$ だから，$x=-2$ のとき $6x$ の値は $6\times(-2)$ で求めるよ。
x^2 のような累乗に数を代入するときは，$(-2)^2$ となるよ。-2^2 としないように注意しよう。

よく出る 3 次の数量を式で表しなさい。

□(1) 縦が 9 cm，横が x cm，高さが h cm の直方体の体積

□(2) a L のジュースを b mL 飲んだときの残りの量(単位は mL)

□(3) x km の道のりを，時速 4 km で歩いたときにかかった時間

□(4) p 人の学級のうち，40 % が女子生徒であるときの女子生徒の人数

よく出る 4 次の式の値(あたい)を求めなさい。

□(1) $a=-2$ のとき，a^2-2a の値

□(2) $a=-3$ のとき，$\frac{a}{3}+2a$ の値

□(3) $x=4$，$y=-2$ のとき，$\frac{1}{2}x-\frac{4}{y}$ の値

□(4) $x=-5$，$y=-6$ のとき，$8x^2-4y^2$ の値

5 遊園地の入園料は，大人 1 人が x 円，子ども 1 人が y 円である。
このとき，次の式はどんな数量を表していますか。

□(1) $(5x+12y)$ 円　　□(2) $(x-y)$ 円

ヒント
3 (2)単位を mL にそろえる。
5 (1)$5x$，$12y$ が表す数量を読みとる。

3章 教科書72～83ページ

解答▶▶ p.9～10

3章　文字と式

2節　文字を使った式の計算
①　項と係数／②　1次式の加法，減法

●項と係数

教科書 p.84

例題 1 式 $-x-7$ の項(こう)と，文字をふくむ項の係数を書きなさい。 ▸▸1

考え方　加法だけの式に直します。

答え　$-x-7=(-x)+(-7)$ だから，項は，$-x$，①［　　］

$-x=(-1)\times x$ だから，x の係数は，②［　　］

プラスワン　項，係数

加法の記号＋で結ばれた1つ1つを項，
文字をふくむ項の数の部分を係数といいます。

$3x-4=③x+(-4)$（係数：3，項：$3x$，-4）

●式を簡単にする

教科書 p.85～86

例題 2 次の計算をしなさい。 ▸▸2

(1)　$-2x+5x$　　(2)　$3a+5-8a+1$

考え方　文字の部分が同じ項どうしは，分配法則を使って，1つの項にまとめます。

答え　(1)　$-2x+5x$

$=(-2+①［　　］)x$　　$ax+bx=(a+b)x$

$=3x$

(2)　$3a+5-8a+1$

$=3a-8a+5+1$

$=-5a+②［　　］$

ここがポイント
文字が同じ項どうし，数の項どうしを集める
それぞれを加える

●1次式の加法と減法

教科書 p.86～87

例題 3 次の計算をしなさい。 ▸▸3～6

(1)　$(2x-4)+(5x-7)$　　(2)　$(2x-4)-(5x-7)$

考え方　(1)　$+(5x-7)$ のかっこをはずすとき，各項の符号(ふごう)はそのままになります。
(2)　$-(5x-7)$ のかっこをはずすとき，各項の符号が変わります。

答え　(1)　$(2x-4)+(5x-7)$　かっこをはずす

$=2x-4+5x-7$

$=2x+5x-4-7$

$=7x-①［　　］$

(2)　$(2x-4)-(5x-7)$　かっこをはずす

$=2x-4-5x+7$

$=2x-5x-4+7$

$=-3x+②［　　］$

絶対理解 **1** 【項と係数】次の式の項を書きなさい。また，文字をふくむ項については，その係数を書きなさい。

教科書 p.84 例 1

□(1)　$4x-6$　　□(2)　$a-\dfrac{b}{3}$

●キーポイント
加法だけの式に直します。

絶対理解 **2** 【式を簡単にする】次の計算をしなさい。

教科書 p.85～86 例 1,2

□(1)　$2a+a$　　□(2)　$4x-9x$

□(3)　$7x-9-5x$　　□(4)　$-13y+9+13y-6$

3 【1 次式の加法】次の計算をしなさい。

教科書 p.86 例 3

□(1)　$(4x+1)+(2x-9)$　　□(2)　$(-8x+3)+(4x-5)$

4 【1 次式の加法】$-3y+2$ に $-5y-3$ を加えて和を求めなさい。

教科書 p.86 たしかめ 3

□

●キーポイント
それぞれの式に(　)をつけて，式を書きます。

5 【1 次式の減法】次の計算をしなさい。

教科書 p.87 例 4

□(1)　$(5x+4)-(3x+6)$　　□(2)　$(4a-6)-(-10a-3)$

⚠ミスに注意
−(●−■)＝−●＋■
符号に注意しましょう。

6 【1 次式の減法】$-3y+2$ から $-5y-3$ をひいて差を求めなさい。

教科書 p.87 たしかめ 4

□

●キーポイント
それぞれの式に(　)をつけて，式を書きます。

例題の答え **1** ①-7　②-1　**2** ①5　②6　**3** ①11　②3

解答▶▶ p.10

ぴたトレ 1 要点チェック

3章　文字と式

2節　文字を使った式の計算
③　1次式と数の乗法，除法

●1次式と数の乗法，除法

教科書 p.88〜91

例題 1　次の計算をしなさい。　▶▶1〜4

(1)　$(-2x)\times3$　　(2)　$-4(x-3)$

(3)　$4x\div12$　　(4)　$(8x-4)\div2$

考え方　(1)　数どうしの積に文字をかけます。

(2)　分配法則 $a(b+c)=ab+ac$ を使って，かっこのない式にします。

(3)，(4)　分数の形にするか，わる数の逆数をかけて計算します。

答え　(1)　$(-2x)\times3=(-2)\times x\times3$

$=(-2)\times3\times x$

$=$ ①［　　］

(2)　$-4(x-3)=(-4)\times x+(-4)\times($②［　　］$)$

$=-4x+$ ③［　　］

(3)　$4x\div12=\dfrac{4x}{12}$

$=\dfrac{x}{④［　　］}$　　$\dfrac{\overset{1}{\cancel{4}}\times x}{\underset{3}{\cancel{12}}}$

(4)　$(8x-4)\div2=\dfrac{8x-4}{2}$

$=\dfrac{8x}{2}-\dfrac{4}{2}$

$=4x-$ ⑤［　　］　　$\dfrac{\overset{4}{\cancel{8}}\times x}{\underset{1}{\cancel{2}}}$，$\dfrac{\overset{2}{\cancel{4}}}{\underset{1}{\cancel{2}}}$

●いろいろな式の計算

教科書 p.91〜92

例題 2　$2(x-3)-3(2x-5)$ を計算しなさい。　▶▶5 6

考え方　かっこをはずして計算します。

答え　$2(x-3)-3(2x-5)$

$=2\times x+2\times(-3)-3\times2x-3\times($①［　　］$)$　　分配法則を使って，かっこのない式にする

$=2x-6-6x+15$

$=2x-6x-6+15$

$=-4x+$ ②［　　］

絶対理解 **1** 【1次式と数の乗法】次の計算をしなさい。 教科書 p.88 例1

□(1) $3x\times(-8)$　　□(2) $\left(-\dfrac{3}{4}y\right)\times(-6)$

よく出る **2** 【1次式と数の乗法】次の計算をしなさい。 教科書 p.89 例2,3

□(1) $(2x-5)\times(-3)$　　□(2) $-(10x-9)$

●キーポイント
(2)の式は，
$(-1)\times(10x-9)$
と考えて，計算します。

3 【1次式と数の除法】次の計算をしなさい。 教科書 p.90 例4

□(1) $-20x\div4$　　□(2) $16x\div\left(-\dfrac{2}{3}\right)$

●キーポイント
(2) わる数の逆数をかける乗法に直して計算します。

よく出る **4** 【1次式と数の除法】次の計算をしなさい。 教科書 p.90 例5

□(1) $(18a-6)\div6$　　□(2) $(-12x+9)\div(-3)$

5 【かっこがある式の計算】次の計算をしなさい。 教科書 p.91 例題1

□(1) $2(x+5)+3(-x+2)$　　□(2) $-(-x+4)+2(3x-2)$

6 【分数の形をした1次式と数の乗法】次の計算をしなさい。 教科書 p.91 例6

□(1) $\dfrac{3x-8}{7}\times14$　　□(2) $(-16)\times\dfrac{9a-1}{4}$

●キーポイント
$3x-8$ や $9a-1$ を1つの項(こう)のように考えます。

例題の答え **1** ①$-6x$　②-3　③12　④3　⑤2　**2** ①-5　②9

解答▶▶ p.10～11

ぴたトレ 1 要点チェック

3章　文字と式

3節　文字を使った式の活用／4節　数量の関係を表す式
①　文字を使った式の活用／①　数量の関係を表す式

●文字を使った式の活用

教科書 p.94~95

例題 1

□ 右の図のように，1辺に x 個の碁石(ごいし)を並べて，正方形をつくりました。図2のように考えるとき，全体の碁石の個数を式に表しなさい。 ▶▶1

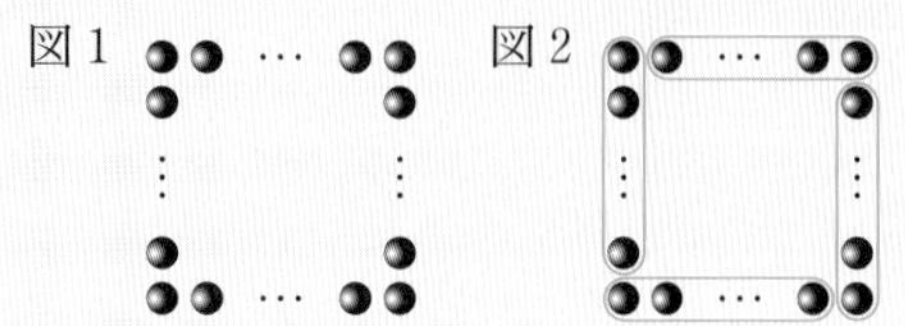

考え方　全体の碁石の個数は，図2の（　）の4倍と考えます。

答え　図2の（　）にふくまれる碁石の個数は，1辺の個数より1個少ないので，$(x-1)$個。
（　）が4個あるから，

$(x-1)\times$ □ $=4(x-1)$ 個

●数量の関係を表す式

教科書 p.96~98

例題 2

□ 1本 a 円の鉛筆(えんぴつ)を3本と，1本 b 円のペンを5本買うと，代金は900円になる。このとき，数量の関係を等式(とうしき)で表しなさい。 ▶▶2

考え方　等しい数量を，等号＝を使って表します。

答え　(鉛筆3本の代金)＋(ペン5本の代金)＝(代金の合計)
という関係があるから，

$3a+5b=$ □

教科書 p.96~98

例題 3

□ 1個120円のチョコレートを x 個買うと，代金は1000円以上になる。このとき，数量の関係を不等式(ふとうしき)で表しなさい。 ▶▶3

考え方　数量の大小関係を，不等号＞，＜，≧，≦を使って式に表します。

答え　(チョコレートの代金)≧1000円
という関係があるから，

 $\geqq 1000$

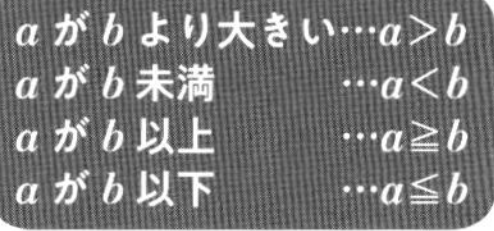

プラスワン　等式，不等式

等式…等号＝を使って，等しい関係を表した式
不等式…不等号＞，＜，≧，≦を使って，大小関係を表した式

$4x+y=200$
$4x+y\leqq 200$
左辺　右辺
両辺

1 【文字を使った式の活用】右の図のように，棒を並べて，正六角形をつくっていきます。このとき，正六角形を n 個つくるのに必要な棒の本数を，こうたさんとみどりさんは，次のような式で表しました。

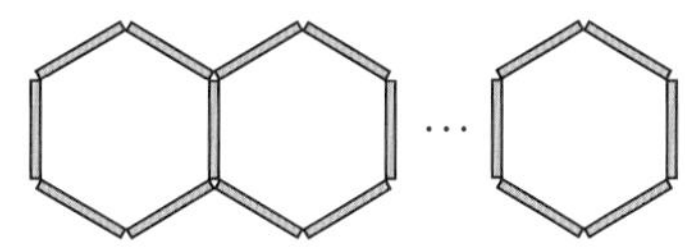

こうた…$6n-(n-1)$　　みどり…$5n+1$

こうたさん，みどりさんは，下の㋐，㋑のどちらの図のように考えましたか。それぞれ答えなさい。 教科書 p.94~95

㋐

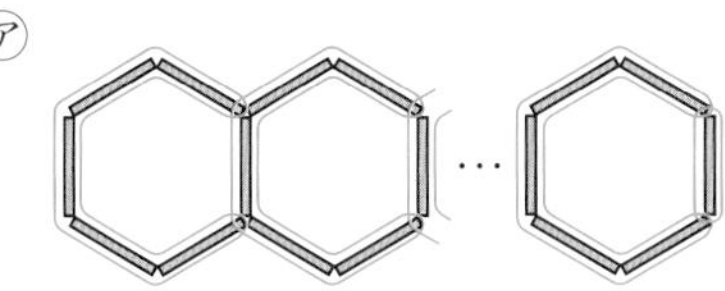

㋑

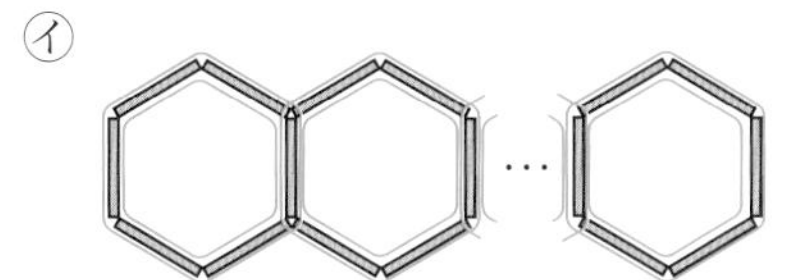

絶対理解 **2** 【等しい関係を表す式】次の数量の関係を等式で表しなさい。 教科書 p.97 例 1

□(1) 200 枚の画用紙を 30 人に a 枚ずつ配ったら，b 枚残った。

□(2) 1 冊 a 円のノートを 4 冊買って，1000 円出したときのおつりは b 円だった。

よく出る **3** 【大小関係を表す式】次の数量の関係を不等式で表しなさい。 教科書 p.97 例 2

□(1) 1 枚 a 円の画用紙を 5 枚買って 1000 円払(はら)ったら，おつりがもらえた。

□(2) ゆかさんは 1 個 30 円のキャンディーを a 個と，300 円のクッキーを 1 袋(ふくろ)買い，まさとさんは 1 個 80 円のチョコレートを b 個買ったところ，ゆかさんの代金はまさとさんの代金より多くなった。

□(3) ある数 x の 2 倍から 4 をひいた数は，ある数 y から 7 をひいた数以下になる。

⚠ミスに注意
(1)では，おつりがもらえるから，画用紙の代金が 1000 円より少なくなります。

例題の答え **1** 4 **2** 900 **3** $120x$

解答▶▶ p.11

1 次の計算をしなさい。

□(1) $3a+2-5a+4$

□(2) $(-7x+3)+(-x-4)$

□(3) $(5x+4)-(x-7)$

□(4) $\left(\frac{a}{3}+8\right)-\left(\frac{a}{2}-3\right)$

2 次の計算をしなさい。

□(1) $5x\times(-8)$

□(2) $\frac{2}{3}x\times(-6)$

□(3) $16x\times\left(-\frac{3}{4}\right)$

□(4) $15x\div20$

□(5) $\frac{1}{2}x\div(-8)$

□(6) $3x\div\left(-\frac{6}{7}\right)$

よく出る 3 次の計算をしなさい。

□(1) $2(3a-2)$

□(2) $8\left(\frac{x}{2}-\frac{1}{4}\right)$

□(3) $\left(\frac{5}{7}x-\frac{3}{5}\right)\times(-35)$

□(4) $(25x-30)\div(-5)$

□(5) $(48x-24)\div6$

□(6) $(-36a+12)\div(-4)$

□(7) $\frac{x-4}{3}\times(-6)$

□(8) $21\times\frac{4x-5}{3}$

ヒント 1 (3), (4)は，ひく式の各項(こう)の符号(ふごう)を変えて，ひかれる式に加える。
3 除法では，分数の形にするか，わる数の逆数をかける。

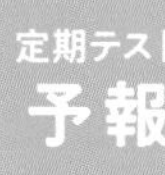

定期テスト予報

●かっこがある式の計算のしかたを理解しておこう。
かっこがある式は，分配法則を使ってかっこをはずしてから，文字が同じ項どうし，数の項どうしをそれぞれ計算するよ。かっこをはずしたときに符号が変わる項もあるから，注意しよう。

よく出る

4 次の計算をしなさい。

□(1) $3(3+2a)-4(2a-3)$

□(2) $2(3x-5)-7(1-2x)$

□(3) $8\left(2x-\frac{1}{4}\right)+9\left(\frac{1}{3}-3x\right)$

□(4) $12\left(\frac{3}{4}x-1\right)-8\left(\frac{1}{2}-\frac{3}{4}x\right)$

□(5) $\frac{1}{3}(x-1)-\frac{1}{4}(x+1)$

□(6) $2(a+1)-\frac{1}{2}(4a-6)$

5 右の図のように，碁石(ごいし)を正方形の形に並べる。正方形の1辺の個数が n 個のとき，碁石全部の個数は $4(n-1)$ 個と表すことができる。ただし，n は3より大きい自然数とする。どのように考えて式をつくったか，右の図を使って説明しなさい。
□

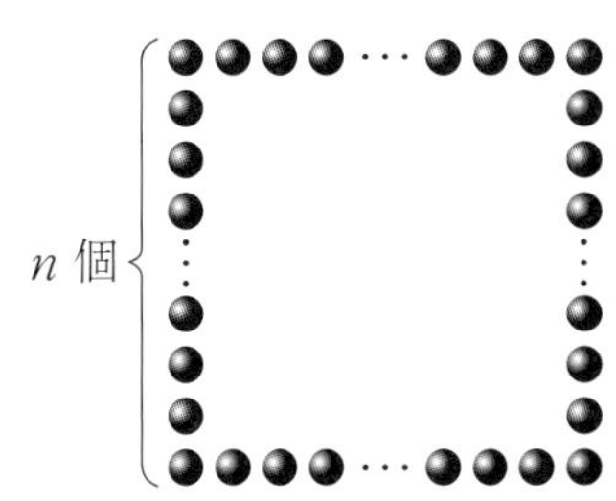

6 次の数量の関係を等式で表しなさい。

□(1) 1個85円のお菓子を a 個買って，500円出したときのおつりは b 円だった。

□(2) x km の道のりを，時速 y km で4時間走ると，残りの道のりは10 km である。

7 次の数量の関係を不等式で表しなさい。

□(1) ある数 x に16を加えた数は，x を3倍した数未満になる。

□(2) 1冊140円のノートを x 冊買ったときの代金は，1本100円のボールペンを y 本買ったときの代金よりも高い。

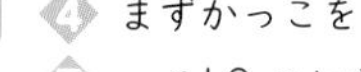

ヒント

4 まずかっこをはずす。符号や約分に注意。

7 $x<10$ のとき，x は10未満という。

3章

教科書84～98ページ

解答▶▶ p.11～13

3章　文字と式

時間30分　／100点　合格70点

❶ 次の式を，×，÷の記号を使わないで表しなさい。知

(1)　$a\times(-5)+b\times b$

(2)　$(a-b)\div 2$

(3)　$(x-y\times 4)\div 5$

❶　点／12点（各4点）

(1)	
(2)	
(3)	

❷ 次の数量を式で表しなさい。知

(1)　x km の道のりを y m 歩いたときの残りの道のり（単位は m）

(2)　定価 a 円の商品の 3 割引の代金

❷　点／8点（各4点）

(1)	
(2)	

❸ 次の式の値を求めなさい。知

(1)　$x=-3$ のとき，$-x^2+9$ の値

(2)　$x=4$，$y=-2$ のとき，$\dfrac{1}{2}x-\dfrac{6}{y}$ の値

(3)　$x=-1$，$y=4$ のとき，$2x^2-y^2$ の値

❸　点／12点（各4点）

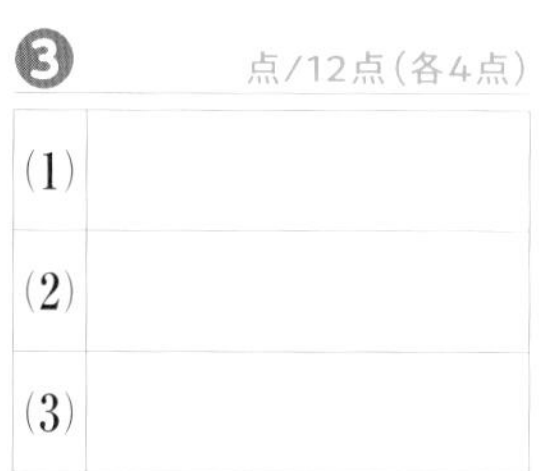

❹ 次の計算をしなさい。知

(1)　$6x\times(-9)$

(2)　$8x\div\left(-\dfrac{4}{3}\right)$

(3)　$-20\left(\dfrac{4}{5}x+\dfrac{1}{4}\right)$

(4)　$-(-4y-3)$

(5)　$(24a-3)\div 3$

(6)　$\dfrac{x-6}{4}\times 12$

❹　点／24点（各4点）

成績評価の観点　知…数量や図形などについての知識・技能　考…数学的な思考・判断・表現

5 次の計算をしなさい。知

(1) $-3x+4+6x-9$

(2) $(-3x+1)+(2x-5)$

(3) $\left(-\frac{4}{5}a-6\right)-\left(-\frac{1}{5}a-4\right)$

(4) $3(x+2)+5(2x-3)$

(5) $4(3a-5)-2(2a+4)$

(6) $-\frac{2}{5}(15a-5)+\frac{1}{3}(15a-9)$

5 点/24点(各4点)

(1)	
(2)	
(3)	
(4)	
(5)	
(6)	

6 n が整数のとき，次の式はどんな数を表していますか。知

(1) $5n$

(2) $2n+1$

6 点/8点(各4点)

(1)	
(2)	

7 次の数量の関係を等式で表しなさい。知

(1) a 円のシャツを 4 割引で買ったら b 円だった。

(2) 家から 800 m 離れた駅へ向かって，分速 60 m で x 分間歩き，途中(とちゅう)から分速 150 m で y 分間走って駅に着いた。

7 点/6点(各3点)

(1)	
(2)	

8 次の数量の関係を不等式で表しなさい。知

(1) 1 個 a 円のケーキを 7 個買うと，代金は 800 円以上になる。

(2) x km の道のりを時速 50 km で y 時間走ったところ，残りの道のりは 10 km 未満になった。

8 点/6点(各3点)

(1)	
(2)	

3章

教科書69~102ページ

知 /100点

解答▶▶ p.13

教科書のまとめ〈3章　文字と式〉

●文字を使った式の表し方

・文字の混じった乗法では，乗法の記号×をはぶく。

※$b\times a=ab$ のように，アルファベットの順に並べて書くことが多い。

・文字と数の積では，数を文字の前に書く。

※$1\times a$ は a，$(-1)\times a$ は $-a$ と表す。

・同じ文字の積は，累乗(るいじょう)の指数を使って表す。

・商は，除法の記号÷は使わないで，分数の形で書く。

［注意］ ＋，－の記号は，はぶくことができない。

●式の値

・式の中の文字を数に置きかえることを，文字に数を**代入する**という。

・代入して計算した結果を，その**式の値**(あたい)という。

（例） $x=-3$ のとき，$2x+1$ の値は，

x に -3 を代入して，

$2x+1=2\times(-3)+1$

$=-5$

●式の読みとり

x を1から9までの整数，y を0から9までの整数とすると，十の位が x，一の位が y の2桁(けた)の自然数は，$10x+y$ と表すことができる。

●項と係数

・式 $3x+1$ で，加法の記号＋で結ばれた $3x$ と1を，その式の**項**(こう)という。

・文字をふくむ項 $3x$ の3を x の**係数**という。

・文字を1つだけふくむ項を1次の項という。

●項をまとめて計算する

・文字の部分が同じ項は，分配法則 $ax+bx=(a+b)x$ を使って，1つの項にまとめ，簡単にすることができる。

・文字をふくむ項と数の項が混じった式は，文字が同じ項どうし，数の項どうしを集めて，それぞれをまとめる。

（例） $8x+4-6x+1$

$=8x-6x+4+1$

$=(8-6)x+4+1$

$=2x+5$

●1次式の減法

ひく式すべての項の符号(ふごう)を変えて，ひかれる式に加える。

●項が2つ以上の1次式に数をかける

・分配法則 $a(b+c)=ab+ac$ を使って計算する。

・かっこの前が－のとき，かっこをはずすと，かっこの中の各項の符号が変わる。

（例） $-(-a+1)=a-1$

●項が2つ以上の1次式を数でわる

分数の形にして，$\dfrac{a+b}{c}=\dfrac{a}{c}+\dfrac{b}{c}$ を使って計算するか，わる数の逆数をかければよい。

●かっこがある式の計算

分配法則を使って，かっこをはずし，項をまとめて計算する。

●数量の関係を表す式

等号を使って，数量の等しい関係を表した式を**等式**(とうしき)といい，不等号を使って，数量の大小関係を表した式を**不等式**(ふとうしき)という。

4章　方程式

□**速さ・道のり・時間** ◀小学5年

速さ，道のり，時間について，次の関係が成り立ちます。

速さ＝道のり÷時間

道のり＝速さ×時間

時間＝道のり÷速さ

□**比の値** ◀小学6年

$a:b$ で表される比で，a が b の何倍になっているかを表す数を比の値といいます。

1 次の速さや道のり，時間を求めなさい。 ◀小学5年〈速さ〉

(1) 400 m を5分で歩いた人の分速

(2) 時速 60 km の自動車が1時間20分で進む道のり

(3) 秒速 75 m の新幹線が 54 km 進むのにかかる時間

ヒント
単位をそろえて考えると……

2 次の比の値を求めなさい。 ◀小学6年〈比と比の値〉

(1) 2：5　　(2) 4：2.5　　(3) $\frac{2}{3}:\frac{4}{5}$

ヒント
$a:b$ の比の値は，a が b の何倍になっているかを考えて……

3 Aさんのクラスは，男子が17人，女子が19人です。 ◀小学6年〈比と比の値〉

(1) 男子の人数と女子の人数の比を書きなさい。

(2) クラス全体の人数と女子の人数の比を書きなさい。

ヒント
クラス全体の人数は，男子と女子の合計人数だから……

解答▶▶ p.14

4章　方程式

1節　方程式とその解き方
①　方程式とその解／②　等式の性質

●方程式とその解

教科書 p.106～107

例題1 次の方程式のうち，解が2であるものはどちらですか。 ▶▶1 2

㋐　$3x-1=5$　　　㋑　$4x=x-6$

考え方　それぞれの方程式の x に2を代入して，左辺の値と右辺の値が等しくなるかどうかを調べます。

答え　㋐　x に2を代入すると，

左辺＝3×①［　　］−1＝②［　　］

右辺＝5

㋑　x に2を代入すると，

左辺＝4×①［　　］＝8

右辺＝①［　　］−6＝③［　　］

左辺の値と右辺の値が等しくなるのは，④［　　］である。

プラスワン　方程式，解

方程式…文字の値によって成り立ったり成り立たなかったりする等式のこと。

解…方程式を成り立たせる文字の値。

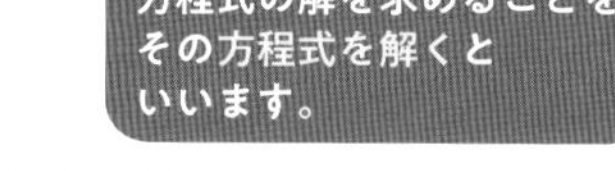

●等式の性質を使った解き方

教科書 p.108～110

例題2 次の方程式を解きなさい。 ▶▶3

(1)　$x-6=3$　　　(2)　$6x=42$

考え方　等式の性質を使って，x＝(数)の形に変形します。

答え　(1)　$x-6=3$

両辺に6を加えると，

$x-6+6=3+$①［　　］　　$A=B$ ならば $A+C=B+C$

$x=$②［　　］

(2)　$6x=42$

両辺を6でわると，

$\dfrac{6x}{③［　　］}=\dfrac{42}{③［　　］}$　　$A=B$ ならば $\dfrac{A}{C}=\dfrac{B}{C}$

$x=$④［　　］

絶対理解 **1** 【方程式とその解】次の数のうち，方程式 $6x-7=x+3$ の解であるものはどれですか。

□

教科書 p.107 例題 1

㋐ $x=-2$　　㋑ $x=0$　　㋒ $x=2$

●キーポイント
x の値を代入して，左辺＝右辺となるかを調べます。

2 【方程式とその解】次の方程式のうち，解が -3 であるものはどれですか。すべて選びなさい。

□

教科書 p.107 問 2

㋐ $4x+5=17$　　㋑ $-2x+7=13$

㋒ $-3x=6+x$　　㋓ $5x+8=2x-1$

●キーポイント
負の数を代入するときは，(　)をつけて計算します。

よく出る **3** 【等式の性質を使った解き方】次の方程式を，等式の性質を使って解きなさい。

教科書 p.109～110 例 1,2

等式の性質

$A=B$ ならば

1 $A+C=B+C$　　2 $A-C=B-C$

3 $AC=BC$　　4 $\dfrac{A}{C}=\dfrac{B}{C}\ (C \neq 0)$

●キーポイント
等式の性質を使って式を変形しても，方程式の解は変わりません。
4の $C \neq 0$ は，C が 0 でないことを表しています。

□(1) $x-8=-3$　　□(2) $x+6=4$

□(3) $\dfrac{x}{3}=4$　　□(4) $2x=-14$

例題の答え **1** ①2　②5　③−4　④㋐　**2** ①6　②9　③6　④7

解答▶▶ p.14

1節 方程式とその解き方
③ 方程式の解き方

●移項の考えを使った解き方 教科書 p.111〜112

例題 1 次の方程式を解きなさい。 ▶▶ 1 2

(1) $8x=5x+9$ (2) $-7x+13=-8$

(3) $3x-25=-2x$ (4) $4x-3=6x+1$

考え方 文字の項や数の項を移項して，左辺を x をふくむ項だけ，右辺を数の項だけにします。

答え (1) $8x=5x+9$

①［　　］を移項すると，

$8x-5x=9$

$3x=9$

$x=$ ②［　　］

1 文字の項は左辺に移項する

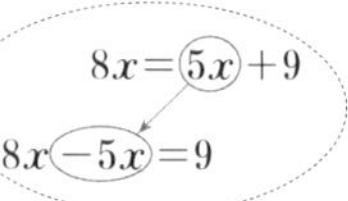

2 $ax=b$ の形にする

3 両辺を x の係数でわる

(2) $-7x+13=-8$

③［　　］を移項すると，

$-7x=-8-13$

$-7x=-21$

$x=$ ④［　　］

1 数の項は右辺に移項する

2 $ax=b$ の形にする

3 両辺を x の係数でわる

(3) $3x-25=-2x$

$-2x$, ⑤［　　］を移項すると，

$3x+2x=$ ⑥［　　］

$5x=25$

$x=$ ⑦［　　］

1 文字の項は左辺に，数の項は右辺に移項する

2 $ax=b$ の形にする

3 両辺を x の係数でわる

ここがポイント

(4) $4x-3=6x+1$

⑧［　　］，-3 を移項すると，

$4x-6x=1+$ ⑨［　　］

$-2x=4$

$x=$ ⑩［　　］

プラスワン 移項

等式の一方の辺にある項を，その符号を変えて他方の辺に移すことを**移項する**といいます。

$x-3=-2x+6$

$x+2x=6+3$

色対理解 **1** 【移項の考えを使った解き方】次の方程式を解きなさい。 教科書 p.111 例 1

□(1) $2x=-x+3$ □(2) $8x=2x-12$

●キーポイント
移項して，左辺を文字をふくむ項だけ，右辺を数の項だけにします。移項するときは，項の符号が変わります。

□(3) $8x-9=7$ □(4) $3x+7=-5$

□(5) $-6x=x+14$ □(6) $3-5x=-17$

よく出る **2** 【移項の考えを使った解き方】次の方程式を解きなさい。 教科書 p.112 例題 1

□(1) $5x-3=2x+12$ □(2) $-4x+6=2x+12$

□(3) $5x-9=2x-7$ □(4) $4-3x=-2x$

□(5) $3y+5=y+3$ □(6) $8-12x=-7x+8$

例題の答え **1** ①$5x$ ②3 ③13 ④3 ⑤-25 ⑥25 ⑦5 ⑧$6x$ ⑨3 ⑩-2

解答▶▶ p.14～15

4章　方程式

1節　方程式とその解き方
④　いろいろな方程式

●かっこをふくむ方程式

教科書 p.113

□ **例題 1**　方程式 $4x-15=-3(x-2)$ を解きなさい。　▸▸1

考え方　かっこをはずしてから解きます。

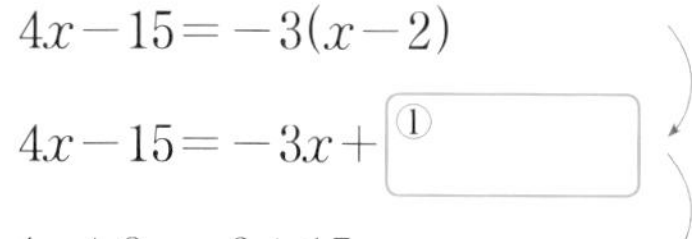

$4x-15=-3(x-2)$

$4x-15=-3x+$ ①＿＿　　かっこをはずす

$4x+3x=6+15$　　$-3x$，-15 を移項(いこう)する

$7x=21$

$x=$ ②＿＿　　両辺を 7 でわる

●係数に小数がある方程式

教科書 p.113〜114

□ **例題 2**　方程式 $1.8x=0.4x-4.2$ を解きなさい。　▸▸2

考え方　両辺に 10 や 100 などをかけて，係数を整数にしてから解きます。

答え

$1.8x=0.4x-4.2$

$1.8x\times10=(0.4x-4.2)\times$ ①＿＿　　両辺に 10 をかけて，係数を整数にする（ここがポイント）

$18x=4x-42$　　かっこをはずす

$18x-4x=-42$　　$4x$ を移項する

$14x=-42$

$x=$ ②＿＿　　両辺を 14 でわる

●係数に分数がある方程式

教科書 p.114

□ **例題 3**　方程式 $\frac{2}{3}x-2=\frac{1}{2}x$ を解きなさい。　▸▸3

考え方　両辺に分母の公倍数をかけて，係数を整数にしてから解きます。

$\frac{2}{3}x-2=\frac{1}{2}x$

$\left(\frac{2}{3}x-2\right)\times6=\frac{1}{2}x\times$ ①＿＿　　両辺に 3 と 2 の公倍数の 6 をかけて，係数を整数にする（ここがポイント）

$4x-12=3x$　　かっこをはずす

$4x-3x=12$　　$3x$，-12 を移項する

$x=$ ②＿＿

絶対理解

1 【かっこをふくむ方程式】次の方程式を解きなさい。

教科書 p.113 例題 1

□(1) $7x+4=4(x-5)$　　□(2) $-(2x+1)=3(x+3)$

□(3) $2(4x-5)=7(x-1)$　　□(4) $x-2(2x-7)=5$

●キーポイント

かっこをはずす

▼

移項して，文字の項どうし，数の項どうしを集める

▼

$ax=b$ の形にする

▼

両辺を x の係数でわる

2 【係数に小数がある方程式】次の方程式を解きなさい。

教科書 p.113 例題 2

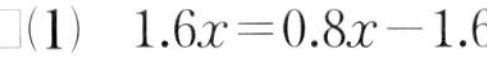

□(1) $1.6x=0.8x-1.6$　　□(2) $0.04x+0.48=0.2x$

●キーポイント

両辺に 10 や 100 などをかけて，係数を整数にします。

(2) 両辺に 100 をかけます。

よく出る

3 【係数に分数がある方程式】次の方程式を解きなさい。

教科書 p.114 例題 3

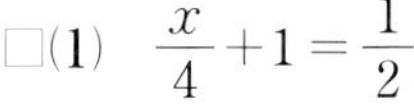

□(1) $\frac{x}{4}+1=\frac{1}{2}$　　□(2) $\frac{1}{2}x-3=\frac{2}{3}x+2$

□(3) $\frac{x-2}{3}=\frac{x}{6}+2$　　□(4) $\frac{2x+1}{3}=\frac{3x-1}{4}$

●キーポイント

分母の公倍数を両辺にかけて，係数を整数にします。

(3)は，両辺に 6 をかけると，左辺は，

$\frac{x-2}{3}\times 6=(x-2)\times 2$

になります。

4章　教科書 113～115ページ

例題の答え　1 ① 6　② 3　2 ① 10　② −3　3 ① 6　② 12

解答▶▶ p.15～16

1節 方程式とその解き方 ①~④

1 次の方程式のうち，解が -1 であるものはどれですか。

□ ㋐ $3x+4=0$　　㋑ $x+3=-2x$　　㋒ $2x+5=3x+7$

2 次の(1)~(4)で，右の式は，左の式を変形したものである。それぞれ等式の性質1~4のどれを使ったか。1~4の番号で答えなさい。ただし，1 2の C は正の数，3 4の C は絶対値が1以上の数とする。

□(1) $x-4=-3 \rightarrow x=1$　　□(2) $-3x=6 \rightarrow x=-2$

□(3) $-\dfrac{2}{5}x=4 \rightarrow x=-10$　　□(4) $x+\dfrac{3}{2}=\dfrac{1}{4} \rightarrow x=-\dfrac{5}{4}$

等式の性質

1 $A=B$ ならば $A+C=B+C$　　2 $A=B$ ならば $A-C=B-C$

3 $A=B$ ならば $AC=BC$　　4 $A=B$ ならば $\dfrac{A}{C}=\dfrac{B}{C}$

3 等式の性質を使って，次の方程式を解きなさい。

□(1) $-3+x=4$　　□(2) $-\dfrac{1}{4}x=12$

□(3) $8-x=2$　　□(4) $2-3x=-7$

4 次の方程式を解きなさい。

□(1) $-x+16=x+14$　　□(2) $6x+27=81-3x$

□(3) $2x-17=8x-35$　　□(4) $-3y-14=y-2$

□(5) $16x-3=18+9x$　　□(6) $15x+64=5x-76$

ヒント **2** 左辺に着目して，どの等式の性質が使えるかを考える。
4 移項(いこう)するとき，符号(ふごう)を変えるのを忘れないように注意。

定期テスト予報

●移項の考えを使った解き方をマスターしよう。
移項は，等式の性質を使って等式を変形する手順をはぶいているから，移項の考えを使うと方程式を効率よく解くことができるんだ。移項して解くやり方をしっかり理解しておこう。

5 次の方程式を解きなさい。

□(1) $2x=12-3(x-1)$

□(2) $5(x-2)-(2x-7)=0$

□(3) $2.5-x=3x+4.5$

□(4) $0.2x-0.8=0.25x-0.9$

□(5) $\dfrac{x}{2}=\dfrac{4}{5}x-6$

□(6) $\dfrac{5+x}{4}=\dfrac{x-6}{5}$

□(7) $2-\dfrac{x-1}{3}=\dfrac{x}{4}$

□(8) $\dfrac{x-2}{4}-\dfrac{x-3}{6}=15$

6 次の問いに答えなさい。

□(1) 方程式 $3x+2a=5$ の解が $x=1$ であるとき，a の値(あたい)を求めなさい。

□(2) 方程式 $2x+a=2a-x$ の解が $x=-4$ であるとき，a の値を求めなさい。

ヒント 5 係数を整数に直すときは，すべての項に同じ数をかける。数の項にかけ忘れるミスに注意。
6 方程式に x の値を代入すると等式が成り立つ。この a についての方程式を解いて a の値を求める。

解答▶▶ p.16〜18

2節　方程式の活用
①　方程式の活用

●代金の問題

教科書 p.117〜120

220 円のジュース 1 本と，お菓子を 4 個買って 1000 円を出したら，おつりが 460 円になりました。お菓子 1 個の値段を求めなさい。 ▸▸1

考え方　お菓子 1 個の値段を x 円として，等しい関係にある数量を見つけます。

答え　お菓子 1 個の値段を x 円とすると，

$1000-(220+4x)=$ ①［　　］

$1000-220-4x=460$

$-4x=460-780$

$-4x=-320$

$x=$ ②［　　］

お菓子 1 個の値段を 80 円とすると，

代金の合計は ③［　　］ 円で，

1000 円を出したときのおつりは 460 円になる。したがって，80 円は問題に適している。　答　80 円

1　求める数量を x で表す

2　等しい関係にある数量を見つけて，方程式をつくる
(出したお金)−(代金)=(おつり)

3　方程式を解く

4　方程式の解が問題に適しているかどうかを確かめる

ここがポイント

●過不足の問題

教科書 p.120

何人かの子どもに鉛筆(えんぴつ)を配ります。1 人に 4 本ずつ配ろうとすると 8 本足りなくなり，3 本ずつ配ると 6 本余る。子どもの人数を求めなさい。 ▸▸2

考え方　子どもの人数を x 人として，等しい関係にある数量を見つけます。
求める数量　鉛筆の本数

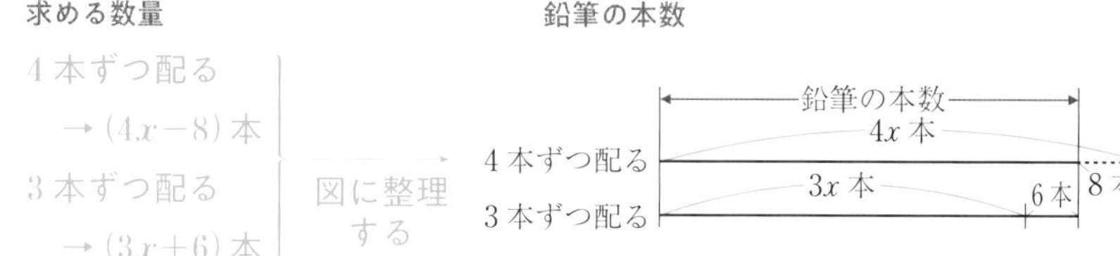

答え　子どもの人数を x 人とすると，

$4x-8=3x+6$

$4x-3x=6+$ ①［　　］

$x=$ ②［　　］

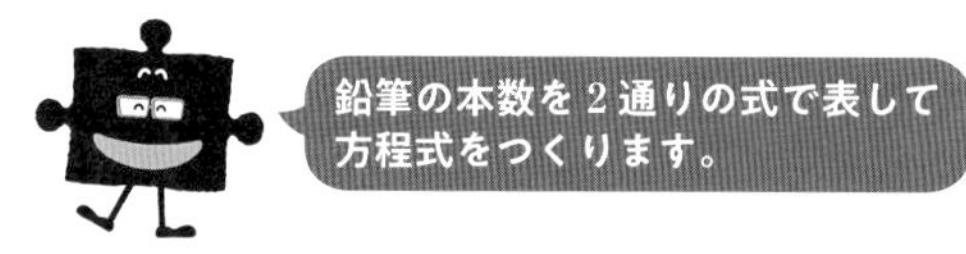

子どもの人数 ②［　　］ 人は，問題に適している。　答 ②［　　］ 人

1 【代金の問題】兄は 800 円，弟は 500 円を持って，お菓子を買いに出かけた。同じ値段のお菓子を兄は 2 個，弟は 1 個買ったところ，兄の残金と弟の残金が等しくなった。お菓子 1 個の値段を求めなさい。

教科書 p.119 例題 1

●キーポイント
等しい関係にある数量は，兄と弟の残金です。

2 【過不足の問題】何人かの子どもにあめを配る。あめを 1 人に 4 個ずつ配ろうとすると 40 個足りなくなり，3 個ずつ配ると 45 個余る。子どもの人数を求めなさい。

教科書 p.120 例題 2

●キーポイント
等しい関係にある数量は，あめの個数です。

3 【速さの問題】弟は，家を出発して 900 m 離(はな)れた図書館に向かいました。その 9 分後に，兄が弟を自転車で追いかけました。弟の歩く速さを分速 60 m，兄の自転車の速さを分速 240 m とすると，兄は家を出発してから何分後に弟に追い着きますか。

教科書 p.121〜123

●キーポイント
図に整理すると，等しい数量は，家から追い着いた地点までの道のりであるとわかります。

□(1) 兄が家を出発してから x 分後に弟に追い着くとして，図や表に整理します。［　］にあてはまる数や式を書きなさい。

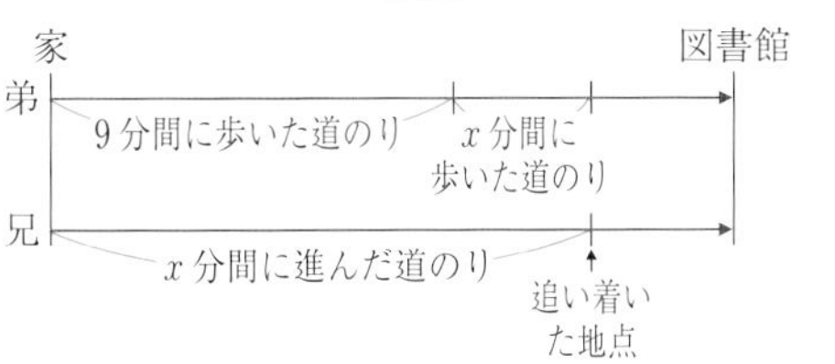

	速さ(m/min)	時間(分)	道のり(m)
弟	①	$9+x$	③
兄	240	②	④

□(2) 等しい関係にある数量を見つけて，方程式をつくって答えを求めなさい。

例題の答え **1** ①460　②80　③540　**2** ①8　②14

4章 教科書 117〜123 ページ

解答▶▶ p.18

4章　方程式

2節　方程式の活用
②　比例式とその活用

●比例式の性質

教科書 p.124～125

例題1 次の比例式を解きなさい。 ▶▶1 2

(1)　$x:7=6:14$　　　(2)　$8:x=12:3$

考え方　比例式の性質

$a:b=c:d$　ならば　$ad=bc$

を使って，方程式にします。

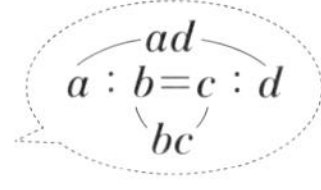

答え　(1)　$x:7=6:14$

$x\times14=7\times$ ①　　← $a:b=c:d$　ならば　$ad=bc$

$14x=42$

$x=$ ②

(2)　$8:x=12:3$

$8\times3=x\times$ ③　　← 等式の左辺と右辺を入れかえても，式は成り立ちます　$A=B$　ならば　$B=A$

$12x=24$

$x=$ ④

●比の問題

教科書 p.125～126

例題2 横と縦の長さの比が $5:3$ の花壇（かだん）がある。縦の長さが 12 m のとき，横の長さを求めなさい。 ▶▶3 4

考え方　横の長さ（求める数量）を x m として，比例式をつくります。

答え　横の長さを x m とすると，　　← 1　求める数量を x で表す

$x:12=5:3$　　← 2　等しい比の関係を見つけて，比例式をつくる

$x\times$ ① $=12\times5$

$3x=60$

$x=$ ②　　← 3　比例式を解く

横の長さ 20 m は問題に適している。　　← 4　比例式の解が問題に適しているかどうかを確かめる

答　② m

ここがポイント

1 【比の値と比例式】次の比で，比の値が等しいものを見つけて，比例式で表しなさい。

□

教科書 p.124 たしかめ 1

㋐ 3：9　㋑ 7：6　㋒ 20：45

㋓ 6：7　㋔ 4：9　㋕ 12：36

●キーポイント
$a:b$ と表された比の比の値は，$\frac{a}{b}$ です。

絶対理解 **2** 【比例式の性質】次の比例式を解きなさい。

教科書 p.125 たしかめ 2

□(1) $x:6=4:3$　□(2) $5:2=x:10$

□(3) $7:9=4:5x$　□(4) $3:8=x:(25+x)$

●キーポイント
$a:b=c:d$ ならば $ad=bc$ を使って，方程式の形にします。
(4) $(25+x)$ は，1つのまとまりと考えます。

4章

教科書 124～126ページ

よく出る **3** 【比の問題】牛乳の量とコーヒーの量の比が 6：5 となるようにミルクコーヒーをつくります。牛乳を 300 mL 使うとき，コーヒーを何 mL 混ぜればよいですか。

□ 教科書 p.125 例題 1

4 【比の問題】ある水族館で，大人 1 人と子ども 1 人の入館料の比は 5：3 です。子ども 1 人の入館料が 1200 円のとき，大人 1 人の入館料を求めなさい。

□ 教科書 p.125 例題 1

例題の答え **1** ① 6　② 3　③ 12　④ 2　**2** ① 3　② 20

ぴたトレ **2** 練習

4章　方程式

2節　方程式の活用　①，②

1 次の問いに答えなさい。

□(1)　カーネーションを5本と，220円のバラを2本買って1000円を出したら，おつりが35円になりました。カーネーション1本の値段を求めなさい。

□(2)　1個160円のりんごと1個100円のみかんを合わせて15個買い，200円のかごに入れてもらって，ちょうど2000円にしたい。りんごとみかんを，それぞれ何個買えばよいですか。

2 次の問いに答えなさい。

□(1)　何人かの生徒に画用紙を配る。画用紙を1人に10枚ずつ配ろうとすると12枚足りなくなり，8枚ずつ配ると14枚余る。生徒の人数を求めなさい。

□(2)　生徒が長いすにすわるのに，1脚(きゃく)に4人ずつすわると65人の生徒がすわれなくなり，1脚に5人ずつすわると長いすがちょうど23脚余る。長いすの数を求めなさい。

3 なおきさんは，まさとさんの家を午後3時に出発して，1200 m離(はな)れた自宅に向かった。
□ なおきさんの忘れものに気づいたまさとさんが，午後3時8分に家を出発して，自転車でなおきさんを追いかけた。
なおきさんの歩く速さを分速60 m，まさとさんの自転車の速さを分速220 mとすると，まさとさんがなおきさんに追い着くのは，午後3時何分ですか。

ヒント　**2** (2)長いすの数を x 脚として，生徒の人数を2通りに表すとよい。5人ずつすわるときは，長いすは23脚余るから，生徒がすわる長いすの数は $(x-23)$ 脚。

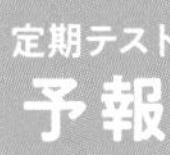

定期テスト予報

●文章をしっかり読みとり，方程式をスムーズにつくれるようにしよう。
方程式を使って文章題を解くときは，等しい関係にある数量を見つけることが大切だよ。
わかっている数量と求める数量を整理するときは，図にかいて考えるとわかりやすいね。

4 次の比で，比の値が等しいものを見つけて，比例式で表しなさい。

□ ㋐ $2:3$　㋑ $9:7$　㋒ $5:8$
㋓ $72:56$　㋔ $36:54$　㋕ $4:7$

5 次の比例式を解きなさい。

□(1) $x:15=4:5$

□(2) $3:7=9:x$

□(3) $2:3=x:48$

□(4) $5:3x=2:9$

□(5) $2:7=x:(27-x)$

□(6) $x:6=(12+x):8$

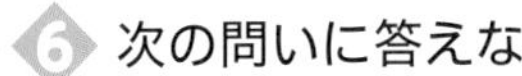

よく出る **6** 次の問いに答えなさい。

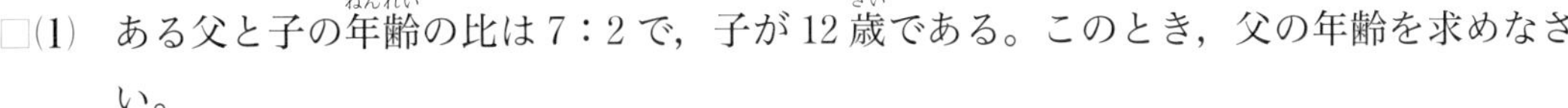

□(1) ある父と子の年齢(ねんれい)の比は $7:2$ で，子が 12 歳(さい)である。このとき，父の年齢を求めなさい。

□(2) 男子と女子の人数の比が $6:5$ の学級がある。女子の人数が 15 人のとき，男子の人数を求めなさい。

□(3) ある美術館で大人 1 人の入館料は 1200 円，子ども 1 人の入館料は 900 円だったが，大人と子どもの入館料がともに同じ金額だけ値上がりしたので，大人と子どもの入館料の比が $5:4$ になった。何円値上がりしたかを求めなさい。

ヒント

5 比例式の外側の数どうし，内側の数どうしをそれぞれかけ合わせて，方程式にして求める。

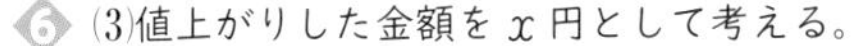

6 (3)値上がりした金額を x 円として考える。

解答▶▶ p.19～20

4章　方程式

1 次の方程式のうち，解が -4 であるものはどれですか。知

㋐　$2x+6=-1$　　㋑　$3x+1=-x-7$

㋒　$-4x-1=-3(x-1)$

1　点/4点

2 次の方程式を解きなさい。知

(1)　$x+9=6$　　(2)　$4x-6=10$

(3)　$2x-3=7$　　(4)　$8=5x+33$

(5)　$7x-5=5x-1$　　(6)　$3x+6=4x-7$

(7)　$4x+12=8x+20$　　(8)　$16-5x=5x+6$

2　点/32点（各4点）

3 次の方程式を解きなさい。知

(1)　$4(x+1)=12$　　(2)　$2x-5(x+4)=1$

(3)　$0.4x-0.9=2.7x+6$　　(4)　$1.3x+0.64=0.7x+1$

(5)　$\frac{5}{4}x-\frac{1}{2}=\frac{3}{2}x+\frac{3}{4}$　　(6)　$\frac{x+2}{3}=\frac{3x+6}{2}$

3　点/24点（各4点）

　成績評価の観点　知…数量や図形などについての知識・技能　考…数学的な思考・判断・表現

❹ 方程式 $2x-(ax+7)=5$ の解が $x=4$ であるとき，a の値（あたい）を求めなさい。考

❹ 点/10点

❺ 37 人が 2 つの班に分かれて，美術館と科学館に行く予定を立てた。美術館に行く人数を，科学館に行く人数の 2 倍より 5 人少なくなるようにしたい。このとき，次の問いに答えなさい。

(1) 科学館に行く人数を x 人として，方程式をつくりなさい。考

(2) (1)でつくった方程式を解いて，美術館に行く人数を求めなさい。知

❺ 点/10点（各5点）

(1)	
(2)	

❻ ある科学館の大人 1 人の入館料は 1200 円，中学生 1 人の入館料は 1000 円だったが，大人の入館料が値上がりし，中学生の入館料は大人の値上がりした金額と同じ金額だけ値下がりした。そのため，大人と中学生の入館料の比が 7：4 になった。中学生 1 人の入館料を求めなさい。考

❻ 点/10点

❼ りょうたさんは 3200 円，弟は 1200 円持ってゲームソフトを買いに行った。りょうたさんと弟が 3：1 の割合でお金を出し合ってゲームソフトを買ったところ，りょうたさんの残金と弟の残金の比が 5：3 になった。2 人が出した金額をそれぞれ求めなさい。考

❼ 点/10点（各5点）

りょうた	
弟	

4章

教科書103〜129ページ

知 /65点	考 /35点

解答▶▶ p.20〜22

教科書のまとめ〈4章　方程式〉

●方程式

・等式 $4x+2=14$ のように，x の値(あたい)によって成り立ったり成り立たなかったりする等式を，x についての**方程式**という。

・方程式を成り立たせる文字の値を，その方程式の**解**という。

・方程式の解を求めることを，方程式を**解く**という。

●等式の性質

1 等式の両辺に同じ数や式を加えても，等式は成り立つ。

$A=B$　ならば，　$A+C=B+C$

2 等式の両辺から同じ数や式をひいても，等式は成り立つ。

$A=B$　ならば，　$A-C=B-C$

3 等式の両辺に同じ数をかけても，等式は成り立つ。

$A=B$　ならば，　$A\times C=B\times C$

4 等式の両辺を同じ数でわっても，等式は成り立つ。

$A=B$　ならば，　$\frac{A}{C}=\frac{B}{C}$　$(C\neq 0)$

●移項

等式の一方の辺にある項(こう)を，その符号(ふごう)を変えて他方の辺に移すことを**移項**するという。

(例) $3x-4=2x+1$

$2x$，-4 を移項すると，

$3x-2x=1+4$

$x=5$

●かっこをふくむ方程式の解き方

分配法則 $a(b+c)=ab+ac$ を使って，かっこをはずしてから解く。

[注意] かっこをはずすとき，符号に注意。

●係数に小数がある方程式の解き方

両辺に 10 や 100 などをかけて，係数を整数にしてから解く。

●係数に分数がある方程式の解き方

・両辺に分母の公倍数をかけて，係数を整数にしてから解く。

・方程式の両辺に分母の公倍数をかけて，分数をふくまない方程式に変形することを，**分母をはらう**という。

●1次方程式を解く手順

1 係数に小数や分数があるときは，両辺に適当な数をかけて整数にする。
かっこがあればはずす。

2 移項して，一方の辺を文字がある項だけ，他方の辺を数の項だけにする。

3 両辺を整理して，$ax=b$ の形にする。

4 両辺を x の係数 a でわる。

●方程式の活用

1 わかっている数量と求める数量を明らかにして，求める数量を文字で表す。

2 数量の間の関係を見つけて，方程式をつくる。

3 方程式を解く。

4 方程式の解が問題に適しているかどうかを確かめる。

●比例式の性質

$a:b=c:d$ ならば $ad=bc$

(例) $x:18=2:3$

比例式の性質を使って，

$x\times 3=18\times 2$

$x=12$

5章　比例と反比例

□比例　← 小学6年

ともなって変わる2つの量 x，y があります。x の値が2倍，3倍，4倍，…になると，y の値は2倍，3倍，4倍，…になります。

関係を表す式は，y＝[きまった数]×x になります。

□反比例　← 小学6年

ともなって変わる2つの量 x，y があります。x の値が2倍，3倍，4倍，…になると，y の値は $\frac{1}{2}$ 倍，$\frac{1}{3}$ 倍，$\frac{1}{4}$ 倍，…になります。

関係を表す式は，y＝[きまった数]÷x になります。

1 次の x と y の関係を式に表し，比例するものには○，反比例するものには△，どちらでもないものには×をつけなさい。　← 小学6年〈比例と反比例〉

(1) 1000円持っているとき，使ったお金 x 円と残っているお金 y 円

(2) 分速 90 m で歩くとき，歩いた時間 x 分と歩いた道のり y m

(3) 面積 100 cm^2 の長方形の縦の長さ x cm と横の長さ y cm

ヒント
一方を何倍かすると，他方は……

2 下の表は，高さが 6 cm の三角形の底辺を x cm，その面積を y cm^2 として，面積が底辺に比例するようすを表したものです。表のあいているところにあてはまる数を書きなさい。　← 小学6年〈比例〉

x(cm)	1		3	4	5		7	
y(cm^2)		6		12		18		

ヒント
[きまった数]を求めて……

3 下の表は，面積が決まっている平行四辺形の高さ y cm が底辺 x cm に反比例するようすを表したものです。表のあいているところにあてはまる数を書きなさい。　← 小学6年〈反比例〉

x(cm)	1	2	3		5	6	
y(cm)			16	12			

ヒント
[きまった数]を求めて……

解答▶▶ p.23

5章　比例と反比例

1節　関数／2節　比例
①　関数／①　比例の式─(1)

●関数

教科書 p.134〜135

例題 1 次の(1)，(2)で，y は x の関数(かんすう)といえますか。 ▸▸1

(1)　1個90円のクッキーを x 個買うときの代金 y 円

(2)　周の長さが x cm の長方形の横の長さ y cm

考え方　x の値(あたい)を決めたとき，y の値がただ1つに決まると y は x の関数といえます。

答え (1)　クッキーの個数を決めると，代金が1つに決まります。

だから，y は x の関数と ①＿＿＿＿。

(2)　周の長さを決めても，横の長さは1つに決まりません。

だから，y は x の関数と ②＿＿＿＿。

いろいろな値をとる文字を変数(へんすう)といいます。

●変域

教科書 p.136

例題 2 変数 x の変域(へんいき)が -3 以上2以下のとき，x の変域を，不等号を使って表しなさい。 ▸▸2 3

-3　-2　-1　0　1　2　3

考え方　変数 x の変域は，不等号＜，＞，≦，≧や数直線を使って表します。

答え -3 ①＿＿ x ②＿＿ 2

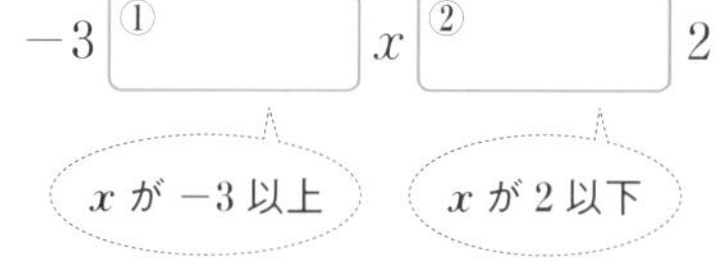

プラスワン　変域
変数のとりうる値の範囲(はんい)を変域といいます。

●比例

教科書 p.137〜140

例題 3 1個120円のなしを x 個買ったときの代金を y 円とします。 ▸▸4 5

(1)　y を x の式で表しなさい。

(2)　y が x に比例するかどうかを調べ，比例する場合には，比例定数(ひれいていすう)を答えなさい。

考え方　(2)　$y=ax$ という式で表されるとき，y は x に比例するといいます。
だから，$y=ax$ という式で表されることを示します。

答え (1)　(代金)＝(1個の値段)×(個数) だから，$y=$ ①＿＿＿＿
（代金 → y，1個の値段 → 120，個数 → x）

(2)　$y=120x$ という式で表されるから，

y は x に比例 ②＿＿＿＿。

y が x に比例する ⇔ $y=ax$　ここがポイント

比例定数は ③＿＿＿＿

$y=\boxed{a}x$
$y=\boxed{120}x$

プラスワン　比例定数
関数 $y=ax$ の a を比例定数といいます。

絶対理解 **1** 【関数】次の㋐〜㋒で，y が x の関数であるといえるものをすべて選びなさい。

教科書 p.134 たしかめ 1

□

㋐ 20 cm のろうそくが x cm 燃えたときの残りの長さ y cm

㋑ 体重が x kg の人の身長 y cm

㋒ 正三角形の 1 辺の長さ x cm と周の長さ y cm

●キーポイント
x の値を決めたとき，y の値がただ 1 つに決まるものを選びます。

2 【変域】変数 x の変域が -2 より大きく 6 より小さいとき，x の変域を，不等号を使って表しなさい。また，数直線上に表しなさい。

教科書 p.136 例 1

□

−6　−5　−4　−3　−2　−1　0　1　2　3　4　5　6　7

●キーポイント
○はその数をふくまないことを表します。

3 【変域】8 L の水を x L 使ったときの残りの量を y L とするとき，変数 x，y の変域を，不等号を使ってそれぞれ表しなさい。

教科書 p.136 問 4

□

●キーポイント
水を使わないときは，$x=0$ となります。

よく出る **4** 【比例と比例定数】次の(1)と(2)について，y を x の式で表しなさい。また，y が x に比例するものには○，比例しないものには×を書き，比例する場合には比例定数を書きなさい。

教科書 p.138 たしかめ 1

□(1) 時速 40 km で走る自動車が，x 時間に進む道のり y km

□(2) 長さ 6 m の針金から x m 切りとった残りの長さ y m

5 【比例の式と表】関数 $y=-3x$ について，次の問いに答えなさい。

教科書 p.139 問 2

□(1) 下の表の□をうめて，x と y の関係をまとめなさい。

x	……	−2	−1	0	1	2	……
y	……	6	①	0	−3	②	……

□(2) $x \neq 0$ のとき，対応する x と y の商 $\dfrac{y}{x}$ の値を求めなさい。

例題の答え **1** ①いえる　②いえない　**2** ①≦　②≦　**3** ①$120x$　②する　③120

5章

教科書 134〜140 ページ

解答▶▶ p.23

ぴたトレ 1 要点チェック

5章　比例と反比例

2節　比例 ①　比例の式—(2)／②　座標

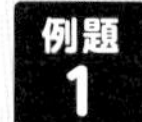

●比例の式を求める

教科書 p.140

□ **例題 1** y は x に比例し，$x=4$ のとき $y=24$ である。このとき，y を x の式で表しなさい。

▶▶1

考え方　y は x に比例するから，$y=ax$ と表されます。このときの比例定数 a の値（あたい）を求めます。

答え　y は x に比例するから，比例定数を a とすると，$y=ax$ と表すことができる。

$x=4$ のとき $y=24$ だから，

$24=a\times$ ①[　　　]

$a=$ ②[　　　]

（$y=ax$ に，$x=4$，$y=24$ を代入する）

（a についての方程式を解く）

ここがポイント

したがって，求める式は，$y=$ ③[　　　]

●座標

教科書 p.141〜142

□ **例題 2** 右の図の点 A，B，C，D の座標（ざひょう）を書きなさい。

▶▶2 3

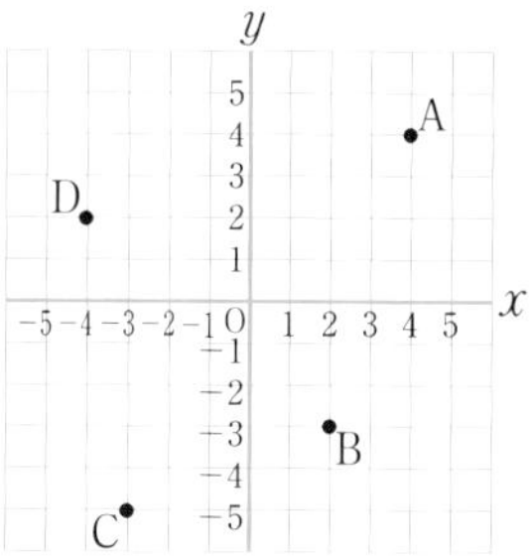

考え方　座標は，(x 座標，y 座標）と表します。

答え　点 A の座標は（①[　　　]，②[　　　]）

点 B の座標は（③[　　　]，④[　　　]）

点 C の座標は（⑤[　　　]，⑥[　　　]）

点 D の座標は（⑦[　　　]，⑧[　　　]）

座標が (4, 4) である点 A を A(4, 4) と表します。

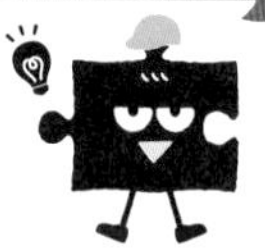

プラスワン　座標

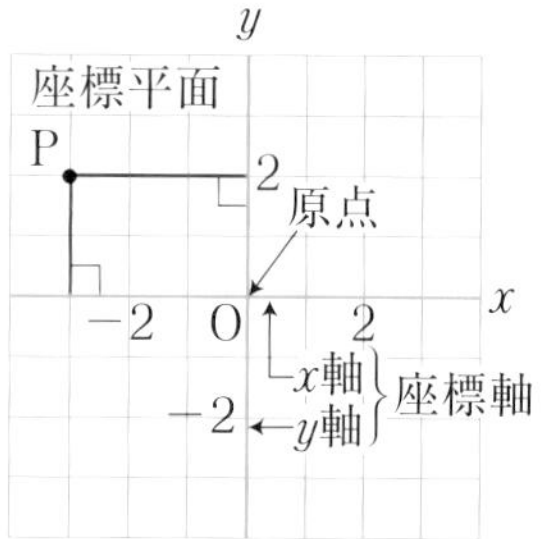

上の図の点 P は，x 軸（じく）上の −3 と y 軸上の 2 を組み合わせて，(−3, 2) と表します。これを点 P の座標，−3 を点 P の x 座標，2 を点 P の y 座標といいます。

1【比例の式を求める】次の(1)，(2)について，y を x の式で表しなさい。

教科書 p.140 例題 1

□(1) y は x に比例し，$x=4$ のとき $y=-28$

□(2) y は x に比例し，$x=-6$ のとき $y=2$

●キーポイント
比例定数を a とすると，$y=ax$ と表されます。

2【座標】下の図の点 A，B，C，D，E の座標を書きなさい。

教科書 p.142 たしかめ 1

□

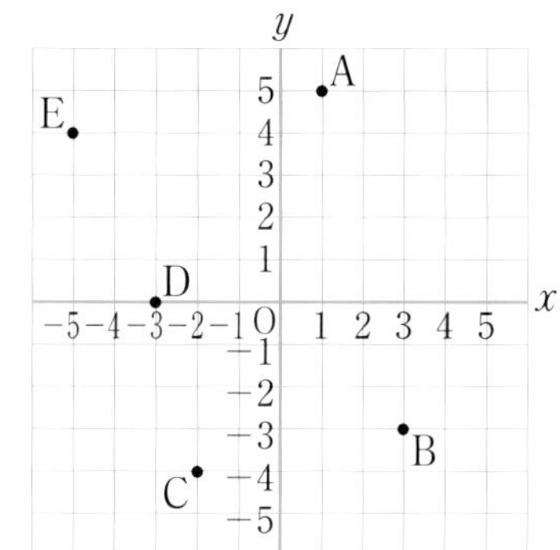

⚠ミスに注意
座標は，x 座標，y 座標の順に書きます。逆に書かないように注意しましょう。

3【座標】右の図に，次の点をとりなさい。

□

教科書 p.142 たしかめ 2

F(3, 3)　G(−2, 5)
H(5, 0)　I(0, −4)

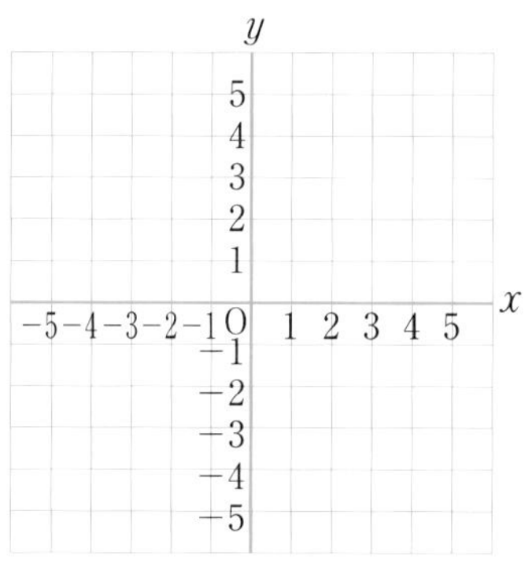

●キーポイント
(1, 2)は，原点 O から x 軸の正の方向に 1 進み，y 軸の正の方向に 2 進んだ点を表しています。

例題の答え **1** ①4 ②6 ③$6x$ **2** ①4 ②4 ③2 ④−3 ⑤−3 ⑥−5 ⑦−4 ⑧2

5章 教科書 140〜142ページ

解答▶▶ p.23〜24

2節 比例
3 比例のグラフ

関数 $y=ax$ のグラフ

教科書 p.143～145

例題 1 関数 $y=-3x$ で，x の値(あたい)が 1 ずつ増加すると，y の値はどのように変化しますか。 ▶▶1

x	……	-3	-2	-1	0	1	2	3	……
y	……	9	6	3	0	-3	-6	-9	……

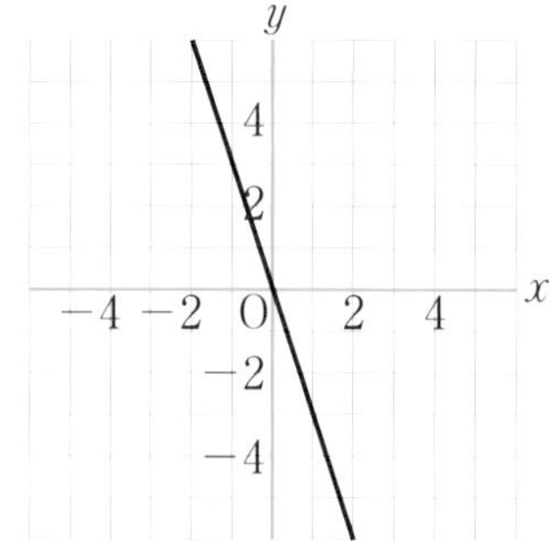

考え方 表やグラフを見て，y の値の変化を考えます。

答え x の値が 1 ずつ増加すると，y の値は [　　] ずつ減少する。

変化は「増加する」と「減少する」があります。

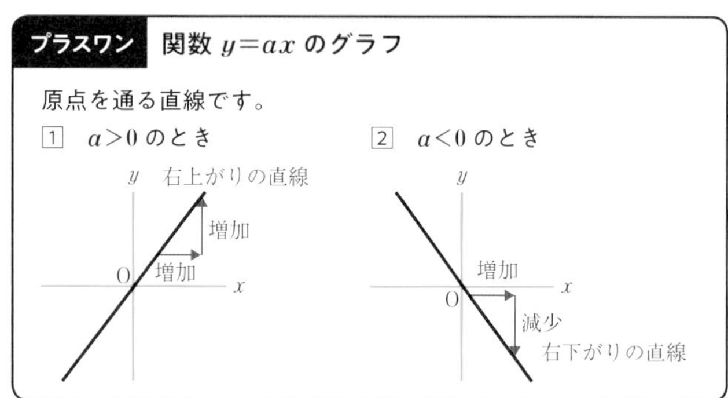

比例のグラフのかき方

教科書 p.146

例題 2 関数 $y=3x$ のグラフのかき方を説明しなさい。 ▶▶2

考え方 原点のほかにグラフが通る点を 1 つとり，その点と原点を通る直線をひきます。

答え $x=1$ のとき，$y=$ [　　] だから，$y=3x$ のグラフは原点と点 $(1,\ 3)$ を通る直線をかけばよい。

グラフから比例の式を求める

教科書 p.146

例題 3 グラフが，右の図の直線になる関数を表す式を求めなさい。 ▶▶3

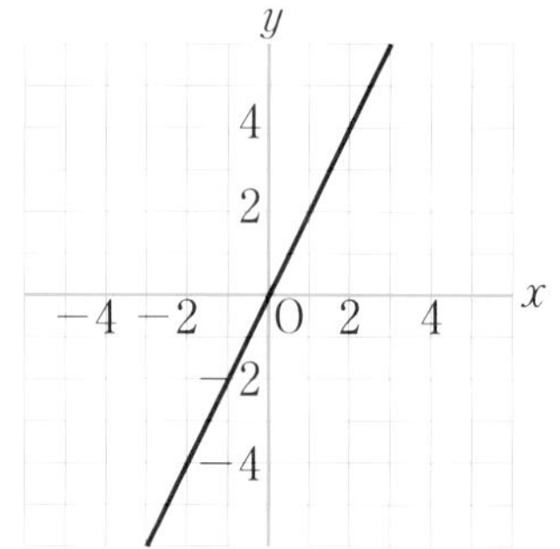

考え方 求める関数の式を $y=ax$ として，a の値を求めます。

答え 求める関数の式を $y=ax$ とする。グラフは点 $(1,\ 2)$ を通るから，この式に $x=1$，$y=2$ を代入すると，

$2=a\times1$

$a=$ [　　] したがって，求める関数の式は $y=2x$

絶対理解 **1** 【関数 $y=ax$ のグラフ】関数 $y=3x$ について，次の問いに答えなさい。

教科書 p.144 問 2

□(1) 下の表の□をうめて，x と y の関係をまとめなさい。

x	……	-2	-1	0	1	2	……
y	……	-6	①	0	3	②	……

□(2) 関数のグラフを，右の図にかきなさい。

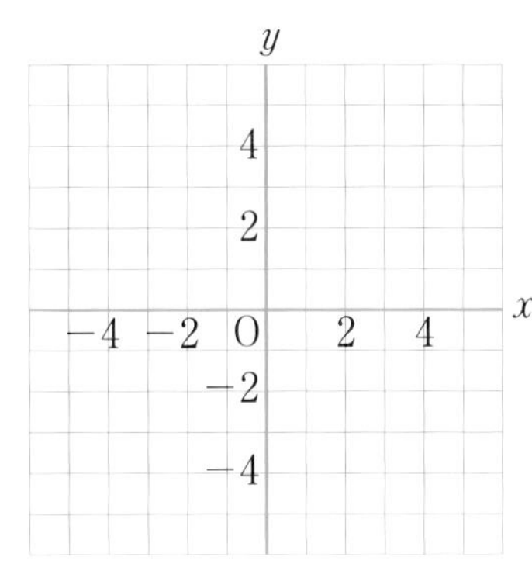

●キーポイント
(2)のグラフは，(1)の表の x と y の値の組を座標とする点をとって，その点を通る直線をひきます。

よく出る **2** 【比例のグラフのかき方】次の関数のグラフを，下の図にかきなさい。

教科書 p.146 例 1

□(1) $y=-x$

□(2) $y=\frac{1}{4}x$

□(3) $y=-\frac{2}{3}x$

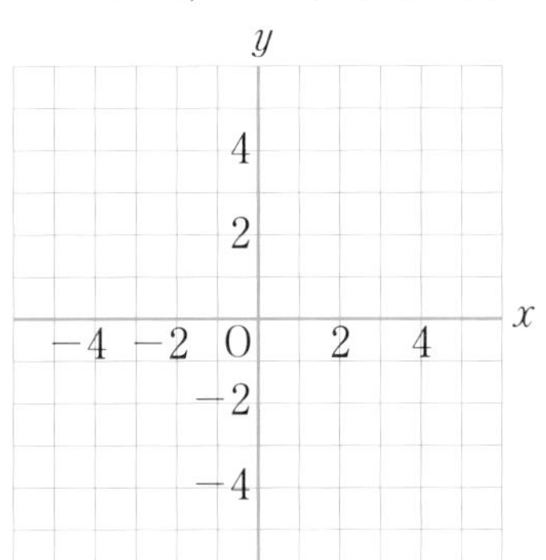

●キーポイント
原点のほかにグラフが通る点を１つとり，その点と原点を通る直線をひきます。

3 【グラフから比例の式を求める】グラフが下の図の直線(1)，(2)になる関数を表す式を，それぞれ求めなさい。

教科書 p.146 問 8

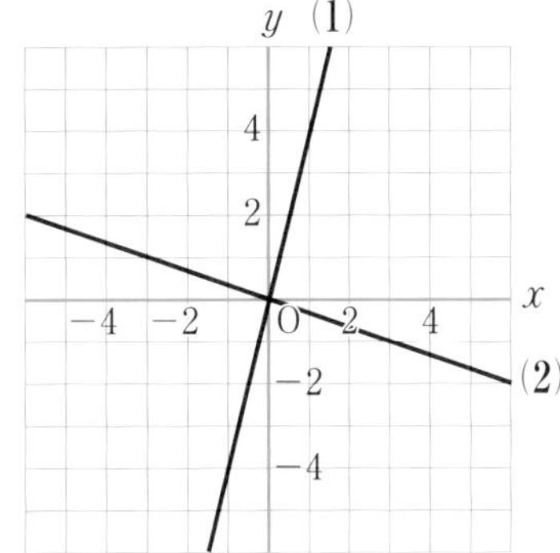

□(1)

□(2)

●キーポイント
原点のほかにグラフが通る点を１つとります。x 座標も y 座標も整数である点をとると，読みとりやすいです。

例題の答え **1** 3 **2** 3 **3** 2

5章 教科書143～147ページ

1 東に向かって秒速 12 m で走っている自動車が，O 地点を通過してから x 秒後に，O 地点から東へ y m の地点にいる。
このとき，次の問いに答えなさい。

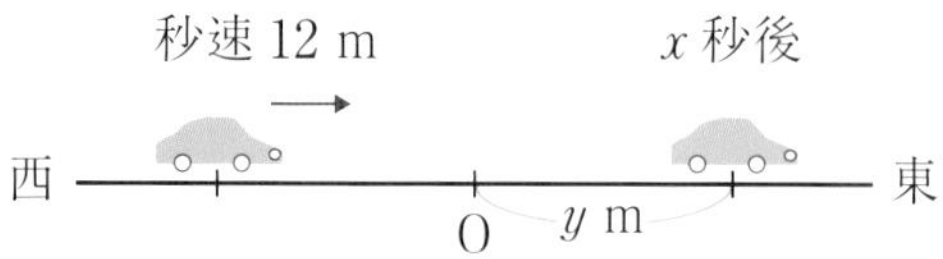

□(1) 下の表は x と y の関係をまとめたものである。表を完成させなさい。

x	……	-4	-3	-2	-1	0	1	2	3	4	……
y	……					0	12	24			……

□(2) y を x の式で表し，y が x に比例することを示しなさい。

□(3) O 地点を通過してから 6 秒後にいる地点を求めなさい。

□(4) x の変域を $-5 \leqq x \leqq 8$ とするとき，y の変域を不等号を使って表しなさい。

2 次の(1)～(3)について，y を x の式で表しなさい。また，y が x に比例するものには○，比例しないものには×を書き，比例する場合には比例定数を書きなさい。

□(1) 1 辺が x cm の正方形の面積 y cm^2

□(2) 200 枚のはがきを x 枚使ったときの残りの枚数 y 枚

□(3) 1 m が 980 円の布地 x m の代金 y 円

3 次の式で表される x と y の関係のうち，y が x に比例するものはどれですか。また，そのときの比例定数を書きなさい。

□

㋐ $y=x+9$　　㋑ $y=7x$　　㋒ $y=-\dfrac{4}{x}$　　㋓ $y=\dfrac{x}{6}$

ヒント
1 (3)6 秒後にいる地点は，(2)で求めた式から計算する。
2 式が $y=ax$ という形で表されるかどうかで判断する。$y=ax$ の a が比例定数である。

定期テスト予報

●比例のグラフから式を求める方法を理解しておこう。
比例のグラフから式を求めるときは，まず，式を $y=ax$ とおく。そして，グラフが通る原点以外の1点の x 座標，y 座標の値（あたい）を代入して，a の値を求めるよ。この鉄則をしっかり覚えておこう。

よく出る
4 y は x に比例し，$x=-4$ のとき $y=20$ である。次の問いに答えなさい。

□(1) y を x の式で表しなさい。

□(2) $x=8$ のときの y の値を求めなさい。

□(3) $y=-30$ のときの x の値を求めなさい。

5 次の問いに答えなさい。

□(1) 右の図の点Aの座標を書きなさい。

□(2) 右の図に点B(4, −3)をとりなさい。

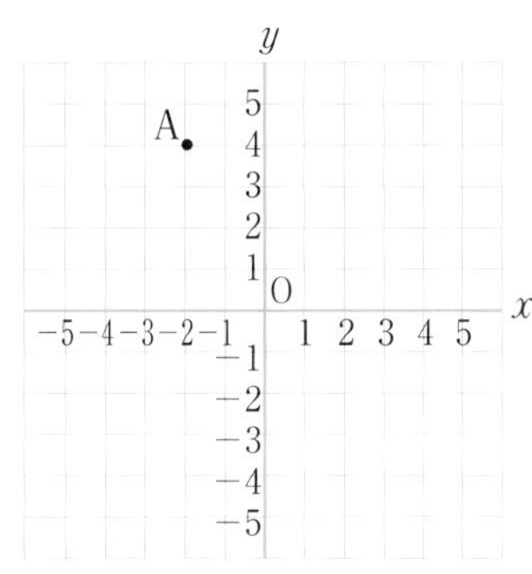

6 次の関数のグラフを，右の図にかきなさい。

□(1) $y=5x$

□(2) $y=\frac{1}{3}x$

□(3) $y=-\frac{4}{5}x$

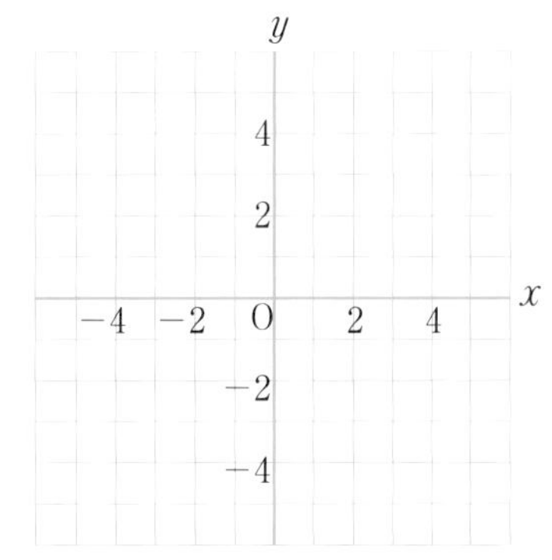

7 グラフが，右の図の直線(1)，(2)になる関数を表す式をそれぞれ求めなさい。

□(1)

□(2)

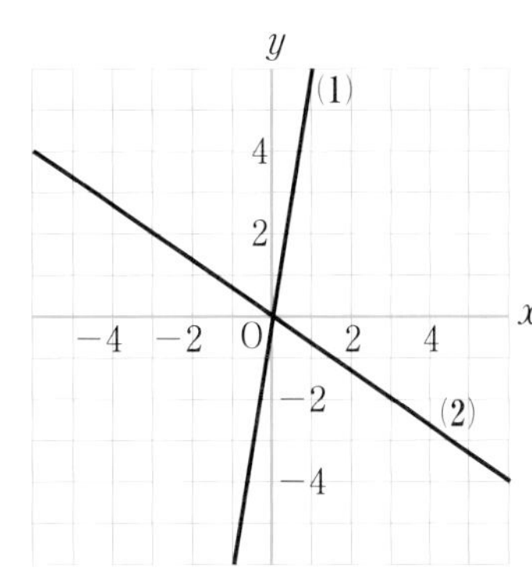

ヒント
4 y は x に比例することから，求める式をまず $y=ax$ としてみる。
7 原点以外にどの点を通るか調べ，その x 座標，y 座標の値から **4** と同じようにして式を求める。

解答▶▶ p.24〜25

5章
教科書134〜147ページ

ぴたトレ 1

要点チェック

5章 比例と反比例

3節 反比例
① 反比例の式

●反比例

教科書 p.148～150

例題 1 24 km の道のりを時速 x km で移動すると，y 時間かかります。 ▶▶1 2

(1) y を x の式で表しなさい。

(2) y が x に反比例するかどうかを調べ，反比例する場合には，比例定数を答えなさい。

考え方 (2) $y=\dfrac{a}{x}$ という式で表されるとき，y は x に反比例するといいます。

だから，$y=\dfrac{a}{x}$ という式で表されるかどうかを調べます。

答え (1) (時間)＝(道のり)÷(速さ) だから，$y=\dfrac{24}{①\square}$

（時間 y，道のり 24，速さ x）

(2) $y=\dfrac{24}{x}$ という式で表されるから，

y は x に反比例 ②□。

比例定数は ③□

y が x に反比例する⇔$y=\dfrac{a}{x}$ ここがポイント

プラスワン 比例定数

関数 $y=\dfrac{a}{x}$ の a を比例定数といいます。

●反比例の式を求める

教科書 p.150

例題 2 y は x に反比例し，$x=2$ のとき $y=-8$ である。このとき，y を x の式で表しなさい。 ▶▶3

考え方 y は x に反比例するから，$y=\dfrac{a}{x}$ と表されます。このときの比例定数 a の値を求めます。

答え y は x に反比例するから，比例定数を a とすると，$y=\dfrac{a}{x}$ と表すことができる。

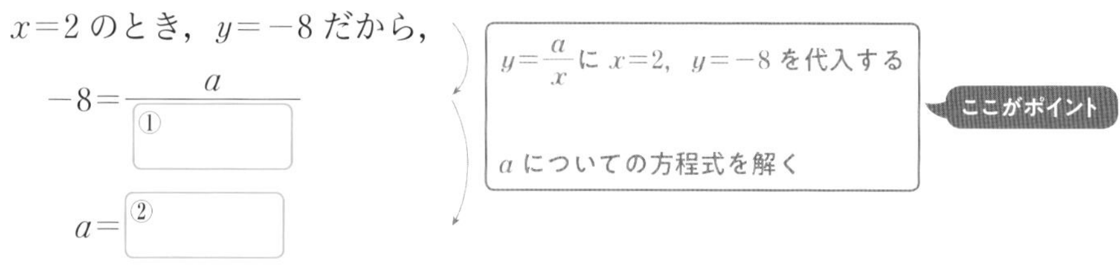

$x=2$ のとき，$y=-8$ だから，

$-8=\dfrac{a}{①\square}$

$a=$ ②□

$y=\dfrac{a}{x}$ に $x=2$，$y=-8$ を代入する

a についての方程式を解く

ここがポイント

したがって，求める式は，$y=-\dfrac{③\square}{x}$

絶対理解 **1** 【反比例と比例定数】次の(1)～(3)について，y を x の式で表し，y が x に反比例するものには○，反比例しないものには×を書きなさい。また，反比例する場合には，比例定数を書きなさい。

教科書 p.148 たしかめ 1

□(1)　90 cm の針金を x cm 使ったときの残りの長さ y cm

□(2)　底辺 x cm，高さ y cm の平行四辺形の面積が 18 cm^2

□(3)　50 cm のリボンを x 等分したときの 1 本分の長さ y cm

2 【反比例の式】関数 $y=-\frac{36}{x}$ について，次の問いに答えなさい。

教科書 p.149 問 3

□(1)　下の表の㋐～㋓にあてはまる数を書きなさい。

x	-4	-3	-2	-1	0	1	2	3	4
y	㋐	12	18	㋑	／	-36	㋒	-12	㋓

●キーポイント
(2)，(3)は，(1)の表から考えます。

□(2)　x の値が 2 倍，3 倍，4 倍，……になると，対応する y の値はどのように変わりますか。

□(3)　対応する x と y の積 xy の値は，何を表していますか。

よく出る **3** 【反比例の式を求める】次の(1)，(2)について，y を x の式で表しなさい。

教科書 p.150 例題 1

□(1)　y は x に反比例し，$x=6$ のとき $y=8$

□(2)　y は x に反比例し，$x=-2$ のとき $y=-15$

例題の答え **1** ①x　②する　③24　**2** ①2　②-16　③16

解答▶▶ p.25

3節 反比例
② 反比例のグラフ

●反比例のグラフ 教科書 p.151～154

例題 1 関数 $y=-\dfrac{8}{x}$ について，次の問いに答えなさい。 ▶▶1 2

(1) 関数 $y=-\dfrac{8}{x}$ について，下の表の㋐，㋑にあてはまる数を書きなさい。

x	…	-8	…	-4	…	-2	-1	0	1	2	…	4	…	8	…
y	…	1	…	㋐	…	4	8	／	-8	-4	…	-2	…	㋑	…

(2) $x>0$ のとき，x の値(あたい)が増加すると，y の値は増加しますか，それとも減少しますか。

(3) $x<0$ のとき，x の値が増加すると，y の値は増加しますか，それとも減少しますか。

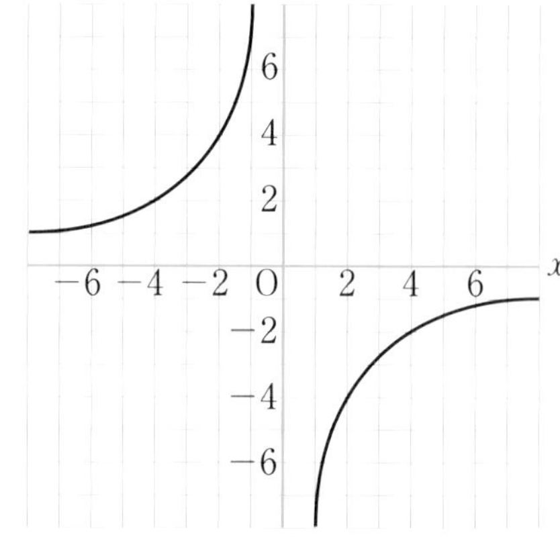

考え方 (2)，(3) 表やグラフを見て，y の値の変化を考えます。

答え (1) ㋐ $x=-4$ を代入して，$y=\dfrac{-8}{①\square}=②\square$

$y=-\dfrac{8}{x}=\dfrac{-8}{x}$

㋑ $x=8$ を代入して，$y=-\dfrac{8}{③\square}=④\square$

(2) x の値が 1 から 2 に増加すると，y の値は -8 から -4 に増加する。

したがって，x の値が増加すると，y の値は ⑤□ する。

(3) x の値が -2 から -1 に増加すると，y の値は 4 から 8 に増加する。
したがって，x の値が増加すると，y の値は
⑥□ する。

プラスワン 関数 $y=\dfrac{a}{x}$ のグラフ

原点について対称(たいしょう)な双曲線(そうきょくせん)です。

1 $a>0$ のとき　　2 $a<0$ のとき

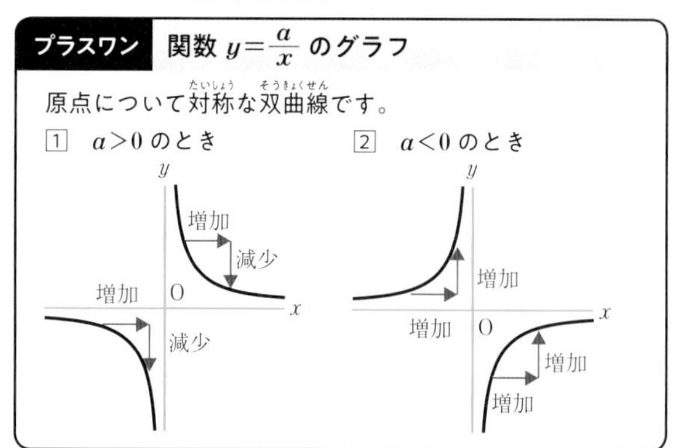

絶対理解 **1** 【反比例のグラフ】関数 $y=\dfrac{16}{x}$ について，次の問いに答えなさい。 教科書 p.152 問1,2

□(1) 下の表の □ をうめて，x と y の関係をまとめなさい。

x	…	-16	…	-8	…	-4	…	-2	…	-1	…
y	…	-1	…	①	…	②	…	-8	…	③	…

x	…	1	…	2	…	4	…	8	…	16	…
y	…	16	…	④	…	⑤	…	2	…	⑥	…

●キーポイント
(2) グラフはなめらかな2つの曲線になります。

□(2) 右の図にグラフをかきなさい。

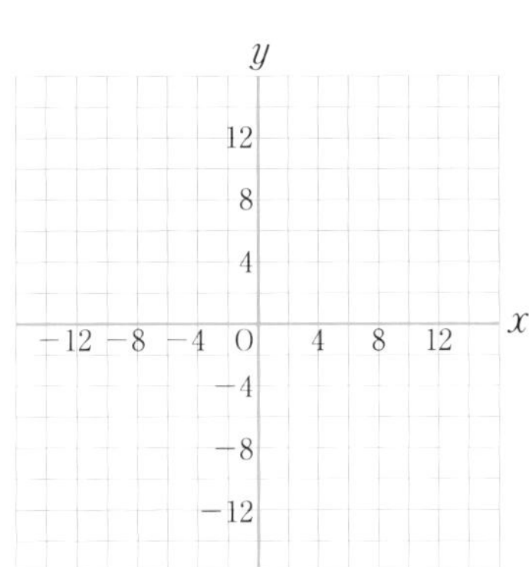

□(3) $x>0$ のとき，x の値が増加すると，y の値は増加しますか，それとも減少しますか。

□(4) $x<0$ のとき，x の値が増加すると，y の値は増加しますか，それとも減少しますか。

2 【反比例のグラフ】次の関数のグラフをかきなさい。 教科書 p.154 問6

□(1) $y=\dfrac{8}{x}$　　□(2) $y=-\dfrac{9}{x}$

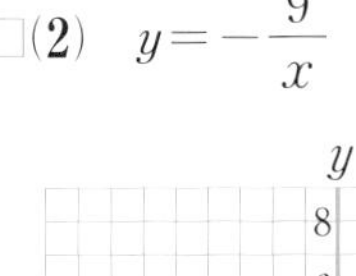

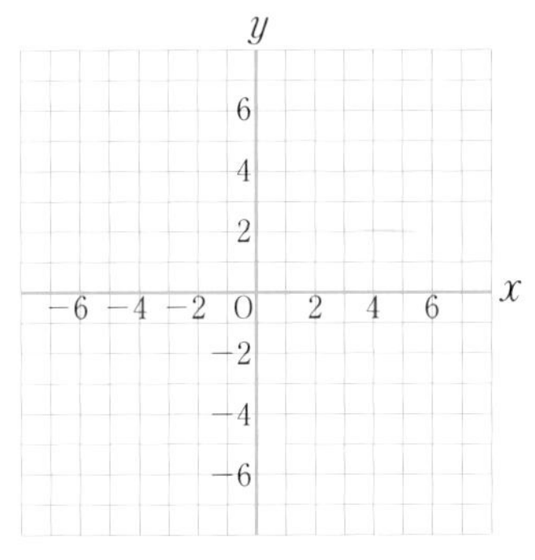

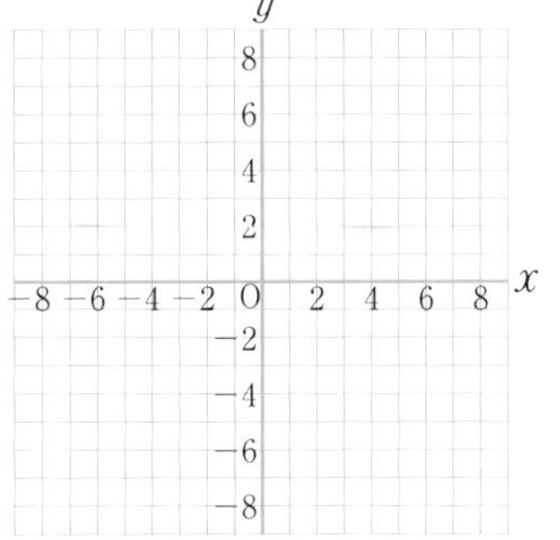

⚠ミスに注意
グラフは x 軸(じく)，y 軸と交わらないように注意してかきましょう。

5章 教科書151～154ページ

例題の答え **1** ①−4 ②2 ③8 ④−1 ⑤増加 ⑥増加

4節　比例と反比例の活用
①　比例と反比例の活用

●比例の関係を使う

教科書 p.156〜158

□ **例題 1** 重さが 800 g の用紙の束がある。これと同じ用紙 30 枚の重さをはかると 120 g であったとき，束になっている用紙の枚数を求めなさい。 ▶▶1 2

考え方　用紙の重さは枚数に比例することを使います。

答え　x 枚分の用紙の重さを y g とすると，y は x に比例するから，$y=ax$ と表すことができる。

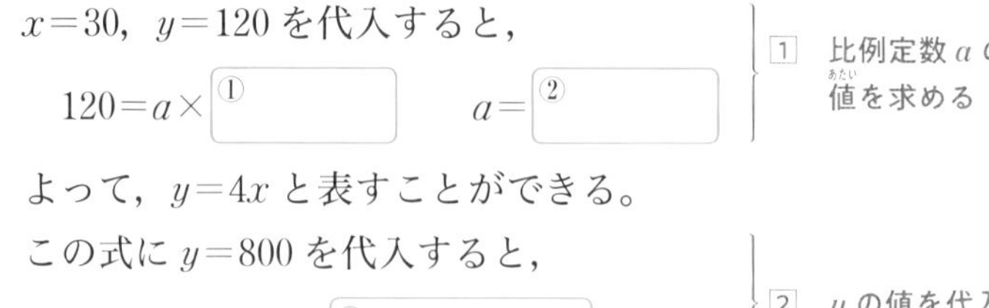

$x=30$，$y=120$ を代入すると，

$120=a\times$ ①　　$a=$ ②

1　比例定数 a の値(あたい)を求める

よって，$y=4x$ と表すことができる。

この式に $y=800$ を代入すると，

$800=4x$　　$x=$ ③

2　y の値を代入

答 ③　　枚

●反比例の関係を使う

教科書 p.158

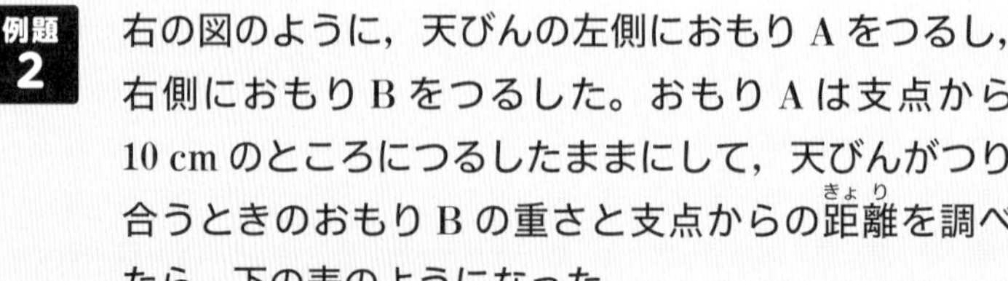

□ **例題 2** 右の図のように，天びんの左側におもり A をつるし，右側におもり B をつるした。おもり A は支点から 10 cm のところにつるしたままにして，天びんがつり合うときのおもり B の重さと支点からの距離(きょり)を調べたら，下の表のようになった。

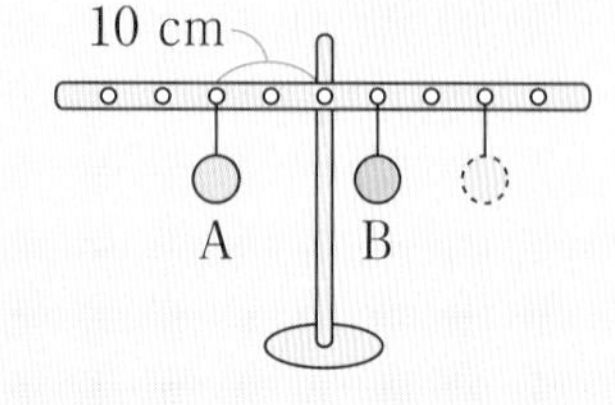

支点からの距離(cm)	5	10	15	20
おもり B の重さ(g)	240	120	□	60

表の□にあてはまる数を求めなさい。 ▶▶3

考え方　(支点からの距離)×(おもり B の重さ)が一定だから，反比例の関係があることを使います。

答え　支点から x cm の距離につるしたおもり B の重さを y g とすると，y は x に反比例するから，$y=\frac{a}{x}$ と表すことができる。

$x=5$，$y=240$ を代入して計算すると，$a=$ ①

よって，$y=\frac{1200}{x}$ と表すことができる。

この式に $x=15$ を代入すると，$y=\frac{1200}{15}=$ ②　　答 ③

1 【比例の関係を使う】右の表は，くぎ x 本の重さを y g として，x と y の関係を調べたものです。

x(本)	0	20	40	…	80
y(g)	0	50	100	…	200

教科書 p.156 例題 1, p.157 問 1

□(1) 右の図に点をとり，x と y の関係を表すグラフをかきなさい。

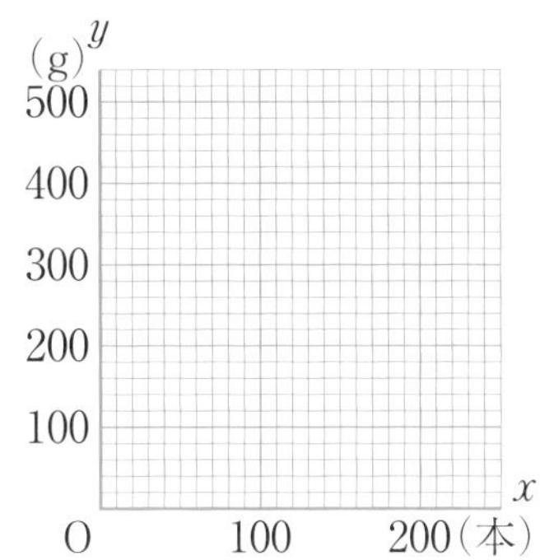

□(2) y を x の式で表しなさい。

□(3) くぎ 200 本の重さを求めなさい。

●キーポイント
(3) (1)のグラフや(2)の式を使って求めます。

絶対理解 **2** 【グラフから読みとる】列車 A と列車 B は，山町駅から 18 km 先の海町駅まで，同じ時刻に出発した。下の図は，出発してから x 分後の山町駅からの距離を y km として，列車 A, B の進んだようすをグラフに表したものです。このとき，列車 A と列車 B が 3 km 離(はな)れるのは，出発してから何分後かを求めなさい。

教科書 p.158 問 2

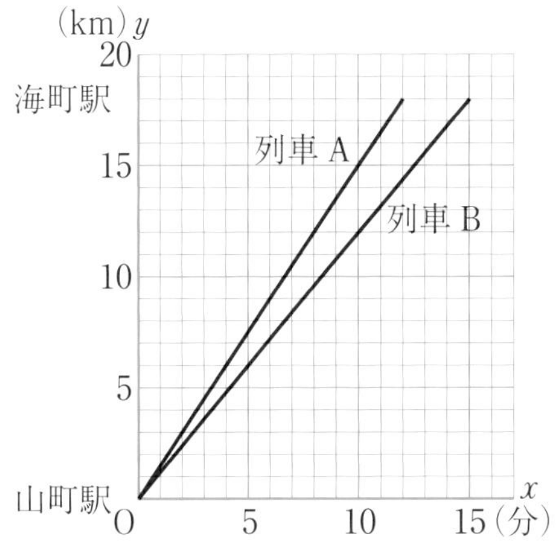

●キーポイント
グラフから y の値の差が 3km になる x の値を読みとります。

よく出る **3** 【反比例の関係を使う】歯車 A と B がかみ合っています。歯車 A の歯数は 60 で，毎秒 4 回転しています。歯車 B の歯数が x で毎秒 y 回転するとして，y を x の式で表しなさい。また，歯車 B が毎秒 12 回転するときの歯数を求めなさい。

教科書 p.158 例 1

●キーポイント
2 つの歯車が 1 秒間にかみ合う歯の数は等しくなります。

例題の答え **1** ①30 ②4 ③200 **2** ①1200 ②80 ③80

1 次の(1)〜(3)について，y を x の式で表しなさい。また，比例定数を書きなさい。

□(1) 48 km の道のりを時速 x km で移動するときにかかる時間 y 時間

□(2) 8 m のリボンを x 等分したときの 1 本分の長さ y m

□(3) 面積が 54 cm^2 の三角形の底辺の長さ x cm と高さ y cm

2 y は x に反比例し，$x=2$ のとき $y=-3$ である。次の問いに答えなさい。

□(1) y を x の式で表しなさい。

□(2) $x=12$ のときの y の値(あたい)を求めなさい。

□(3) $y=8$ のときの x の値を求めなさい。

3 関数 $y=\dfrac{4}{x}$ のグラフを，右の図にかきなさい。

□ また，㋐について，y を x の式で表しなさい。

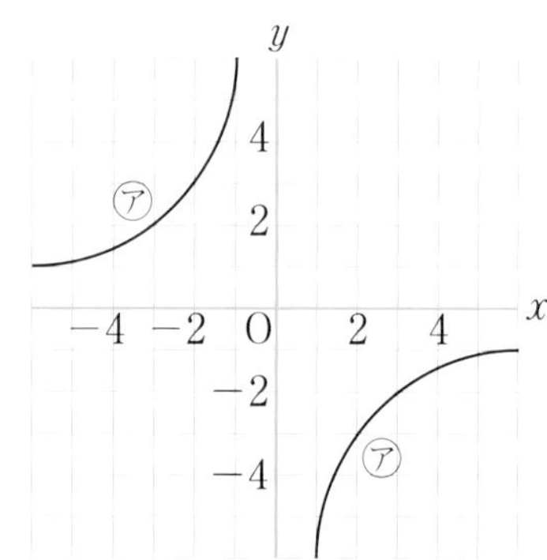

4 1 辺が 4 cm の正方形の鉄板の重さは 120 g である。

□ 右の図のように，この鉄板を花の形に切りぬいたところ，花の形の重さは 90 g あった。この花の形の面積は何 cm^2 か。

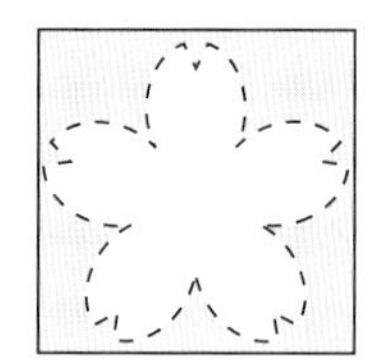

ヒント **2** y が x に反比例するから，求める式をまず $y=\dfrac{a}{x}$ とする。
4 鉄板の面積は重さに比例している。数量の関係を式に表すとよい。

定期テスト予報

●反比例の式を求める方法をしっかり理解しておこう。
反比例の式を求めるときは，求める式をまず $y=\frac{a}{x}$ とするよ。この式に x，y の値を代入すると，反比例の式が求められる。手順をしっかり覚えておこう。

5 **右の図のように，歯車 A と B がかみ合っている。歯車 A の歯数が 15，歯車 B の歯数が 20 で，歯車 A が毎秒 x 回転するとき，歯車 B は毎秒 y 回転する。次の問いに答えなさい。**

A　B

□(1)　y を x の式で表しなさい。

□(2)　歯車 B が毎秒 6 回転するとき，歯車 A は毎秒何回転しますか。

6 **歯車 A と B がかみ合っている。歯車 A の歯数は 24 で，毎秒 5 回転している。歯車 B の歯数は x で，毎秒 y 回転する。次の問いに答えなさい。**

□(1)　y を x の式で表しなさい。

□(2)　歯車 B の歯数が 20 のとき，歯車 B は毎秒何回転しますか。

7 □ 天びんの左側におもり A をつるして固定し，右側におもり B をつるした。おもり A は支点から 5 cm のところにつるしたままにして，天びんがつり合うときのおもり B の重さと支点からの距離（きょり）を調べたら，右の表のようになった。40 g のおもり B をつるし，天びんをつり合うようにするには，おもり B を支点から何 cm のところにつるせばよいかを求めなさい。

支点からの距離(cm)	2	4
おもり B の重さ(g)	160	80

8 **ゆきさんとすすむさんが同じ歩道を同時に出発して歩いた。右の図はすすむさんの歩くようすを表している。ゆきさんは毎秒 0.5 m で歩いた。**

□(1)　ゆきさんの進むようすを右の図に表しなさい。

□(2)　2 人が出発してから 20 秒後には，すすむさんとゆきさんは何 m 離れているか。

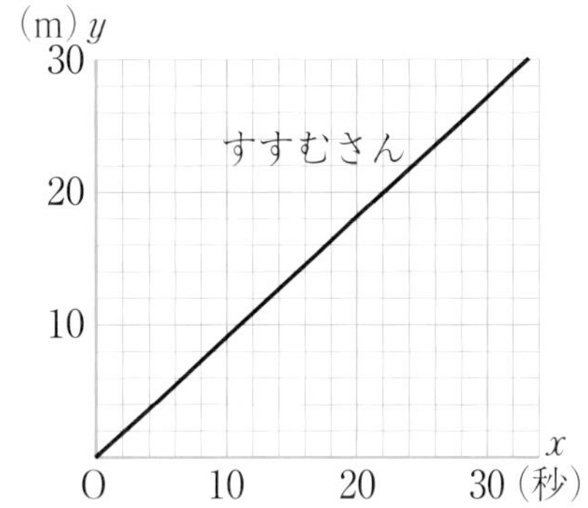

ヒント
5 A と B の歯車が 1 秒間にかみ合う歯の数は同じである。したがって，$15x=20y$
7 おもり B の重さは支点からの距離に反比例している。

解答▶▶ p.27〜28

5章　比例と反比例

1 次の(1)〜(3)について，y を x の式で表しなさい。また，y が x に比例するものには○，反比例するものには△，どちらでもないものには×を書きなさい。知

(1) 横の長さが 8 cm の長方形の縦の長さ x cm と面積 y cm^2

(2) 30 L 入る水そうに水を入れるとき，1 分間に入る水の量 x L と満水になるまでの時間 y 分

(3) 1000 円で 140 円のノートを x 冊買うときのおつり y 円

1 点/18点（各3点）

(1)	式	
	関係	
(2)	式	
	関係	
(3)	式	
	関係	

2 y は x に比例し，$x=4$ のとき $y=-12$ である。次の問いに答えなさい。知

(1) y を x の式で表しなさい。

(2) $x=-3$ のときの y の値を求めなさい。

2 点/10点（各5点）

(1)	
(2)	

3 y は x に反比例し，$x=-3$ のとき $y=-12$ である。次の問いに答えなさい。知

(1) y を x の式で表しなさい。

(2) $x=9$ のときの y の値を求めなさい。

3 点/10点（各5点）

(1)	
(2)	

4 次の関数のグラフを，右の図にかきなさい。知

(1) $y=-5x$

(2) $y=\dfrac{6}{x}$

4 点/10点（各5点）

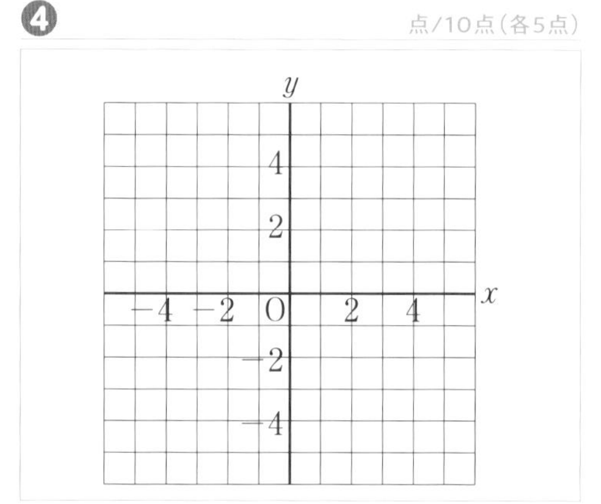

成績評価の観点　知…数量や図形などについての知識・技能　考…数学的な思考・判断・表現

❺ 右の図は，比例や反比例のグラフです。(1)，(2)について，y を x の式で表しなさい。知

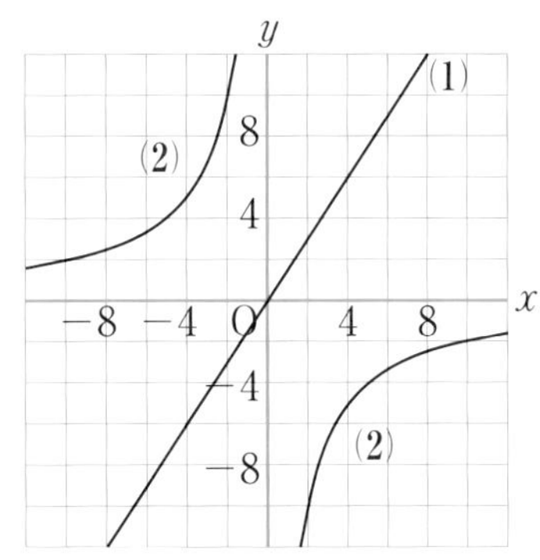

❻ 720 g の針金がある。この針金と同じ種類の針金 2 m の重さは 24 g である。このとき，次の問いに答えなさい。考

(1) 針金の重さを x g，そのときの針金の長さを y m として，y を x の式で表しなさい。

(2) 720 g の針金の長さを求めなさい。

(3) この針金 15 m の重さを求めなさい。

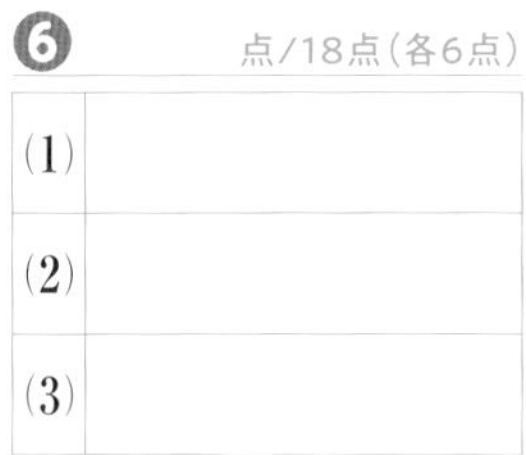

❼ 右の図のような長方形 ABCD がある。点 P は，秒速 2 cm で辺 BC 上を B から C まで動く。点 P が B を出発してから x 秒後の三角形 ABP の面積を y cm² として，次の問いに答えなさい。知

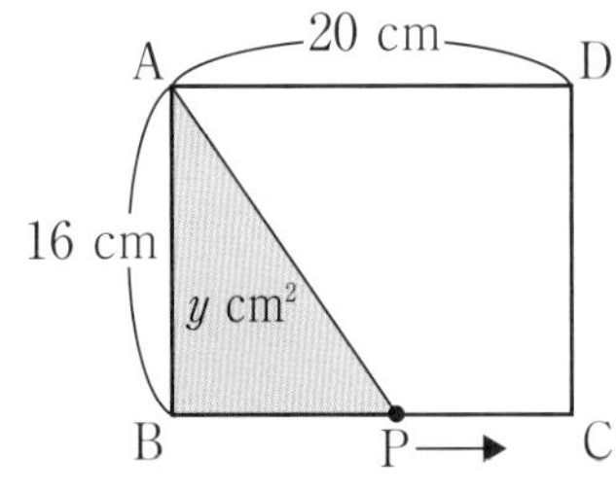

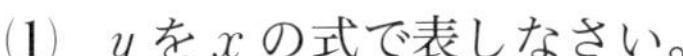
(1) y を x の式で表しなさい。

(2) x，y の変域をそれぞれ求めなさい。

(3) 三角形 ABP の面積が 96 cm² になるのは何秒後ですか。

教科書のまとめ〈5章　比例と反比例〉

●関数

2つの変数 x, y があって，x の値を決めると，それに対応する y の値がただ1つに決まるとき，**y は x の関数である**という。

●変域

変数のとりうる値の範囲を，その変数の**変域**といい，不等号＜，＞，≦，≧を使って表す。

●比例の式

y が x の関数で，$y=ax$（a は0でない定数）という式で表されるとき，**y は x に比例する**といい，a を**比例定数**という。

●比例の関係

比例の関係 $y=ax$ では，

1. x の値が2倍，3倍，4倍，……になると，対応する y の値も2倍，3倍，4倍，……になる。
2. $x \neq 0$ のとき，対応する x と y の商 $\frac{y}{x}$ の値は，一定で比例定数 a に等しい。

●座標

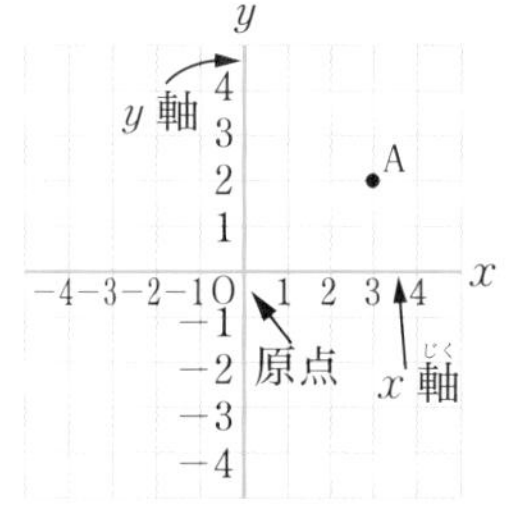

・x 軸と y 軸をあわせて**座標軸**という。

・上の図の点Aを表す数の組（3，2）を点Aの**座標**という。

・座標軸を使って，点の位置を座標で表すようにした平面を座標平面という。

●関数 $y=ax$ のグラフ

原点を通る直線である。

$a>0$ のとき　　　$a<0$ のとき

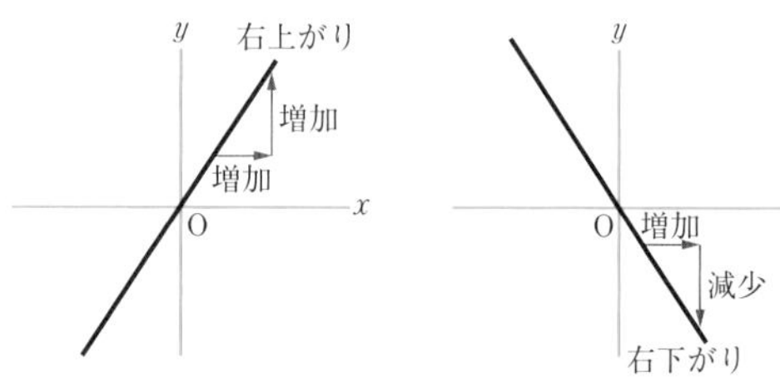

●反比例の式

y が x の関数で，$y=\frac{a}{x}$（a は0でない定数）という式で表されるとき，**y は x に反比例する**といい，a を**比例定数**という。

●反比例の関係

反比例の関係 $y=\frac{a}{x}$ では，

1. x の値が2倍，3倍，4倍，……になると，対応する y の値は $\frac{1}{2}$ 倍，$\frac{1}{3}$ 倍，$\frac{1}{4}$ 倍，……になる。
2. 対応する x と y の積 xy の値は，一定で比例定数 a に等しい。

●関数 $y=\frac{a}{x}$ のグラフ

原点について対称な双曲線である。

$a>0$ のとき　　　$a<0$ のとき

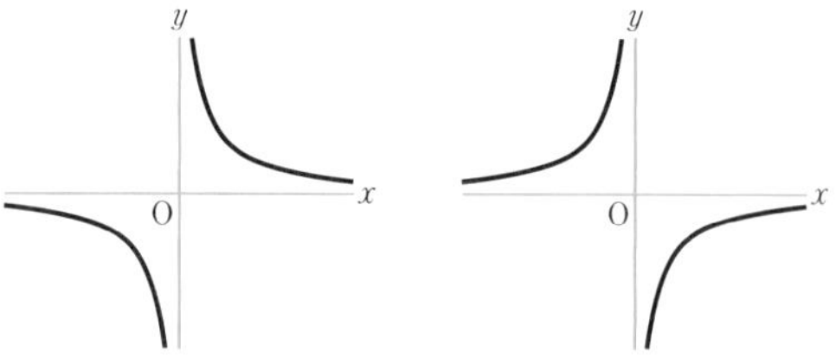

6章 平面図形

□線対称な図形の性質 ◀ 小学6年

・対応する2点を結ぶ直線は，対称の軸と垂直に交わります。
・その交わる点から，対応する2点までの長さは等しくなります。

□点対称な図形の性質 ◀ 小学6年

・対応する2点を結ぶ直線は，対称の中心を通ります。
・対称の中心から，対応する2点までの長さは等しくなります。

1 右の図は，線対称な図形です。次の問いに答えなさい。 ◀ 小学6年〈対称な図形〉

(1) 対称の軸を図にかき入れなさい。

(2) 点BとDを結ぶ直線BDと，対称の軸とは，どのように交わっていますか。

(3) 直線AHの長さが3cmのとき，直線EHの長さは何cmになりますか。

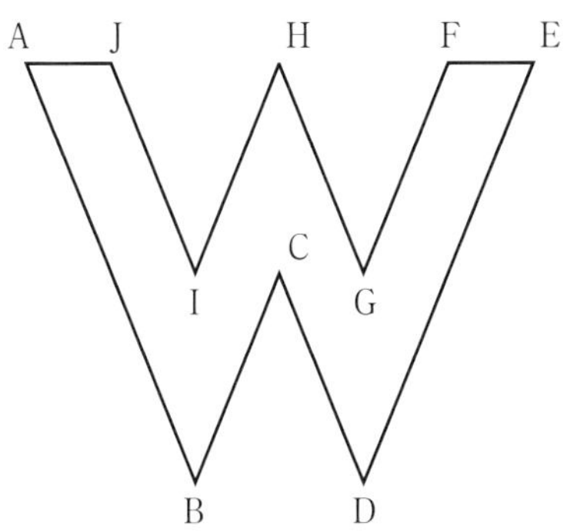

ヒント
2つに折ると，両側がぴったりと重なるから……

2 右の図は，点対称な図形です。次の問いに答えなさい。 ◀ 小学6年〈対称な図形〉

(1) 対称の中心Oを図にかき入れなさい。

(2) 点Bに対応する点はどれですか。

(3) 右の図のように，辺AB上に点Pがあります。この点Pに対応する点Qを図にかき入れなさい。

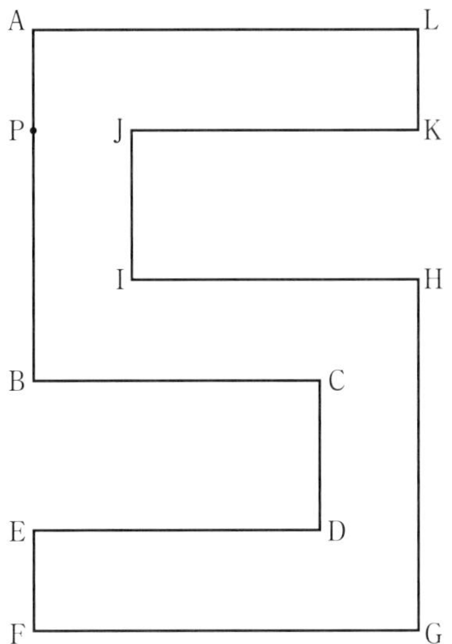

ヒント
対応する点を結ぶ直線をかくと……

解答▶▶ p.31

1節 平面図形の基礎
① 点と直線／② 円

●点と直線

教科書 p.170～173

例題 1 右の図のひし形について，次の問いに答えなさい。 ▶▶1 2 3

(1) 辺 AB と辺 BC の長さが等しいことを，記号＝を使って表しなさい。

(2) アの角を，角の記号と A，B，D を使って表しなさい。

(3) 対角線 AC と BD が垂直であることを，記号⊥を使って表しなさい。

(4) 辺 AB と辺 CD が平行であることを，記号∥を使って表しなさい。

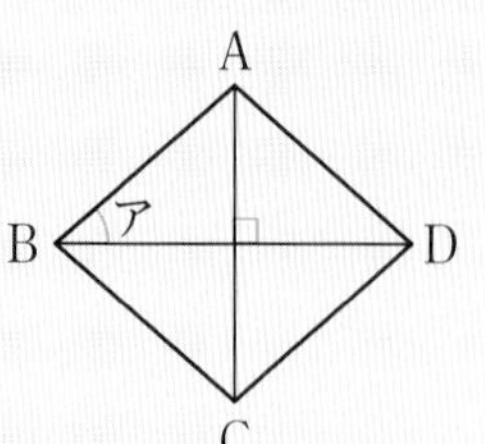

考え方 (2) アの角は，1つの点 B から一方だけにのびた2直線 BA，BD によってできた角です。角を表す記号は∠です。

答え
(1) AB ① BC
(2) ② ABD
(3) AC ③ BD
(4) AB ④ CD

プラスワン ∠，⊥，∥

∠ABC は「角 ABC」と読みます。
AB⊥CD は「AB 垂直 CD」と読みます。
AD∥BC は「AD 平行 BC」と読みます。

●円

教科書 p.174～175

例題 2 右の図の円 O について，次の問いに答えなさい。 ▶▶4

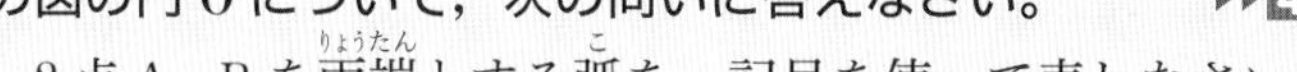

(1) 2点 A，B を両端(りょうたん)とする弧(こ)を，記号を使って表しなさい。

(2) 円の弦(げん)が最も長くなるのは，どんなときですか。

(3) 直線 ℓ は，円 O 上の点 C を通る円の接線(せっせん)です。直線 ℓ と半径 OC の位置関係を，記号を使って表しなさい。

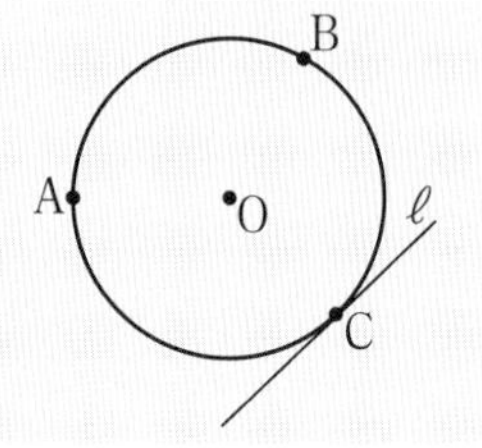

考え方 (3) 円の接線は，接点(せってん)を通る半径に垂直であることを使います。
└円と直線が接する点

答え
(1) ⌒①
(2) 弦 AB が ② になるとき
(3) ℓ ③ OC

プラスワン 弧，弦，中心角

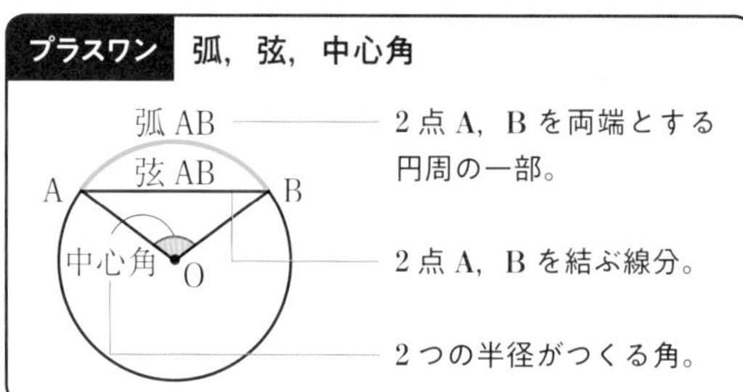

1 【直線と線分】次の線を下の図にかきなさい。

教科書 p.170 たしかめ 1

□(1) 直線 BC

□(2) 線分 AD

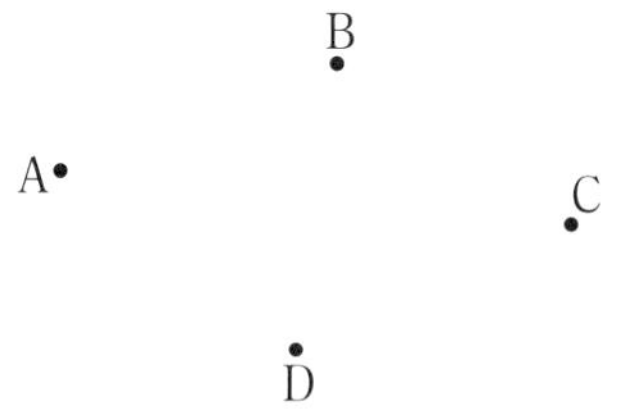

●キーポイント
「線分 AB」は，2点 A，B を端(はし)にもつ直線の一部です。

絶対理解 2 【線分，角，2 直線の位置関係】下の図の四角形 ABCD は長方形です。次の問いに答えなさい。

教科書 p.171～173 たしかめ 2～4

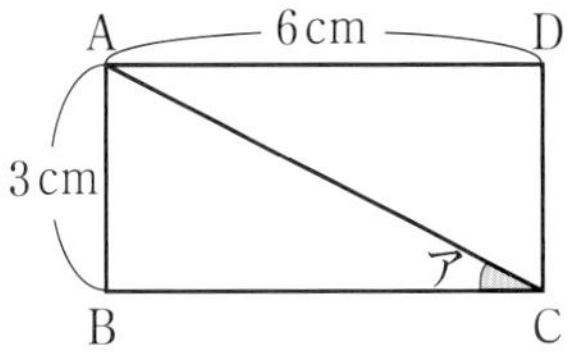

□(1) 辺 AB と辺 AD の長さの関係を記号を使って表しなさい。

□(2) アの角を，角の記号と A，B，C を使って表しなさい。

□(3) 辺 AB と辺 BC の位置関係を記号を使って表しなさい。

□(4) 辺 AD と辺 BC の位置関係を記号を使って表しなさい。

よく出る 3 【点と点，点と直線，直線と直線の距離】下の図の平行四辺形について，次の距離(きょり)を求めなさい。

教科書 p.173 問 1

□(1) 点 C と点 D

□(2) 点 A と辺 BC

□(3) 辺 AD と辺 BC

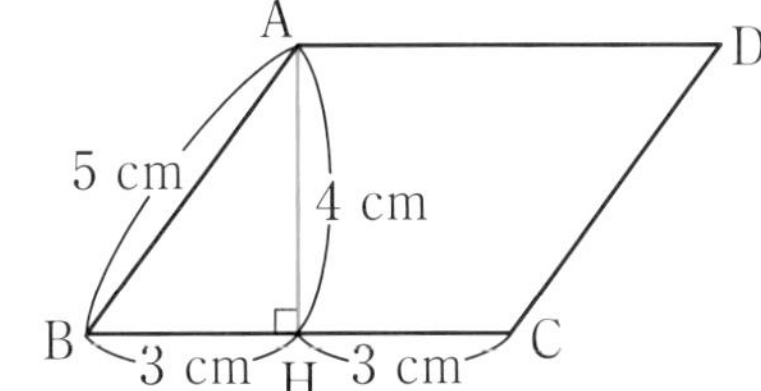

●キーポイント

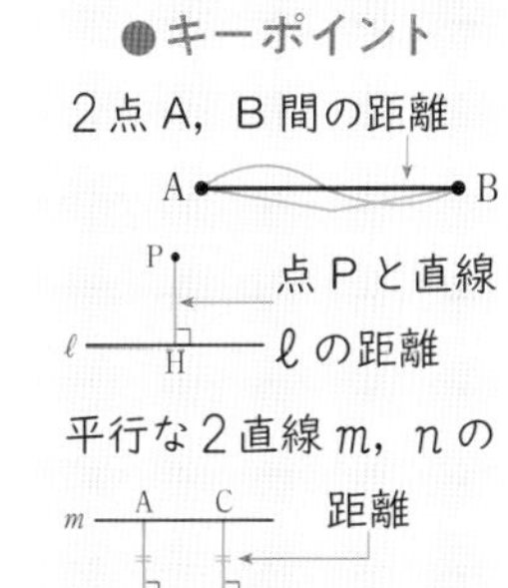

4 【円とおうぎ形】右の図の，点 C をふくむ $\overset{\frown}{AB}$ に対する中心角は

□ 何度ですか。

教科書 p.174 問 2

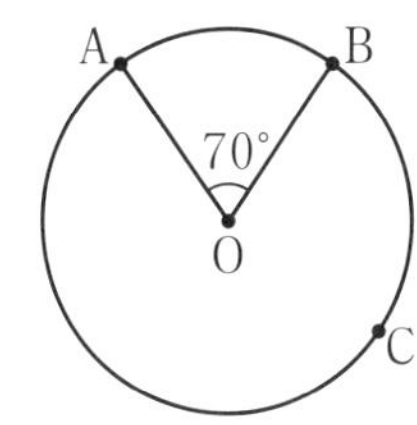

例題の答え **1** ①＝　②∠　③⊥　④//　**2** ①AB　②直径　③⊥

解答▶▶ p.31

2節 作図
① 基本の作図―(1)

●垂直二等分線の作図 教科書 p.177～178

例題 1 線分 AB の垂直二等分線 PQ の作図のしかたを説明しなさい。 ▸▸1 2

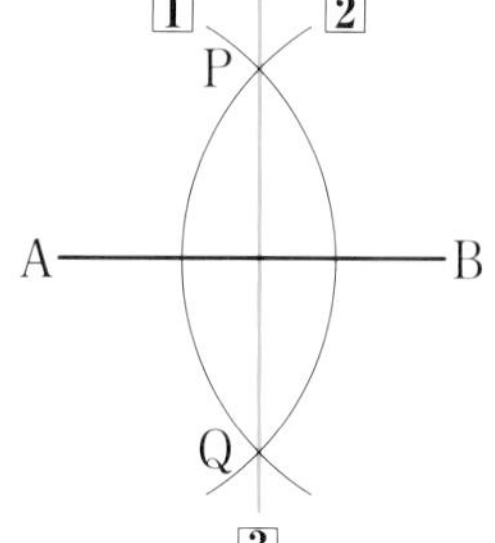

答え
1 点 A を中心とする円をかく。
2 点 [　　] を中心として，1と等しい半径の円をかき，それらの交点を P，Q とする。
3 直線 PQ をひく。

プラスワン 垂直二等分線

線分 AB の垂直二等分線上に点 P をとると，PA=PB です。また，2 点 A，B から等しい距離（きょり）にある点 P は，線分 AB の垂直二等分線上にあります。

●角の二等分線の作図 教科書 p.179～180

例題 2 右の図の ∠XOY の二等分線の作図のしかたを説明しなさい。 ▸▸3 4

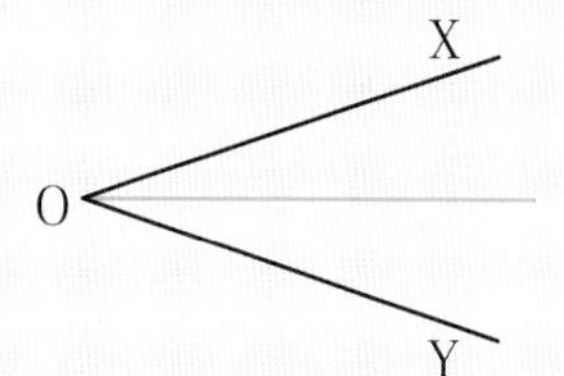

答え
1 点 O を中心とする円をかき，その円と辺 OX，OY との交点をそれぞれ A，B とする。
2 点 A，[　　] をそれぞれ中心とする等しい半径の円をかき，それらの交点を P とする。
3 直線 OP をひく。

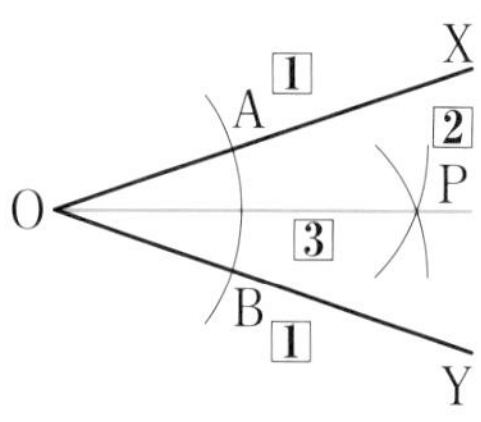

プラスワン 角の二等分線

∠XOY の二等分線上に点 P をとると，点 P から 2 辺 OX，OY までの距離は等しくなります。
また，∠XOY の内部にあって，2 辺 OX，OY までの距離が等しい点 P は，∠XOY の二等分線上にあります。

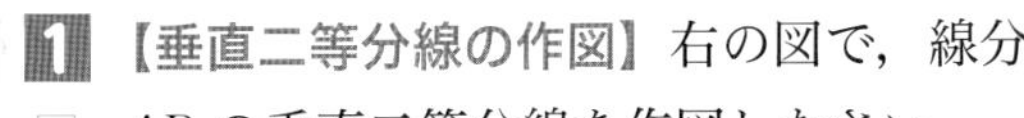

絶対理解 **1** 【垂直二等分線の作図】右の図で，線分 AB の垂直二等分線を作図しなさい。

教科書 p.178 例 1

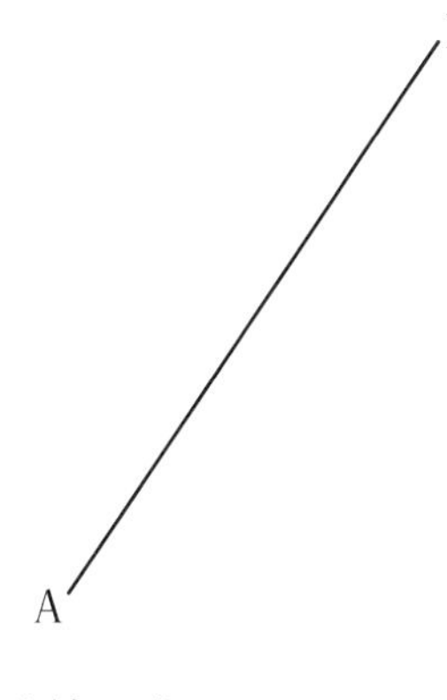

⚠ミスに注意
作図でかいた線は，消さずに残しておきましょう。

2 【垂直二等分線の作図を使う】右の図で，直線 ℓ 上にあって，2 点 A，B から等しい距離にある点 P を作図しなさい。

教科書 p.178 例 1

•B

よく出る **3** 【角の二等分線の作図】下の図で，∠XOY の二等分線をそれぞれ作図しなさい。

教科書 p.179 例 2

□(1)

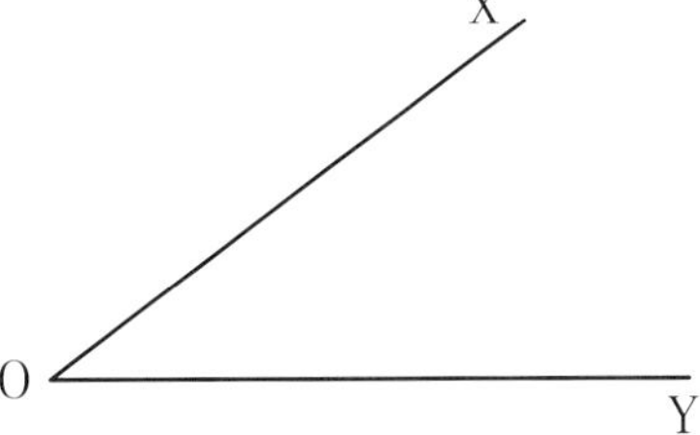

□(2)

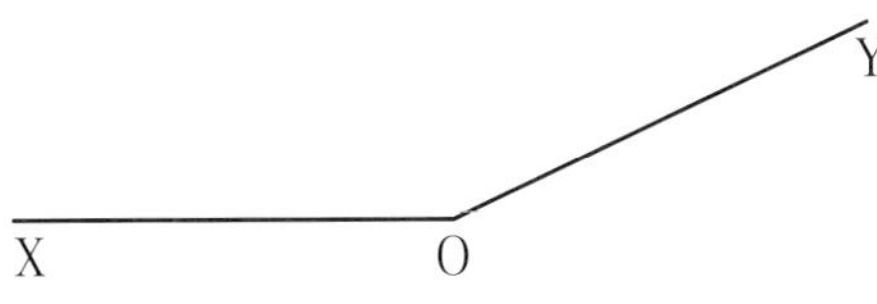

4 【角の二等分線の作図を使う】右の三角形 ABC の辺 BC 上にあって，2 辺 AB，AC までの距離が等しい点 P を作図しなさい。

教科書 p.179 例 2

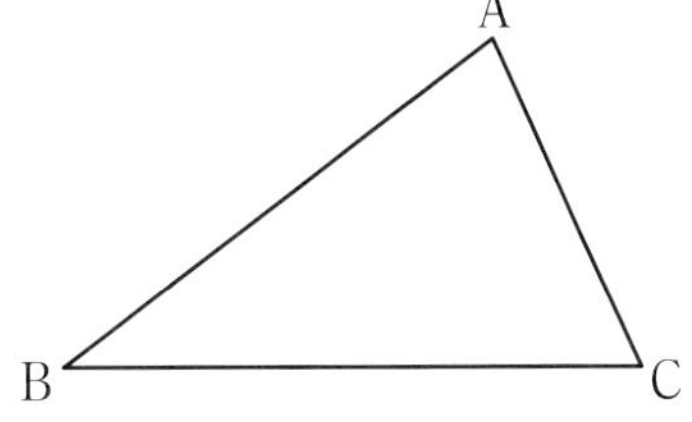

6章 教科書 177～180ページ

例題の答え **1** B **2** B

解答▶▶ p.31～32

ぴたトレ **1** 要点チェック

6章　平面図形

2節　作図
①　基本の作図―(2)／②　いろいろな作図

●垂線の作図

教科書 p.180〜182

例題 1 直線 ℓ 上の点 P を通る直線 ℓ の垂線の作図のしかたを説明しなさい。 ▶▶1 3

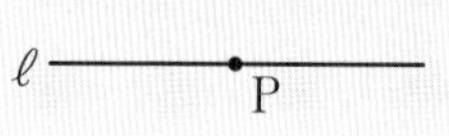

答え 1　点 P を中心とする円をかき，その円と直線 ℓ との交点を A，B とする。

2　点 A，［　　　］をそれぞれ中心とする等しい半径の円をかき，その交点を Q とする。

3　直線 PQ をひく。

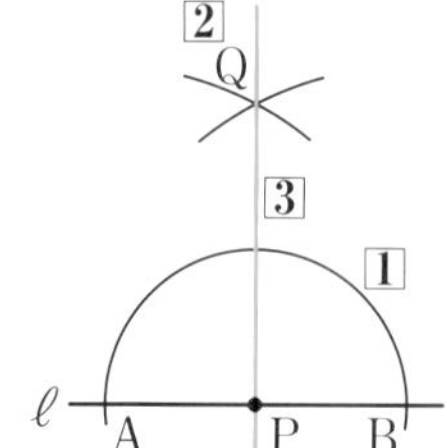

例題 2 直線 ℓ 上にない点 P を通る直線 ℓ の垂線の作図のしかたを説明しなさい。 ▶▶1

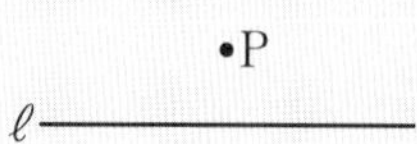

答え 1　点 P を中心とする円をかき，その円と直線 ℓ との交点を A，B とする。

2　点 A，B をそれぞれ中心とする等しい半径の円をかき，その交点を Q とする。

3　直線［　　　］をひく。

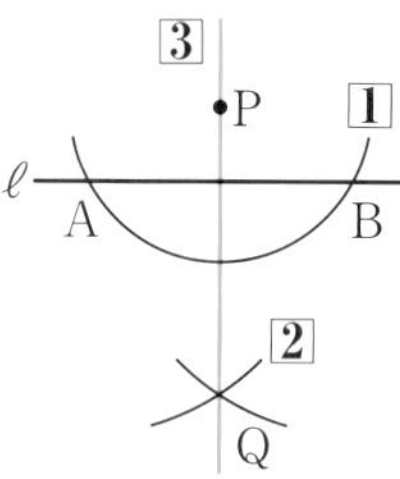

プラスワン　直線 ℓ 上にない点 P を通る直線 ℓ の垂線の作図(別解)

1　直線 ℓ 上に適当な点 A をとり，半径 AP の円をかく。
2　直線 ℓ 上に適当な点 B をとり，半径 BP の円をかいて，点 P 以外の 1 の円との交点を Q とする。
3　直線 PQ をひく。

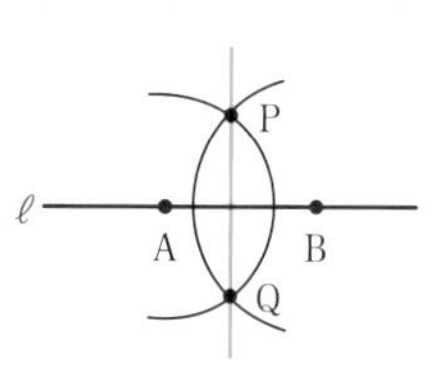

●いろいろな作図

教科書 p.183〜185

例題 3 右の図で，円周上の点 M を通る円 O の接線の作図のしかたを説明しなさい。 ▶▶2 3

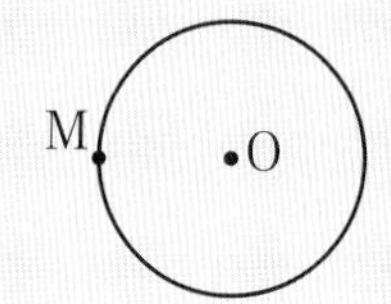

考え方　円の接線は，接点を通る円の半径に垂直です。

答え 1　2 点 O，M を通る直線 ℓ をひく。

2　M を通る ℓ の［　　　］をひく。

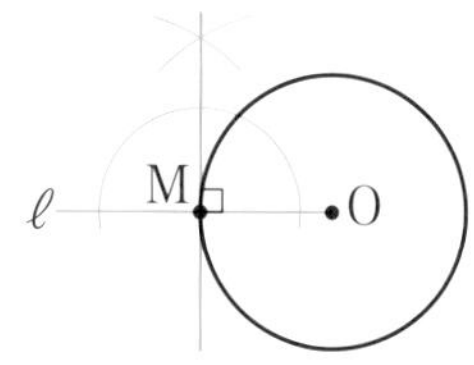

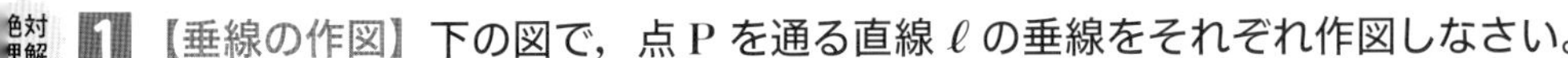

1 【垂線の作図】下の図で，点 P を通る直線 ℓ の垂線をそれぞれ作図しなさい。

教科書 p.182 たしかめ 3

□(1)

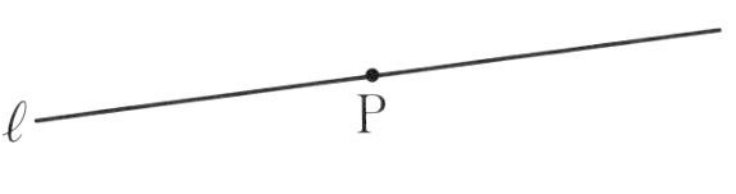

□(2)

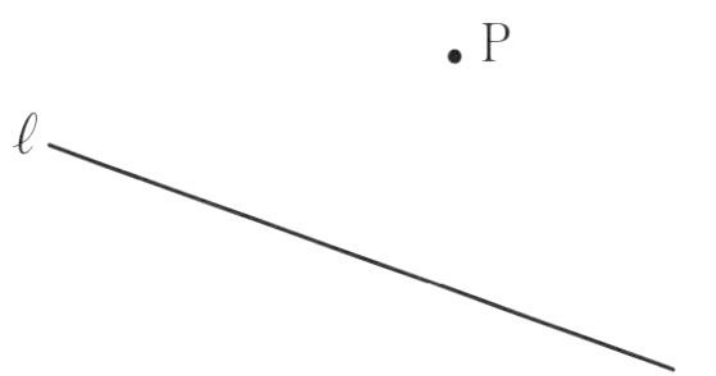

2 【垂線の作図を使う】右の図で，円周上の点 A を通る
□ 円 O の接線を作図しなさい。 教科書 p.183 問 2

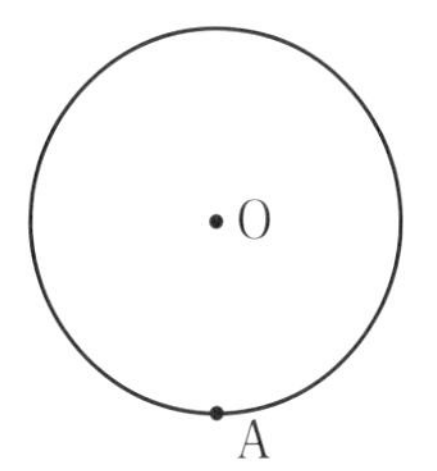

3 【角の作図】下の線分 AB について，次の問いに答えなさい。 教科書 p.184 例 1

□(1) ∠AOC＝90° となる角を作図しなさい。

□(2) ∠AOD＝45° となる角を作図しなさい。

●キーポイント
(2)は，∠AOC の二等分線を作図します。

6章 教科書180〜185ページ

例題の答え **1** B **2** PQ **3** 垂線

解答▶▶ p.32

1 右の図で，ア～エの角を，角の記号と A，B，C，D，E を使って表しなさい。

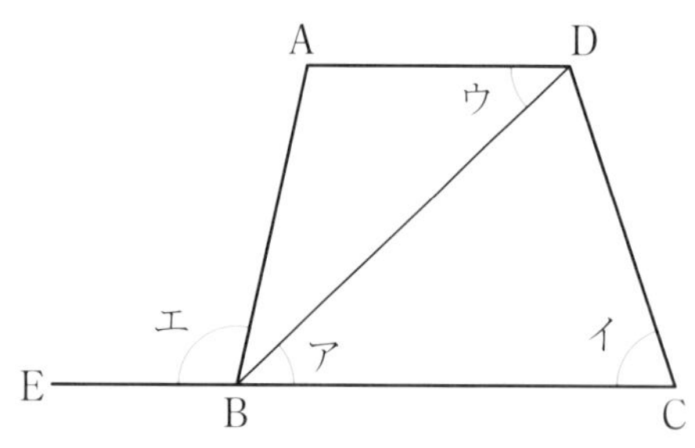

2 右の図の平行四辺形 ABCD について，次の(1)～(3)のことがらを，記号を使って表しなさい。

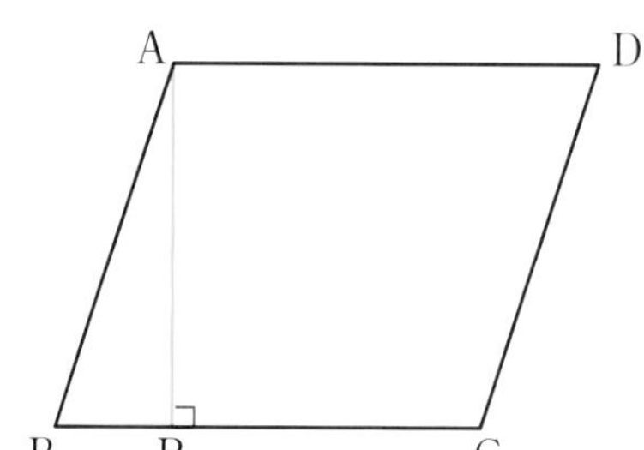

(1) 辺 AD と辺 BC の長さの関係

(2) 辺 AP と辺 BC の位置関係

(3) 辺 AB と辺 DC との位置関係

3 右の図で，直線 PA，PB がそれぞれ円 O の接線であるとき，$\overset{\frown}{AB}$ に対する中心角の大きさを求めなさい。

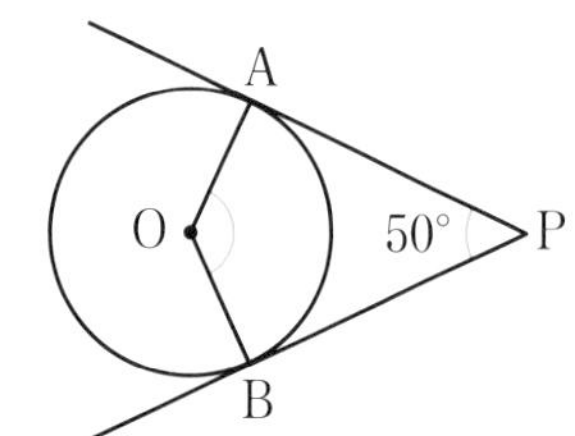

4 右の図で，線分 AB の中点 M を作図しなさい。

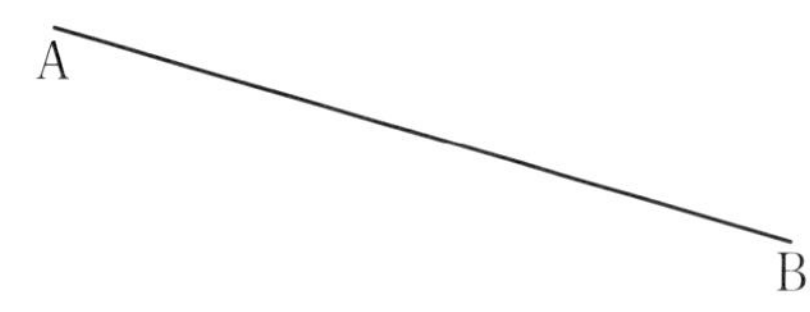

ヒント 3 直線 PA，PB はそれぞれ円 O の接線であるから，円 O の半径に垂直である。
4 中点 M は，線分 AB 上にある，AM＝BM となる点である。

定期テスト予報

●基本の作図をマスターしよう。
いろいろな作図をするとき，３つの基本の作図（垂直二等分線，角の二等分線，垂線）を確実に覚えておくことが大切だよ。円の接線などの図形の性質もよく理解しておこう。

5 右の図で，3 辺 AB，BC，AC までの距離が等しい点 P を作図しなさい。

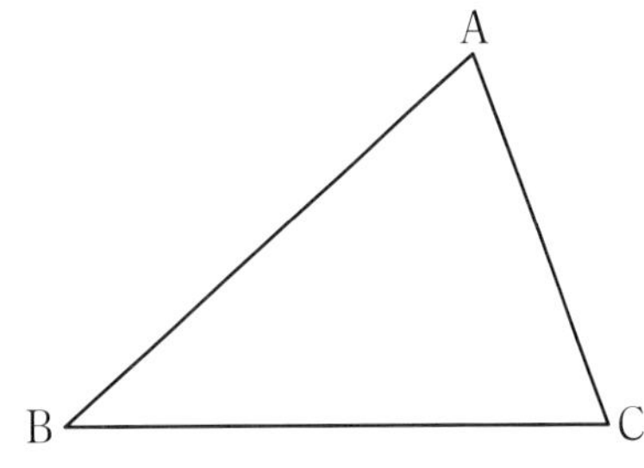

6 右の図のような ∠XOY の辺 OX 上に点 A，辺 OY 上に点 B がある。
線分 AB の垂直二等分線と，∠XOY の二等分線の交点 P を作図しなさい。

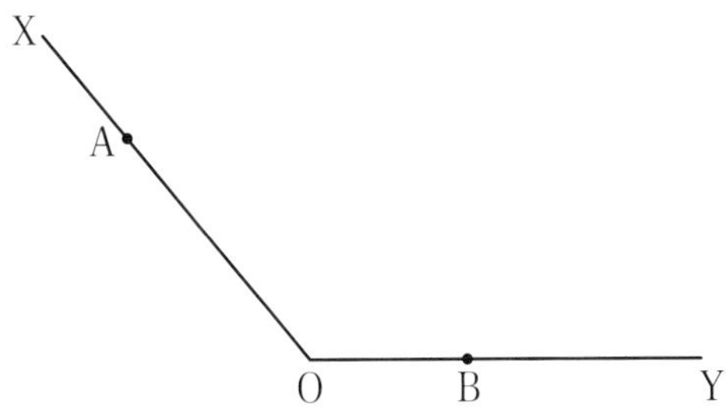

7 右の図で，円周上の点 M を通る円 O の接線を作図しなさい。

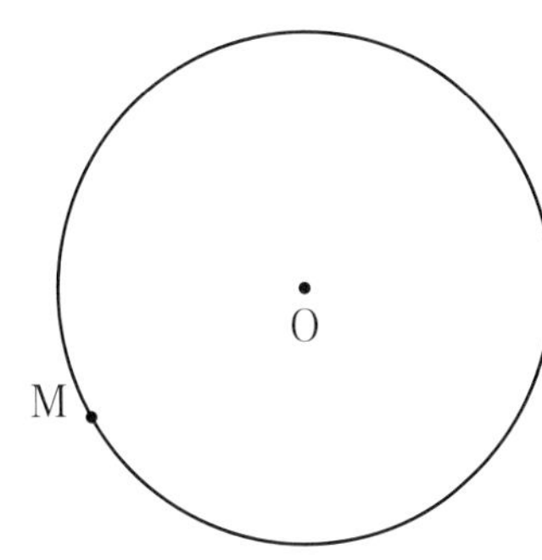

8 30° の角を作図しなさい。

ヒント

5 2 辺 AB，AC がつくる角の二等分線上に点 P を作図する。
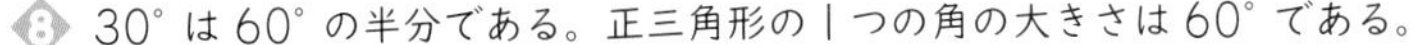
8 30° は 60° の半分である。正三角形の１つの角の大きさは 60° である。

解答▶▶ p.32〜33

6章　平面図形

3節　図形の移動
①　図形の移動

平行移動

教科書 p.188〜189

例題 1 右の図で，△A′B′C′ は，△ABC を矢印の方向に，その長さだけ平行移動したものである。
次の問いに答えなさい。 ▶▶1 4

(1) 線分 AA′ と長さの等しい線分を答えなさい。

(2) 線分 AA′ と平行な線分を答えなさい。

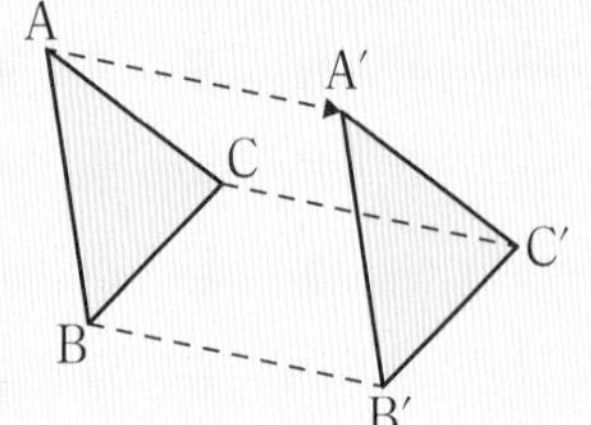

考え方　平行移動では，対応する２点を結ぶ線分は，平行で長さが等しいです。
└図形をある方向に，ある距離(きょり)だけずらす移動

答え　(1) 線分 BB′，線分 ①[　　]　(AA′＝BB′＝CC′)　　(2) 線分 BB′，線分 ②[　　]　(AA′∥BB′∥CC′)

回転移動

教科書 p.189〜190

例題 2 右の図で，△A′B′C′ は，△ABC を，点 O を回転の中心として，時計の針の回転と反対の向きに回転移動したものである。
次の問いに答えなさい。 ▶▶2

(1) 線分 OA と長さの等しい線分を答えなさい。

(2) ∠BOB′ と大きさの等しい角を答えなさい。

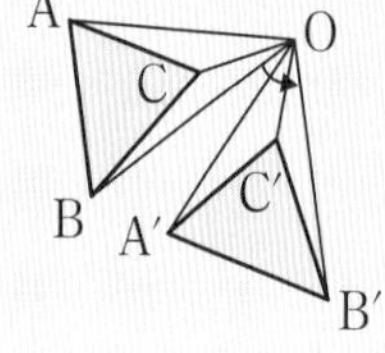

考え方　(1) 回転の中心は，対応する２点から等しい距離にあります。
(2) 対応する２点と回転の中心を結んでできる角の大きさはすべて等しいです。

答え　(1) 線分 ①[　　]　(OA＝OA′)　　(2) ∠AOA′，∠ ②[　　]　(∠AOA′＝∠BOB′＝∠COC′)

対称移動

教科書 p.190〜191

例題 3 右の図で，△A′B′C′ は，△ABC を直線 ℓ を対称(たいしょう)の軸(じく)として対称移動したものである。線分 AA′，BB′，CC′ と直線 ℓ との交点をそれぞれ P，Q，R とする。次の問いに答えなさい。 ▶▶3 4

(1) 線分 AA′ と直線 ℓ との関係を記号を使って表しなさい。

(2) 線分 AP と線分 A′P との関係を記号を使って表しなさい。

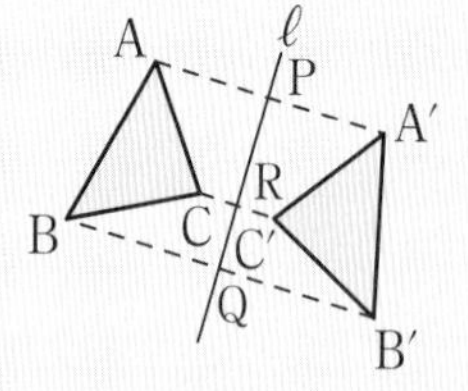

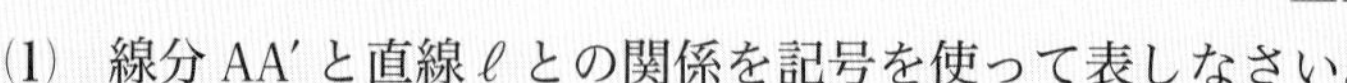

考え方　対称の軸は，対応する２点を結ぶ線分の垂直二等分線です。

答え　(1) AA′ ①[　　] ℓ　　(2) AP ②[　　] A′P

絶対理解 **1** **【平行移動】** 下の図の △ABC を，矢印の方向に，矢印の長さだけ平行移動した △A′B′C′ をかきなさい。

教科書 p.189 たしかめ 1

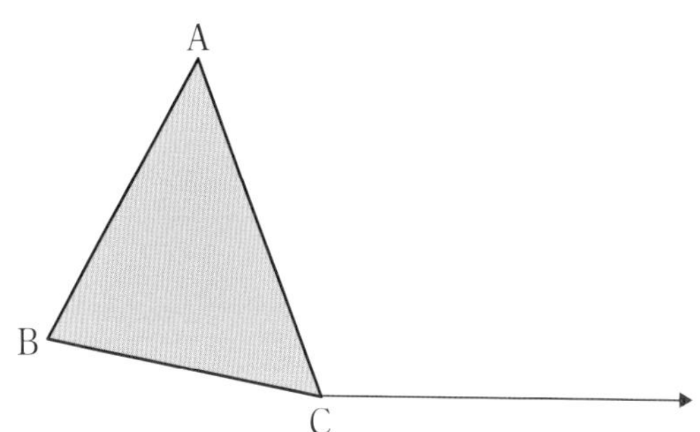

●キーポイント
定規とコンパスを使い，AA′∥BB′∥CC′，AA′＝BB′＝CC′ となるように，点 A′，B′ を決めます。

よく出る **2** **【回転移動】** 下の図の △ABC を，点 O を回転の中心として 180° 回転移動した △A′B′C′ をかきなさい。

教科書 p.190 たしかめ 2

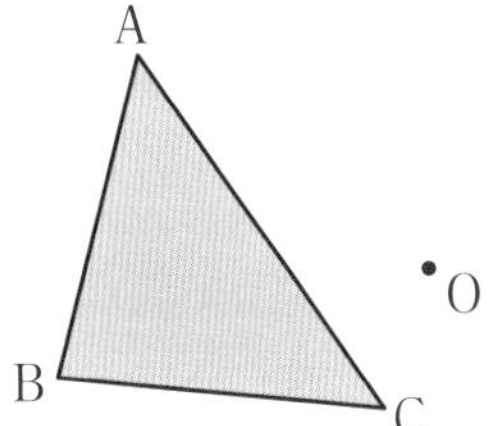

●キーポイント
180° の回転移動を，点対称移動といいます。点対称移動では，対応する点と回転の中心は，それぞれ 1 つの直線上にあります。

よく出る **3** **【対称移動】** 右の四角形 ABCD を，直線 ℓ を対称の軸として対称移動してできる四角形 A′B′C′D′ をかきなさい。

教科書 p.191 たしかめ 3

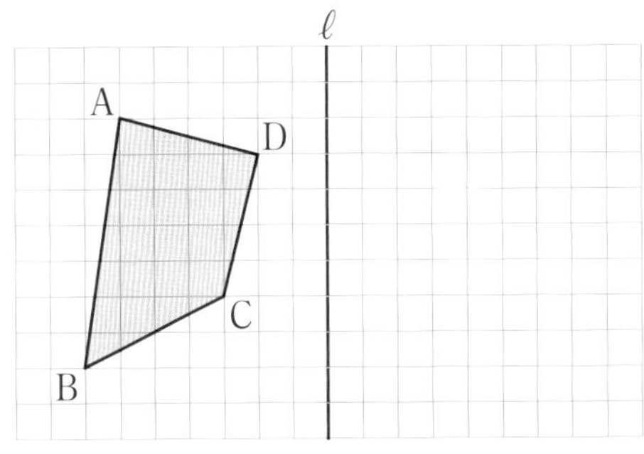

●キーポイント
対応する 2 点と直線 ℓ までの距離は等しくなります。また，対応する 2 点と直線 ℓ は垂直に交わります。

4 **【移動の組み合わせ】** 右の図は，△ABC を △PQR に移動したところを示している。どのような移動を組み合わせたものか，移動した順に書きなさい。

教科書 p.192 問 5

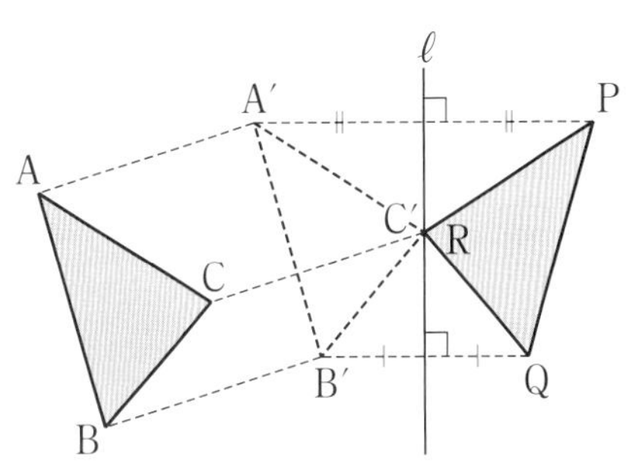

6章 教科書 188〜192ページ

例題の答え **1** ①CC′　②CC′　**2** ①OA′　②COC′　**3** ①⊥　②＝

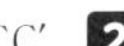

解答▶▶ p.33〜34

4節　円とおうぎ形の計量
① 円の周の長さと面積／② おうぎ形の弧の長さと面積

●円の周の長さと面積

教科書 p.193

□ **例題 1** 半径が 8 cm の円の周の長さと面積を求めなさい。 ▶▶1

考え方　半径 r の円の周の長さを ℓ，面積を S とすると，

周の長さ　$\ell=2\pi r$

面積　$S=\pi r^2$

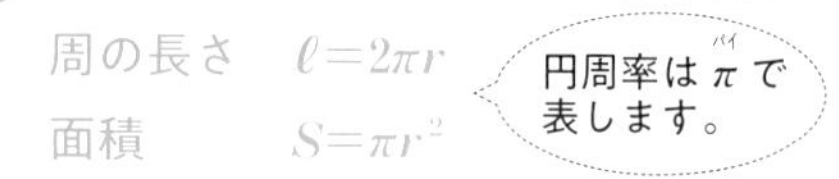

答え　円の周の長さ　$2\pi\times$ ① □ $=$ ② □ (cm)

円の面積　$\pi\times$ ① □ $^2=$ ③ □ (cm^2)

●おうぎ形の弧の長さと面積

教科書 p.194〜196

□ **例題 2** 半径が 8 cm，中心角が 45° のおうぎ形の弧（こ）の長さと面積を求めなさい。 ▶▶2 4

考え方　半径 r，中心角 $a°$ のおうぎ形の弧の長さを ℓ，面積を S とすると，

弧の長さ　$\ell=2\pi r\times\dfrac{a}{360}$　　面積　$S=\pi r^2\times\dfrac{a}{360}$

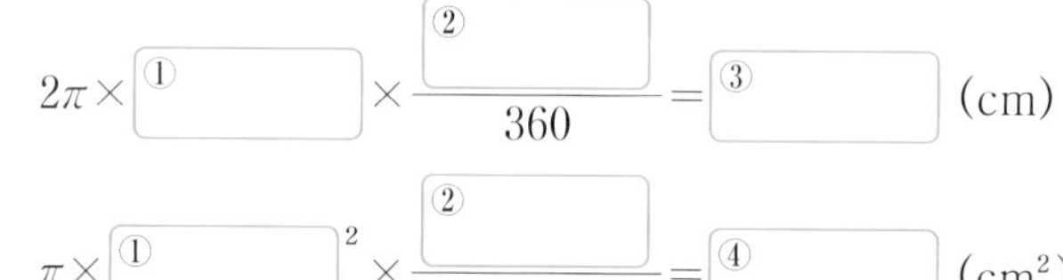

答え　おうぎ形の弧の長さ　$2\pi\times$ ① □ $\times\dfrac{②\ □}{360}=$ ③ □ (cm)

おうぎ形の面積　$\pi\times$ ① □ $^2\times\dfrac{②\ □}{360}=$ ④ □ (cm^2)

●おうぎ形の中心角

教科書 p.197

□ **例題 3** 半径が 6 cm，弧の長さが 5π cm のおうぎ形の中心角の大きさを求めなさい。 ▶▶3 4

考え方　中心角を $a°$ として，おうぎ形の弧の長さの公式にあてはめます。
a についての方程式を解きます。

答え　中心角を $a°$ とすると，

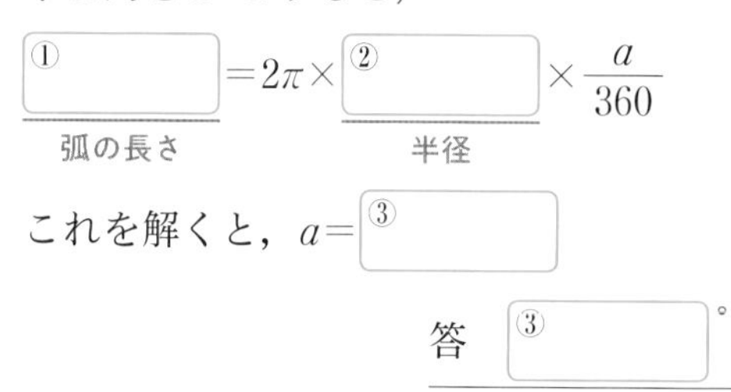

① □（弧の長さ） $=2\pi\times$ ② □（半径） $\times\dfrac{a}{360}$

これを解くと，$a=$ ③ □

答　③ □°

5π cm
a°
6 cm

中心角が弧の長さに比例することを使うと，中心角の大きさを求める式は $360\times\dfrac{5\pi}{12\pi}$ です。

絶対理解 **1** 【円の周の長さと面積】次の円の周の長さと面積を求めなさい。 教科書 p.193 例 1

□(1) 半径が 5 cm の円　　□(2) 直径が 9 cm の円

よく出る **2** 【おうぎ形の弧の長さと面積】次のおうぎ形の弧の長さと面積を求めなさい。

教科書 p.196 例 1

□(1) 半径が 10 cm，中心角が 72° のおうぎ形

□(2) 半径が 6 cm，中心角が 210° のおうぎ形

3 【おうぎ形の中心角】次のおうぎ形の中心角の大きさを求めなさい。 教科書 p.197 例題 1

□(1) 半径が 5 cm，弧の長さが 4π cm のおうぎ形

□(2) 半径が 12 cm，弧の長さが 16π cm のおうぎ形

●キーポイント

中心角の大きさの求め方は，次の2通りあります。

1 おうぎ形の弧の長さの公式を使う。

2 中心角が弧の長さに比例することを使う。

4 【おうぎ形の面積】半径が 4 cm，弧の長さが 3π cm のおうぎ形の面積を求めなさい。

□

教科書 p.197 たしかめ 4

例題の答え **1** ① 8 ② 16π ③ 64π **2** ① 8 ② 45 ③ 2π ④ 8π **3** ① 5π ② 6 ③ 150

3節 図形の移動 1
4節 円とおうぎ形の計量 1, 2

1 合同な平行四辺形を4枚並べて，右のような図をつくった。このとき，次の問いに答えなさい。

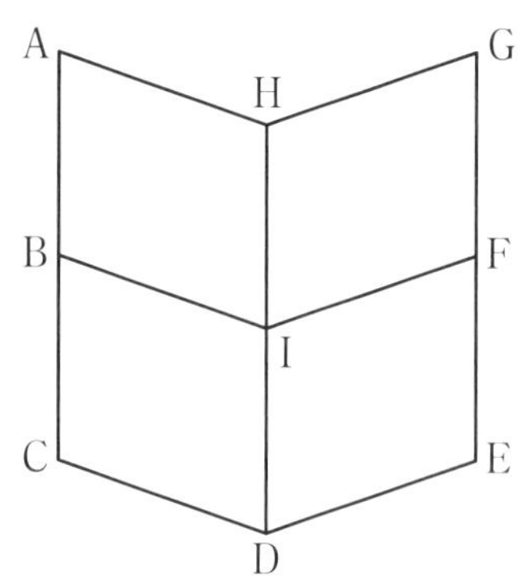

□(1) 平行四辺形 ABIH を平行移動してぴったりと重なる平行四辺形はどれですか。

□(2) 平行四辺形 ABIH を対称移動してぴったりと重なる平行四辺形はどれですか。

2 右の図の △ABC を，点 O を回転の中心として，
□ 時計の針の回転と反対の向きに 90° 回転移動した △A′B′C′ をかきなさい。

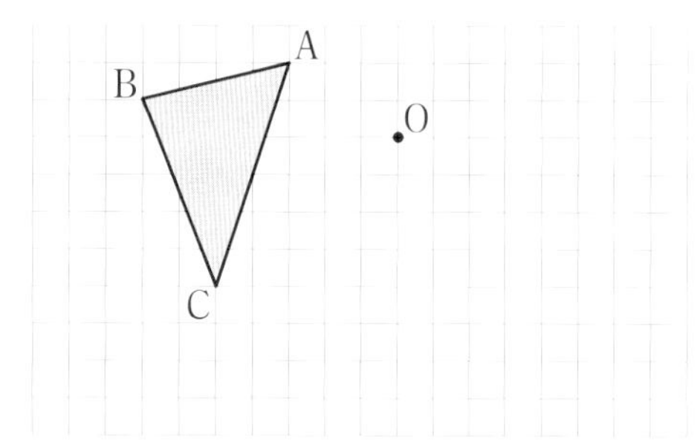

3 右の図は，ある直線を対称の軸として，△ABC
□ を △A′B′C′ に対称移動したものである。対称の軸を作図しなさい。

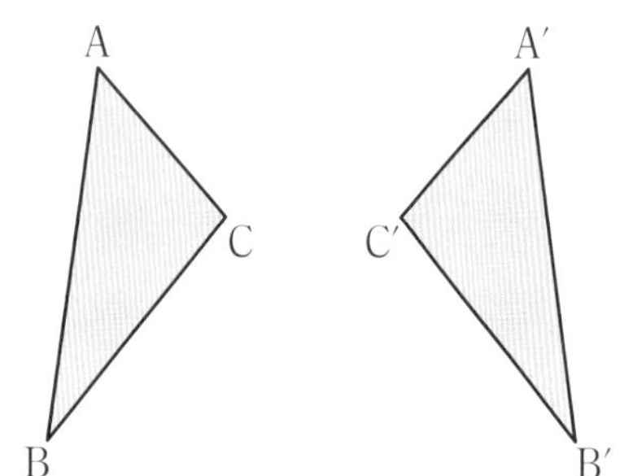

4 次の円の周の長さと面積を求めなさい。

□(1) 半径が 7 cm の円

□(2) 直径が 16 cm の円

ヒント **2** 点 O を中心に，点 A，B，C をそれぞれ 90° 回転させたところに点 A′，B′，C′ をとる。
3 対称の軸と，対応する2点を結ぶ線分の関係を考える。

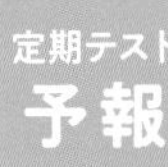

定期テスト予報

●おうぎ形の弧の長さ，面積，中心角の大きさの求め方の公式をマスターしよう。
おうぎ形の問題では，どの公式を使って求めるかをすぐに判断できるように，それぞれの公式をしっかり理解しておこう。公式にあてはめて計算するときは，ミスに注意しようね。

よく出る **5** 次のおうぎ形の弧（こ）の長さと面積を求めなさい。

□(1) 半径が 3 cm，中心角が 120° のおうぎ形

□(2) 半径が 12 cm，中心角が 210° のおうぎ形

よく出る **6** 次のおうぎ形の中心角の大きさを求めなさい。

□(1) 半径が 18 cm，弧の長さが 4π cm のおうぎ形

□(2) 半径が 5 cm，弧の長さが 2π cm のおうぎ形

□(3) 半径が 6 cm，面積が 12π cm^2 のおうぎ形

□(4) 半径が 9 cm，面積が 54π cm^2 のおうぎ形

7 □ 右の図のように，1 辺が 6 cm の正三角形 ABC が頂点 C を中心に矢印の方向に回転する。辺 AC がもとの正三角形の辺 BC と 1 直線上にあるとき，頂点 A がえがく線の長さを求めなさい。

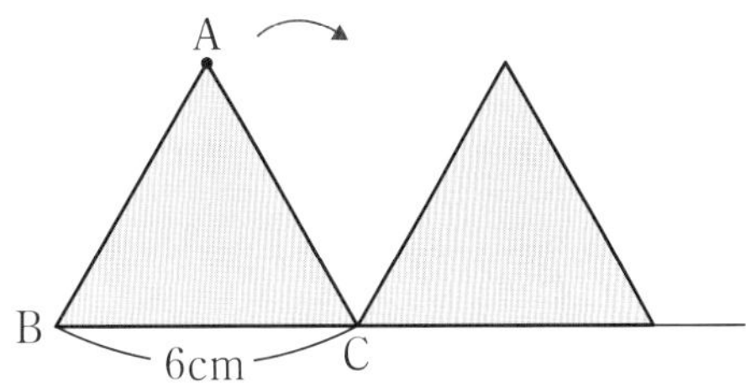

6章
教科書188～197ページ

ヒント  **7** 正三角形の角の大きさはそれぞれ 60° である。

6章　平面図形

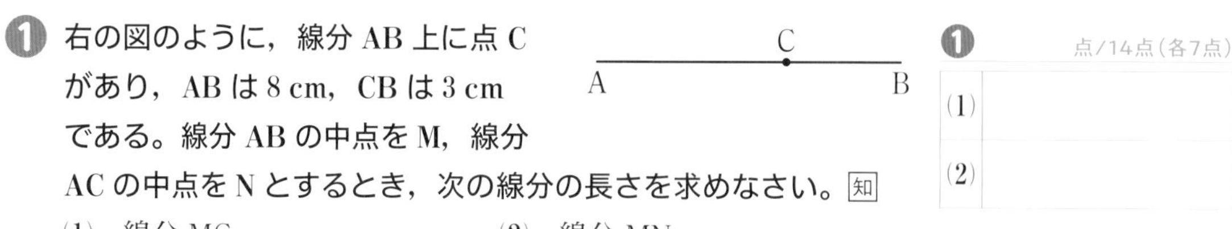

1 右の図のように，線分 AB 上に点 C があり，AB は 8 cm，CB は 3 cm である。線分 AB の中点を M，線分 AC の中点を N とするとき，次の線分の長さを求めなさい。知

(1)　線分 MC　　　(2)　線分 MN

1　点/14点(各7点)

(1)	
(2)	

2 右の図の長方形 ABCD について，次の(1)〜(3)のことがらを，記号を使って表しなさい。知

(1)　辺 AB と辺 DC の位置関係

(2)　辺 AB と辺 BC の位置関係

(3)　線分 BE は，∠ABC の二等分線である。

2　点/24点(各8点)

(1)	
(2)	
(3)	

3 右の図で，線分 AB，線分 BC を弦(げん)とする円 O を作図しなさい。知

3　点/8点

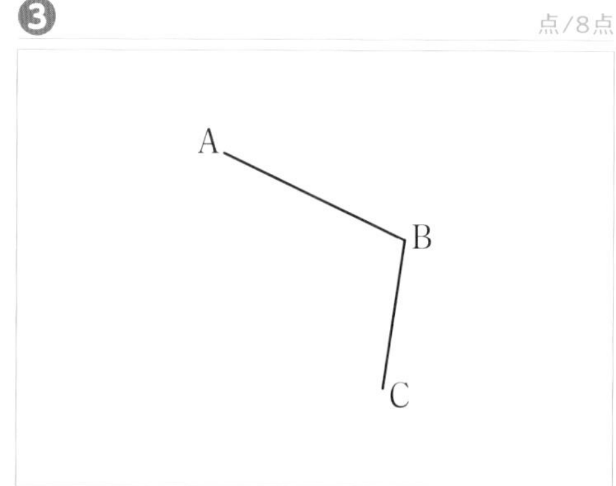

4 右の図で，∠AOB＝90° である。これを使って，45° の角を作図しなさい。知

4　点/9点

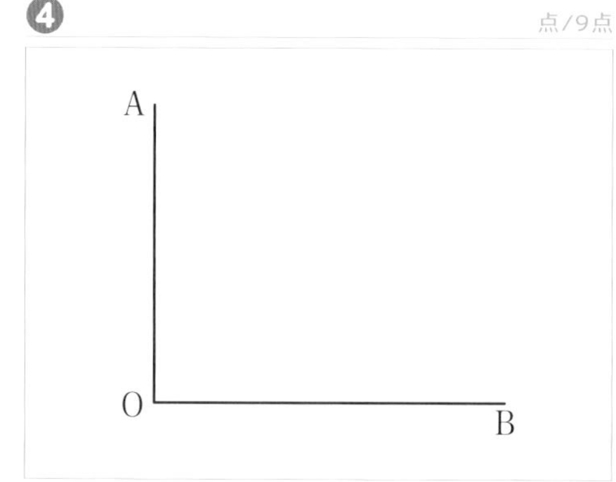

成績評価の観点　知…数量や図形などについての知識・技能　考…数学的な思考・判断・表現

5 右の図の △ABC の辺 AB 上にあって，2 頂点 B，C までの距離が等しい点 P を作図しなさい。知

5 点/9点

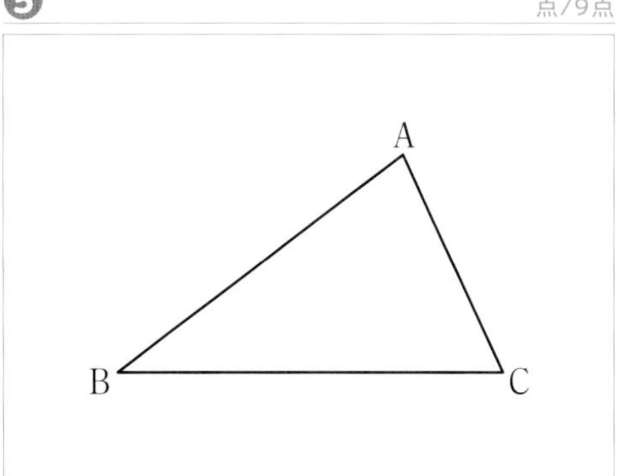

6 右の図で，四角形 A′B′C′D′ は四角形 ABCD を回転移動したものである。回転の中心 O を作図しなさい。知

6 点/9点

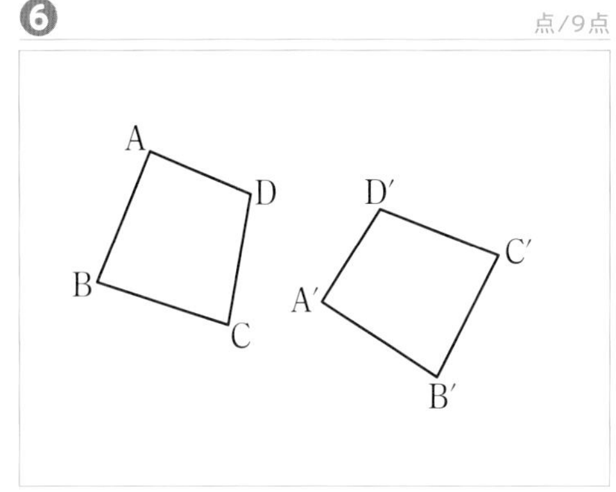

7 半径が 5 cm，中心角が 108° のおうぎ形がある。次の問いに答えなさい。知

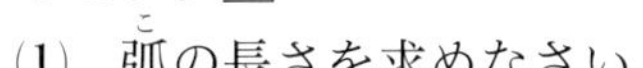

(1) 弧の長さを求めなさい。

(2) 面積を求めなさい。

108°
5 cm

7 点/18点（各9点）

(1)	
(2)	

8 右の図のように，おうぎ形 OAB とおうぎ形 OCD がある。点 A は線分 OD 上にあり，3 点 B，O，C は 1 直線上にある。$\overset{\frown}{AB}$ の長さが 3π cm，OB＝9 cm のとき，おうぎ形 OCD の中心角の大きさを求めなさい。知

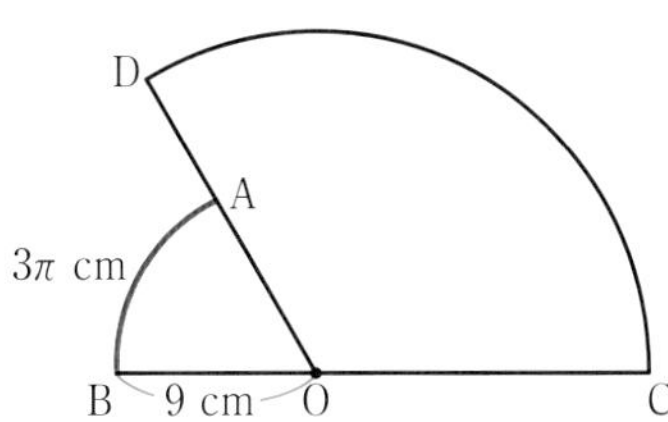

8 点/9点

知 /100点

6 章 教科書 167〜204ページ

解答▶▶ p.35〜36

教科書のまとめ〈6章　平面図形〉

●円の接線

円の接線は，接点を通る半径に垂直である。

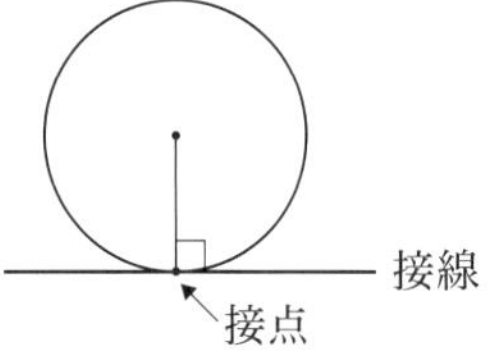

●垂直二等分線の作図

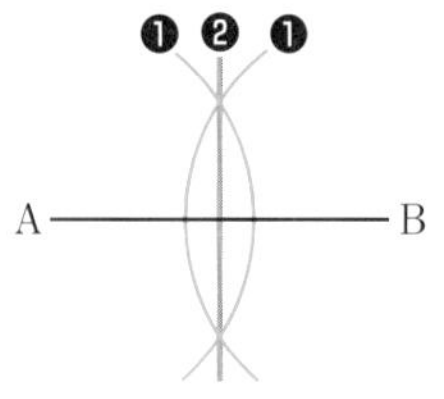

●角の二等分線の作図

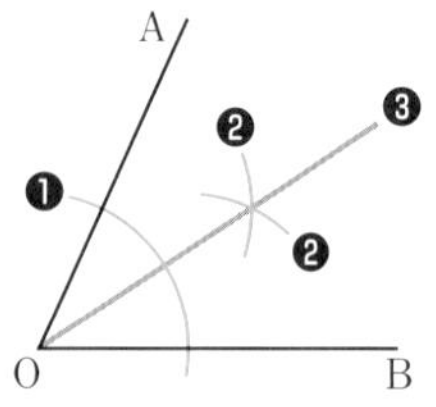

●垂線の作図

・直線 ℓ 上の点 P を通る垂線

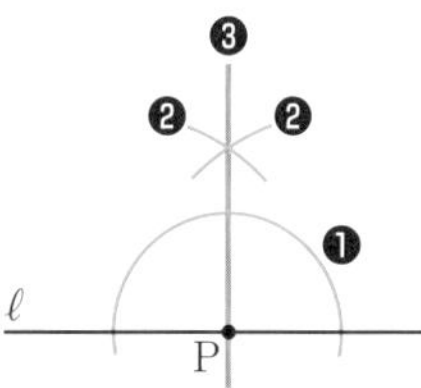

・直線 ℓ 上にない点 P を通る直線 ℓ の垂線

方法 1

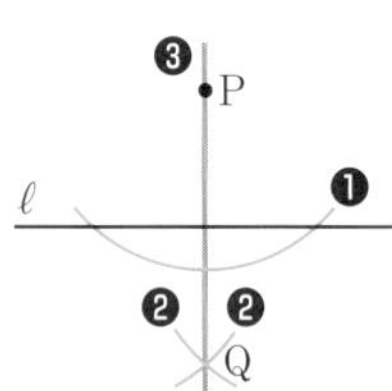

方法 2

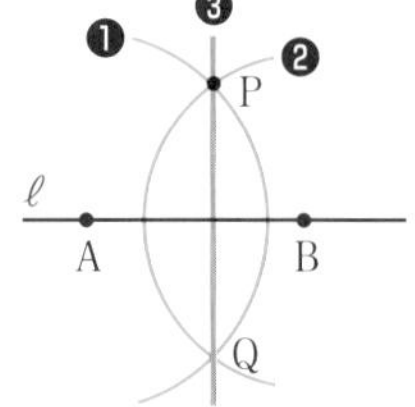

●平行移動

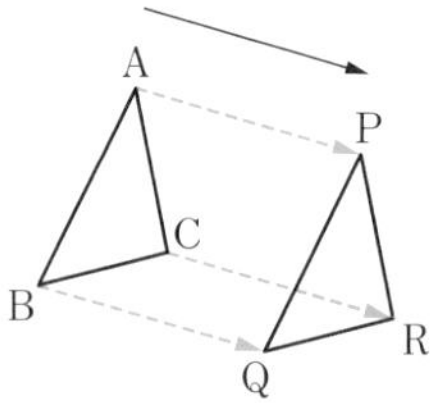

対応する 2 点を結ぶ線分はすべて平行で長さは等しい。

●回転移動

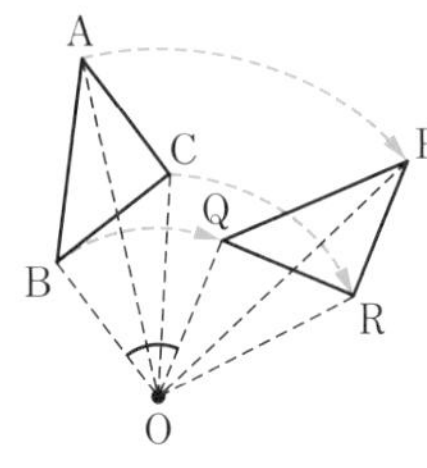

・回転の中心は，対応する 2 点から等しい距離(きょり)にある。

・対応する 2 点と回転の中心を結んでできる角の大きさはすべて等しい。

・180° の回転移動を**点対称移動**(てんたいしょういどう)という。

●対称移動

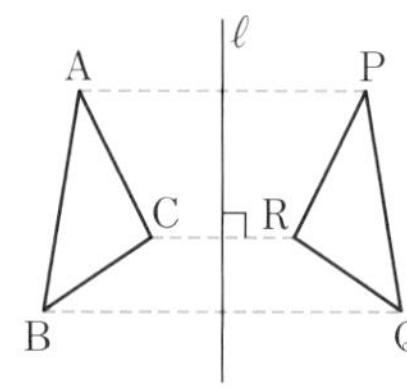

対称の軸(じく)は，対応する 2 点を結ぶ線分の垂直二等分線である。

●円の周の長さと面積

半径 r の円の周の長さを ℓ，面積を S とすると，

$\ell=2\pi r$　　$S=\pi r^2$

●おうぎ形の弧の長さと面積

半径 r，中心角 $a°$ のおうぎ形の弧(こ)の長さを ℓ，面積を S とすると，

$$\ell=2\pi r\times\frac{a}{360}$$

$$S=\pi r^2\times\frac{a}{360}$$

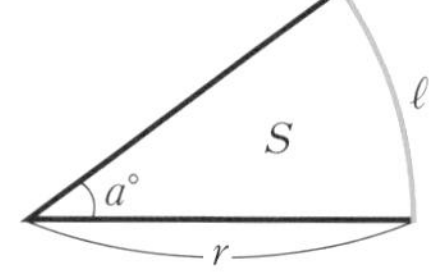

7章　空間図形

次の学習に
入る前に
取り組もう。

□見取図と展開図　◀ 小学5年

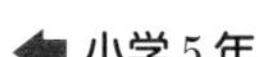

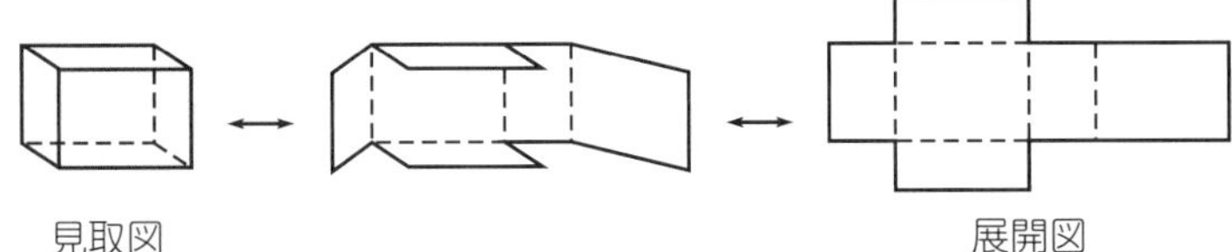

□角柱，円柱の体積の公式　◀ 小学6年

角柱の体積＝底面積×高さ　　円柱の体積＝底面積×高さ

1 次の展開図からできる立体の名前を答えなさい。　◀ 小学5年〈角柱と円柱〉

(1)

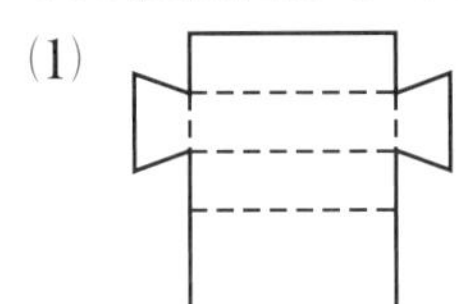

(2)

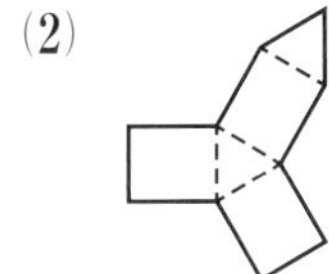

ヒント
(2)三角形を底面と考えると……

2 右の展開図を組み立てて，立方体をつくります。　◀ 小学4年〈直方体と立方体〉

(1) 辺EFと重なる辺はどれですか。

(2) 頂点Eと重なる頂点をすべて答えなさい。

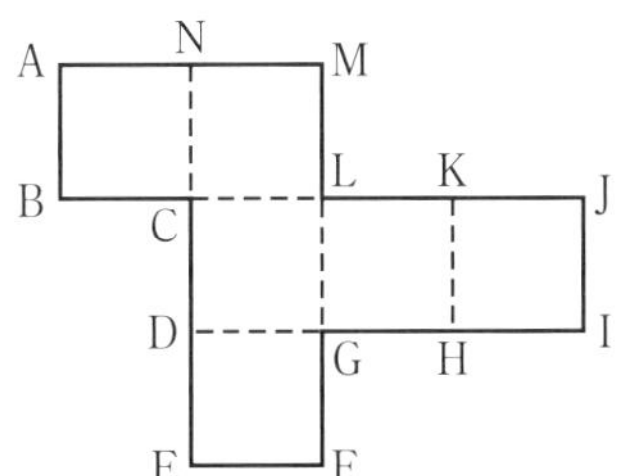

ヒント
例えばCDGLを底面と考えて，組み立てると……

3 次の立体の体積を求めなさい。ただし，円周率を3.14とします。　◀ 小学6年〈立体の体積〉

(1) 直方体

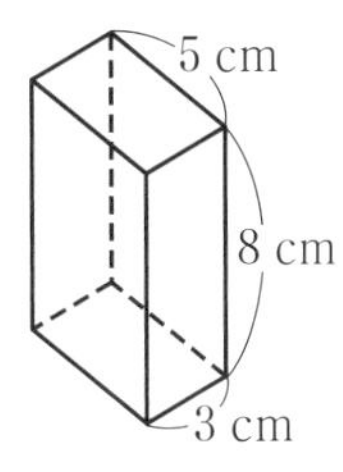

(2) 三角柱

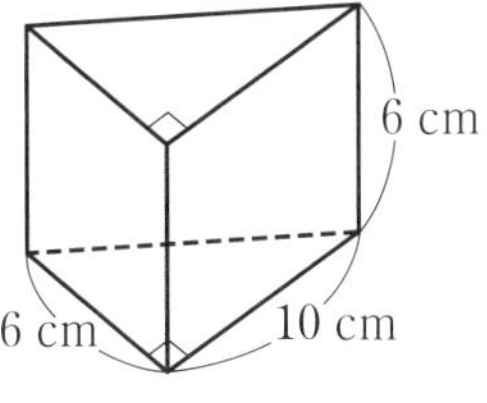

ヒント
底面はどこか考えると……

(3) 円柱

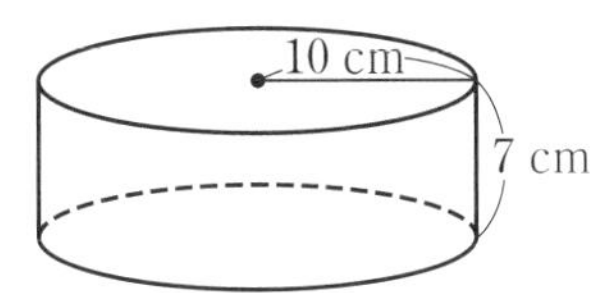

(4) 円柱

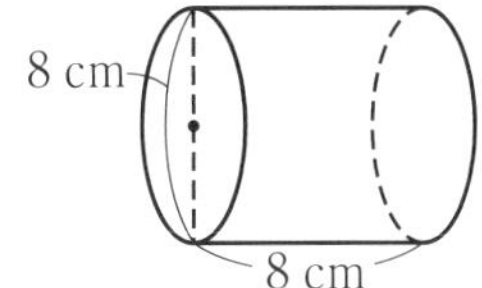

7章

1節　空間図形の基礎
①　いろいろな立体／②　直線と平面―(1)

●いろいろな立体

教科書 p.208～210

例題 1 下の(1)～(3)の立体の名前を答えなさい。 ▶▶1 2

(1)

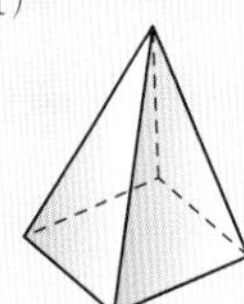

(2)

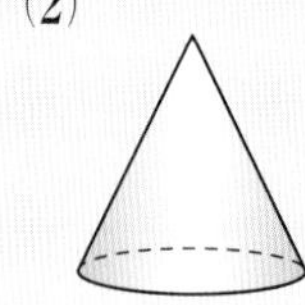

(3)　どの面も合同な正三角形

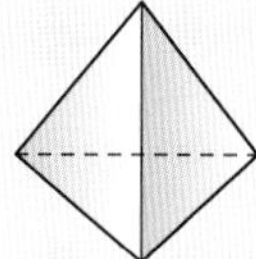

考え方　(1), (2)は底面の形に着目します。
(3)は面の数に着目します。

答え
(1) ①[　　　] ←底面が四角形
(2) ②[　　　] ←底面が円
(3) ③[　　　] ←面の数が 4 つの正多面体

プラスワン　角錐，円錐

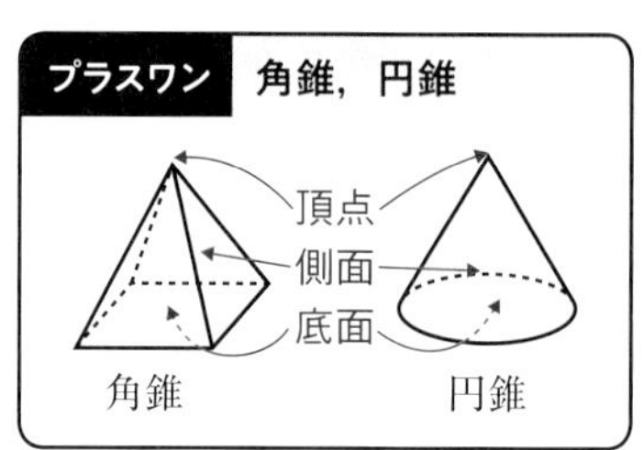

●平面の決定，2 直線の位置関係，直線と平面の位置関係

教科書 p.211～214

例題 2 右の図のような三角柱について，次の(1)～(4)にあてはまる辺を答えなさい。 ▶▶3 4

(1)　辺 AB と平行な辺
(2)　辺 AB とねじれの位置にある辺
(3)　平面 P と平行な辺　　(4)　平面 P 上にある辺

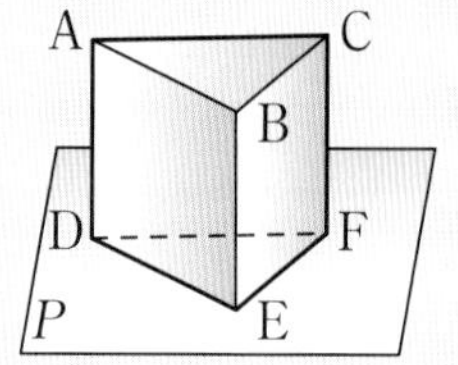

考え方　(2)　辺 AB と平行でなく，交わらない位置にある辺がねじれの位置にある辺です。

答え
(1)　辺 ①[　　　]
(2)　辺 CF，辺 DF，辺 ②[　　　]
(3)　辺 AB，辺 BC，辺 ③[　　　]
(4)　辺 DE，辺 ④[　　　]，辺 DF

プラスワン　2 直線の位置関係

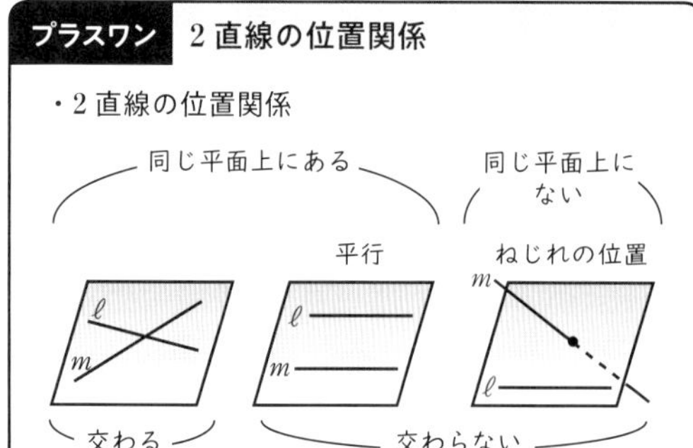

プラスワン　直線と平面の位置関係

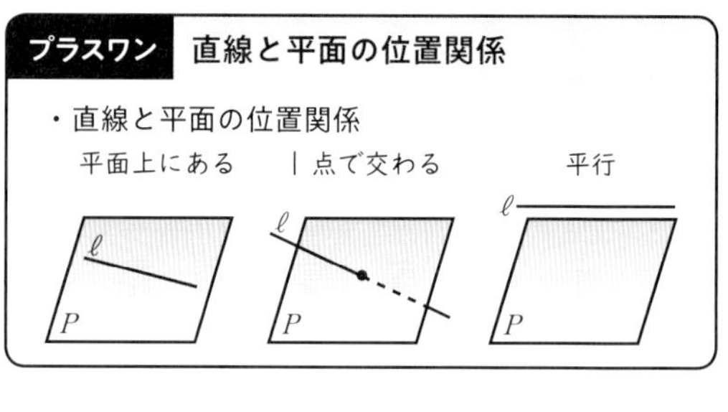

絶対理解 **1** 【いろいろな立体】次の(1)〜(3)の特徴（とくちょう）をもつ立体を，円柱，円錐，球の中から選びなさい。

教科書 p.209 問 2,3

□(1) 底面の形が円で，底面が 1 つの立体

□(2) 底面の形が円で，底面が 2 つある立体

□(3) 平面の部分がない立体

2 【正多面体】正十二面体について，頂点の数，辺の数を答えなさい。

教科書 p.210 問 5

□

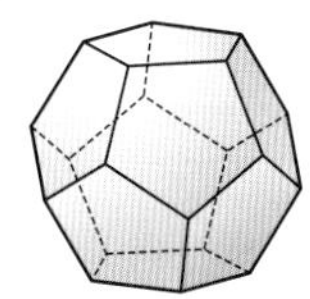

●キーポイント

1つの頂点に面が3つ，1つの辺に面が2つ集まっています。

3 【平面の決定】次の場面で，平面が 1 つに決まらないものはどれですか。

□

教科書 p.211 問 1

㋐ 1 直線とその直線上にない 1 点がある場合

㋑ 平行な 2 直線がある場合

㋒ 交わる 2 直線がある場合

㋓ 1 直線上に 3 点がある場合

●キーポイント

平面の決定の条件

1 1直線上にない3点

2 1直線とその直線上にない1点

3 平行な2直線

4 交わる2直線

よく出る **4** 【直線と平面の位置関係】下の図の三角柱について，次の問いに答えなさい。

教科書 p.214 例 1

□(1) 辺 AC に垂直な辺はどれですか。

□(2) 辺 AC と面 BEFC は垂直であることを説明しなさい。

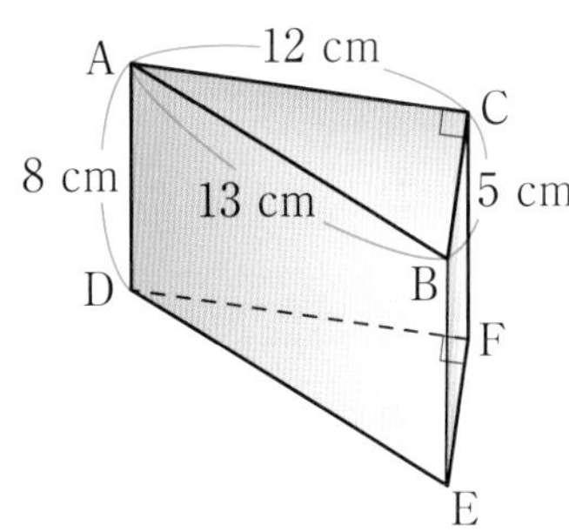

●キーポイント

(2) 面 BEFC 上の2辺と辺 AC が垂直であることを説明します。

例題の答え **1** ①四角錐 ②円錐 ③正四面体 **2** ①DE(ED) ②EF(FE) ③AC(CA) ④EF(FE)

解答▶▶ p.37

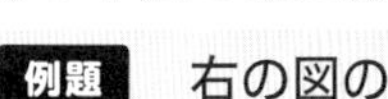

7章 空間図形

1節 空間図形の基礎 ② 直線と平面—(2) / 2節 立体の見方と調べ方 ① 線や面を動かしてできる立体

●2平面の位置関係

教科書 p.215〜217

例題 1 右の図のような三角柱について，次の(1)，(2)にあてはまる面を答えなさい。 ▶▶1

(1) 面ABCと平行な面

(2) 面ADFCと垂直な面

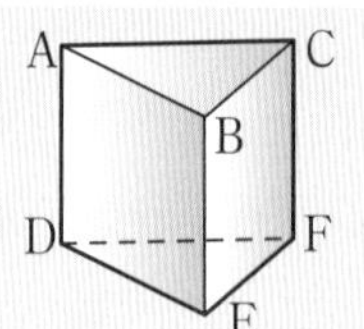

考え方 (1) 面ABCと交わらない面です。

(2) 面ADFCに垂直な直線をふくむ面です。

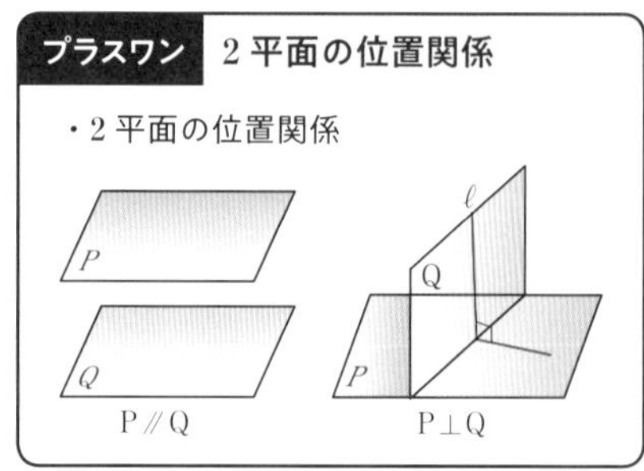

答え (1) 面 ①［　　　］ ←三角柱の2つの底面は平行

(2) AD⊥AB，AD⊥ACより，AD⊥面ABCである。

角柱の側面は，長方形や正方形です。

面ADFCは辺ADをふくんでいるから，面ADFCに垂直な面は，

面 ②［　　　］

同様に考えて，面ADFCと垂直な面は面 ③［　　　］ ←辺DEと辺DFをふくむ面

●線や面を動かしてできる立体

教科書 p.219〜221

例題 2 右の図の直角三角形ABCを(1)，(2)のように動かしてできる立体の名前を答えなさい。 ▶▶2 3

(1) 直角三角形ABCを垂直な方向に動かす

(2) 直線ABを軸（じく）として1回転させる

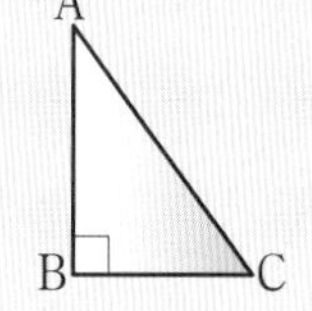

考え方 (1) 角柱や円柱は，底面をそれと垂直な方向に動かしてできた立体とみることができます。

答え (1) ①［　　　］ 底面が直角三角形

(2) ②［　　　］

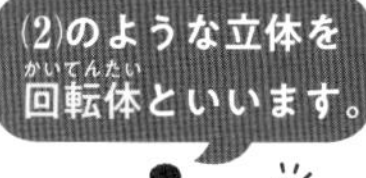

プラスワン 面を動かしてできる立体

・底面をそれと垂直な方向に動かす

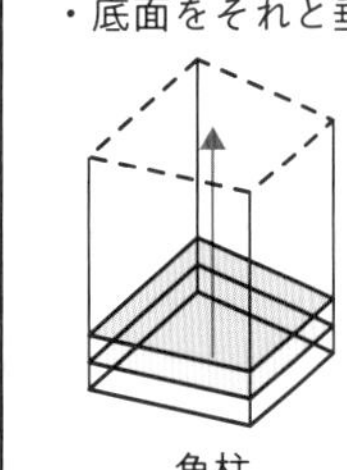

角柱

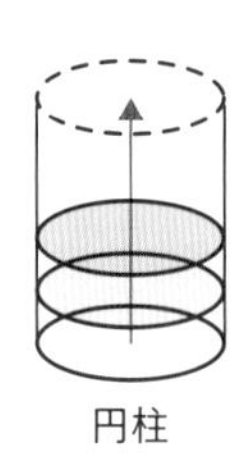

円柱

・面をある直線のまわりに回転させる

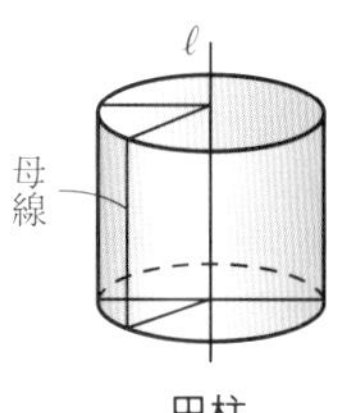

円柱

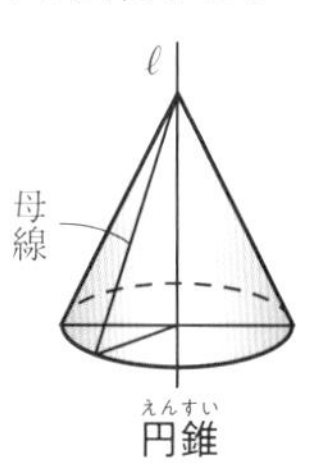

円錐（えんすい）

1 **【2 平面の位置関係】右の図の四角柱について，次の問いに答えなさい。** 教科書 p.216 例 2

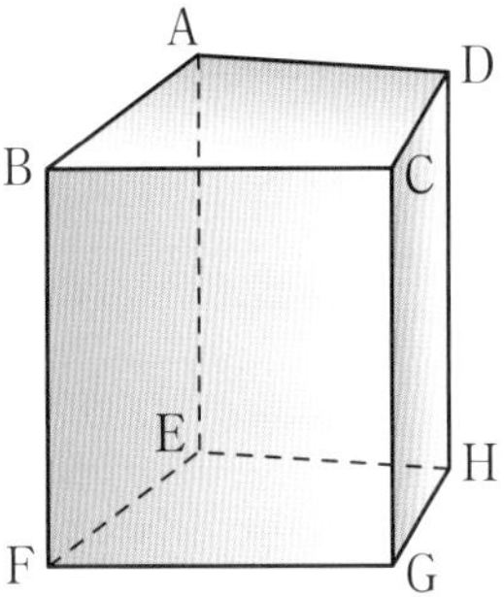

□(1) 面 ABCD に平行な面はどれですか。

□(2) 面 ABCD に垂直な面はどれですか。

2 **【面を動かしてできる立体】**右の図の正方形を，それと垂直な方向

□ に 6 cm 動かしてできる立体の見取図をかきなさい。見取図には長さもかき込みなさい。 教科書 p.219 たしかめ 1

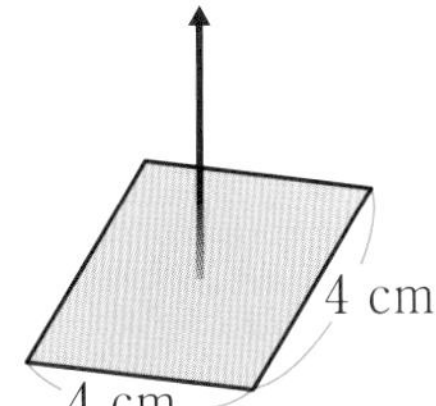

絶対理解 **3** **【回転体】右の図の直角三角形 ABC を，直線 ℓ を軸として 1 回転させてできる回転体について，次の問いに答えなさい。** 教科書 p.220 たしかめ 2, p.221 問 2

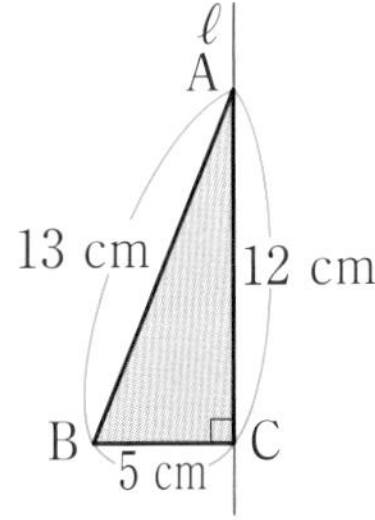

□(1) 回転体の見取図をかきなさい。(長さはかき込まなくてよい。)

□(2) 回転体の母線の長さは何 cm ですか。

□(3) 回転体を，回転の軸 ℓ をふくむ平面で切るとき，その切り口はどんな図形になりますか。

□(4) 回転体を，回転の軸 ℓ に垂直な平面で切るとき，その切り口はどんな図形になりますか。

●キーポイント
(3) 回転の軸をふくむ平面で切るときの切り口は，回転の軸について線対称(せんたいしょう)な図形になります。

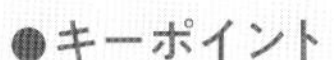

7章 教科書 215〜221ページ

例題の答え **1** ①DEF ②ABC ③DEF **2** ①三角柱 ②円錐

2節　立体の見方と調べ方
②　立体の表し方

●展開図

教科書 p.222〜224

例題 1　下の㋐〜㋓の図は，立体の展開図です。立体の名前を下の㋐〜㋔から選び，記号で答えなさい。 ▸▸1 2

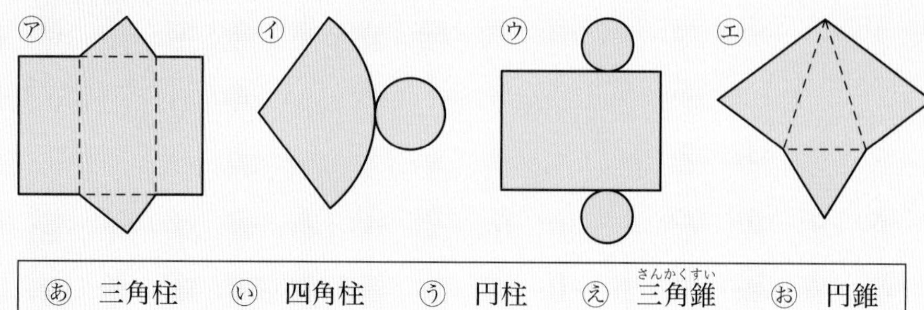

㋐ 三角柱	㋑ 四角柱	㋒ 円柱	㋓ 三角錐(さんかくすい)	㋔ 円錐

考え方　底面や側面の形を考えたり，組み立てたときに重なる点や辺を考えたりします。

答え
㋐　底面が三角形の角柱になるから ①
㋑　底面が円，側面がおうぎ形だから ②
㋒　底面が円，側面が長方形だから ③
㋓　底面が三角形の角錐になるから ④

底面が円のときは，円柱か円錐になります。

●投影図

教科書 p.224〜225

例題 2　右の投影図(とうえいず)から考えられる立体の名前を下の㋐〜㋖から選び，記号で答えなさい。 ▸▸3 4

㋐ 三角柱	㋑ 四角柱	㋒ 円柱
㋓ 三角錐	㋔ 四角錐	㋕ 円錐
㋖ 球		

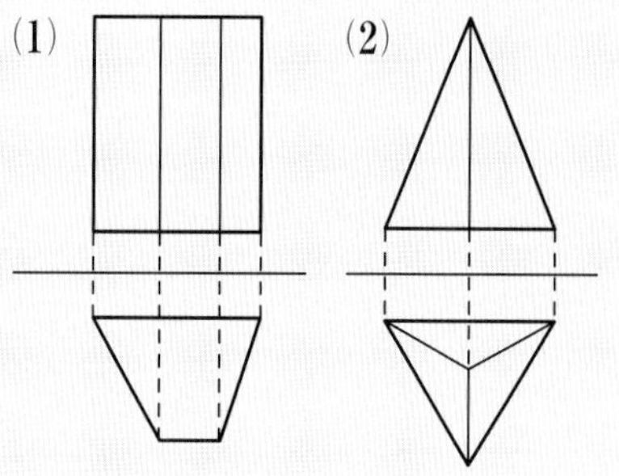

考え方　(1)　平面図(へいめんず)が四角形だから，底面の形は四角形だとわかります。立面図(りつめんず)が長方形だから，角柱だとわかります。
(2)　平面図が三角形だから，底面の形は三角形だとわかります。立面図が三角形だから，角錐だとわかります。

プラスワン　立面図，平面図

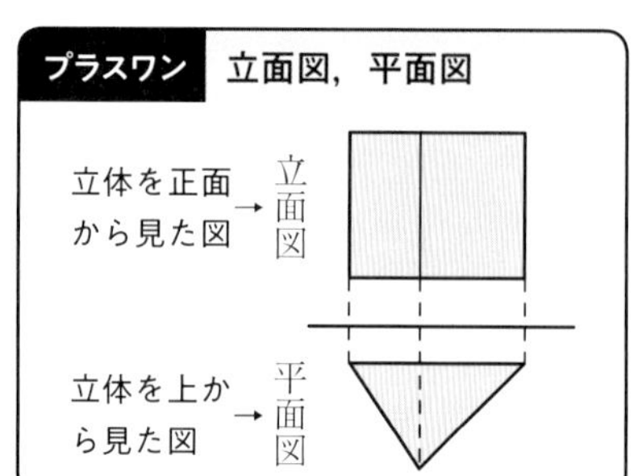

答え　(1) ①　　(2) ②

1 【見取図と展開図】右の図は，正三角錐の見取図と展開図です。このとき，次の問いに答えなさい。

教科書 p.223 問 3

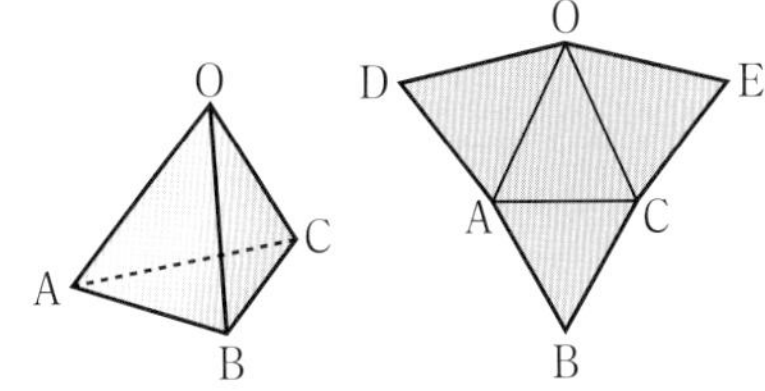

□(1) 展開図は，正三角錐のどの辺にそって切り開いたものですか。

□(2) 展開図を組み立てたとき，点 D と重なる点はどの点ですか。

よく出る **2** 【見取図と展開図】右の図は，円錐の見取図と展開図です。このとき，次の問いに答えなさい。

教科書 p.224 たしかめ 1

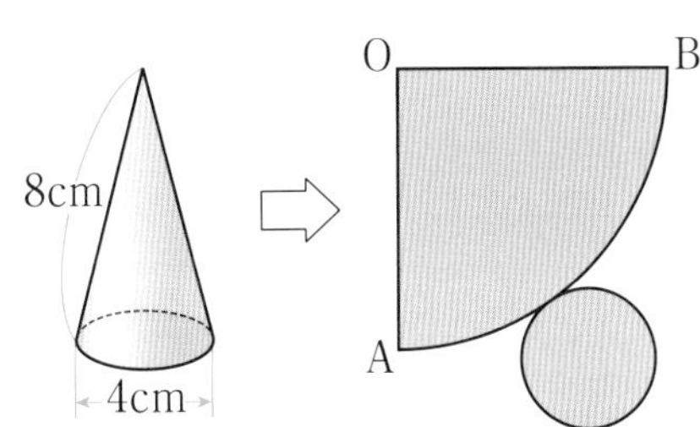

□(1) 展開図のおうぎ形の半径の長さを答えなさい。

□(2) 展開図のおうぎ形の弧（こ）の長さを求めなさい。

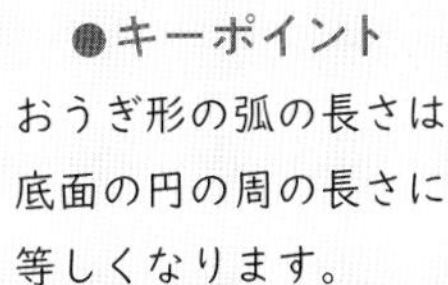

●キーポイント
おうぎ形の弧の長さは底面の円の周の長さに等しくなります。

絶対理解 **3** 【投影図】右の投影図から考えられる立体の名前を答え，その見取図もかきなさい。

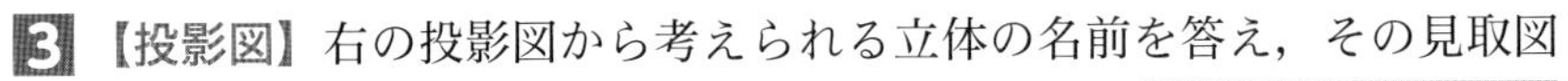

□

教科書 p.225 たしかめ 2

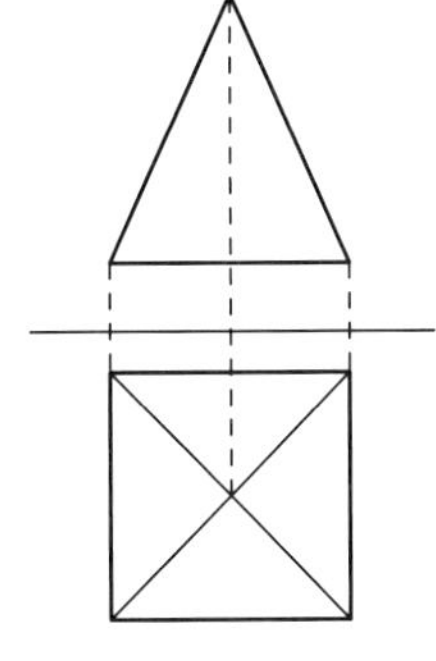

4 【投影図】右の立体の投影図をかきなさい。

教科書 p.225 たしかめ 2

□

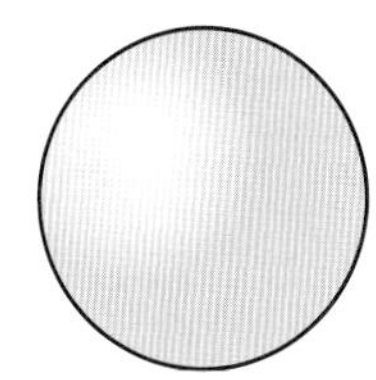

7章
教科書222～225ページ

例題の答え **1** ①あ ②お ③う ④え **2** ①い ②え

解答▶▶ p.37～38

1 次の(1)〜(3)の立体の名前をそれぞれ書きなさい。

□(1) 底面が正方形で，側面がすべて合同な二等辺三角形である角錐

□(2) 底面が円で，頂点が１つあり，曲面で囲まれた立体

□(3) どの面も合同な正五角形でできた正多面体

2 右の図は，底面が AD∥BC の台形である四角柱である。
次の問いに答えなさい。

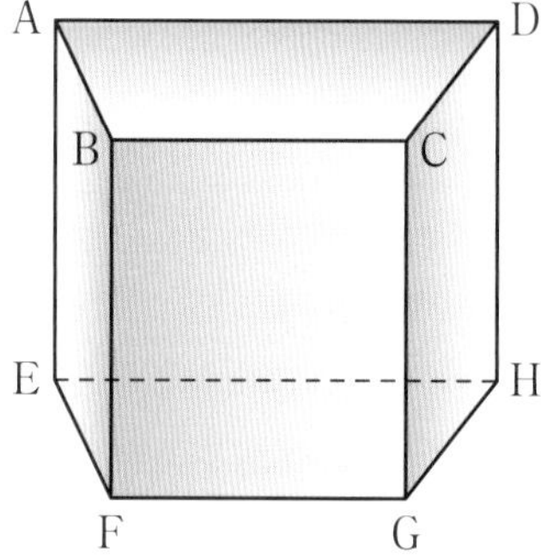

(1) 次の２つの辺の位置関係を，記号を使って表しなさい。

□① 辺 AD と辺 FG

□② 辺 DH と辺 HG

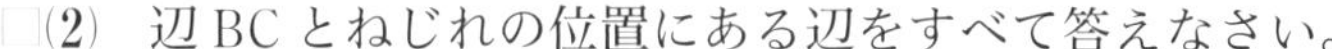

□(2) 辺 BC とねじれの位置にある辺をすべて答えなさい。

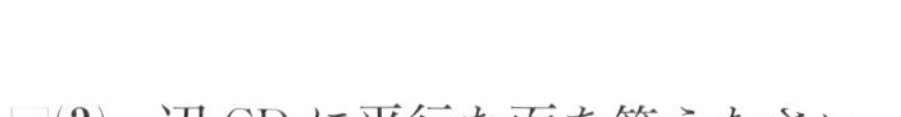

□(3) 辺 CD に平行な面を答えなさい。

□(4) 頂点 D と面 EFGH の距離を表す辺はどれですか。

□(5) 上の四角柱の高さを表す辺をすべて答えなさい。

□(6) 平行な面は何組ありますか。

□(7) 辺 CG と面 ABCD は垂直であることを説明しなさい。

ヒント **2** 底面は台形であることに注意。辺 CD と面 ABFE は平行ではない。

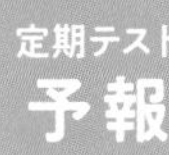

●直線や平面の位置関係を理解しておこう。
直線や平面の位置関係の問題は，直方体の辺や面の関係をもとにすると考えやすくなるよ。ねじれの位置の直線を求めるときは，交わらず，平行でもない直線を見つけよう。

3 次の図形を，直線 ℓ を軸として 1 回転させてできる回転体の見取図をかきなさい。

□(1)

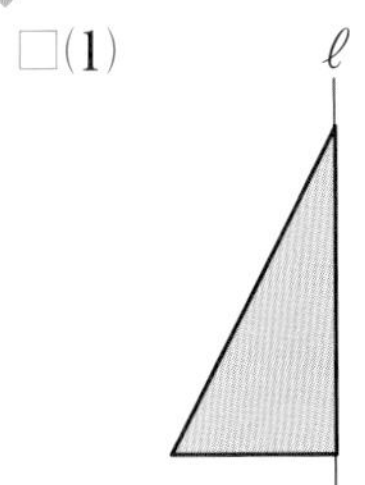

□(2)

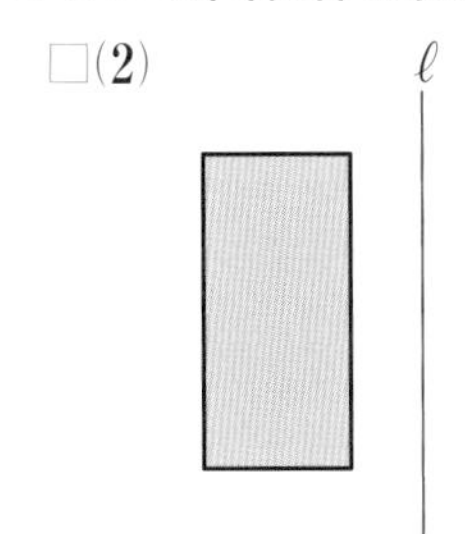

4 右の図は，直方体の見取図と展開図である。次の問いに答えなさい。

□(1) 展開図に頂点の記号をかき入れ，完成させなさい。

□(2) 頂点 A から C まで，辺 EF，HG 上を通るように糸をかけ，辺 EF，HG と交わる点をそれぞれ P，Q とする。糸の長さが最も短くなるとき，糸をかけた線と点 P，Q を展開図にかき入れなさい。

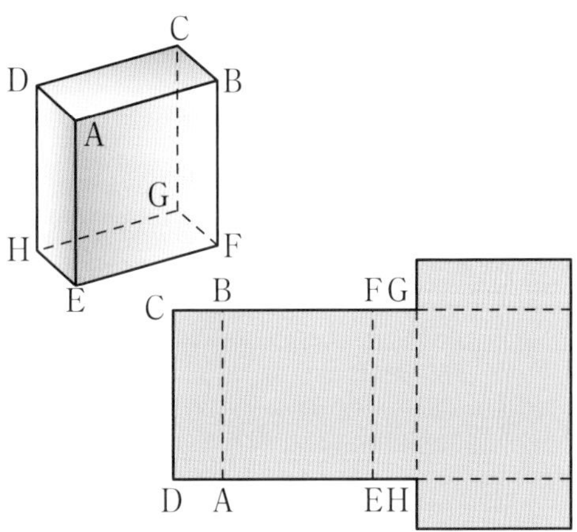

5 (1)の投影図から考えられる立体の見取図をかきなさい。また，(2)の立体の投影図をかきなさい。

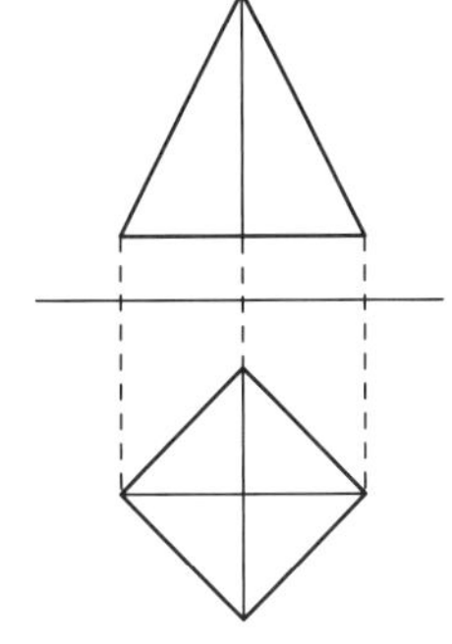

□(2)

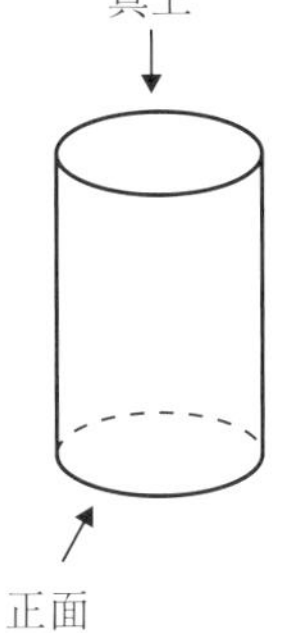

正面

3 (2)回転の軸と図形が離れていると，中があいた回転体になる。

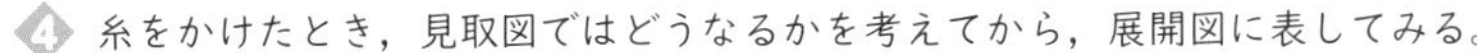

4 糸をかけたとき，見取図ではどうなるかを考えてから，展開図に表してみる。

解答▶▶ p.38〜39

7章　空間図形

3節　立体の体積と表面積
①　立体の体積

●角柱，円柱，角錐，円錐の体積

教科書 p.227～228

例題 1　下の図の立体の体積を求めなさい。　▶▶1 2

(1)
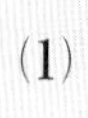

(2)
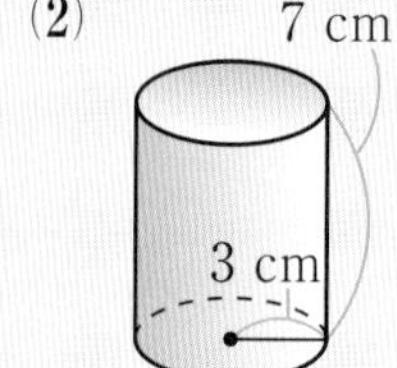

(3)
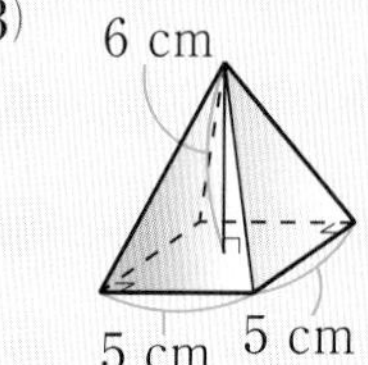

考え方　角柱や円柱の体積を V，底面積を S，高さを h とすると，$V=Sh$

角錐(かくすい)や円錐の体積を V，底面積を S，高さを h とすると，$V=\frac{1}{3}Sh$

答え　(1)　底面が，底辺が 5 cm，高さが 4 cm の三角形で，高さが 6 cm の三角柱だから，

$\frac{1}{2}\times 5\times 4\times$ ① ＝ ②　（$\frac{1}{2}\times 5\times 4$：底面積，①：高さ）

答 ② cm^3

(2)　底面が，半径が 3 cm の円で，高さが 7 cm の円柱だから，

$\pi\times$ ③ $^2\times 7=$ ④　（$\pi\times$ ③ ^{2}：底面積，7：高さ）

円の面積は πr^2

答 ④ cm^3

(3)　底面が 1 辺 5 cm の正方形で，高さが 6 cm の正四角錐だから，

$\frac{1}{3}\times 5^2\times$ ⑤ ＝ ⑥

答 ⑥ cm^3

●球の体積

教科書 p.229～230

例題 2　半径が 3 cm の球の体積を求めなさい。

▶▶3 4

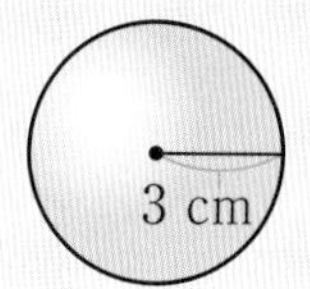

考え方　半径が r の球の体積を V とすると，$V=\frac{4}{3}\pi r^3$

答え

$\frac{4}{3}\times\pi\times$ ① $^3=$ ②

答 ② cm^3

1 【角柱や円柱の体積】次の立体の体積を求めなさい。 教科書 p.227 たしかめ 1

□(1)

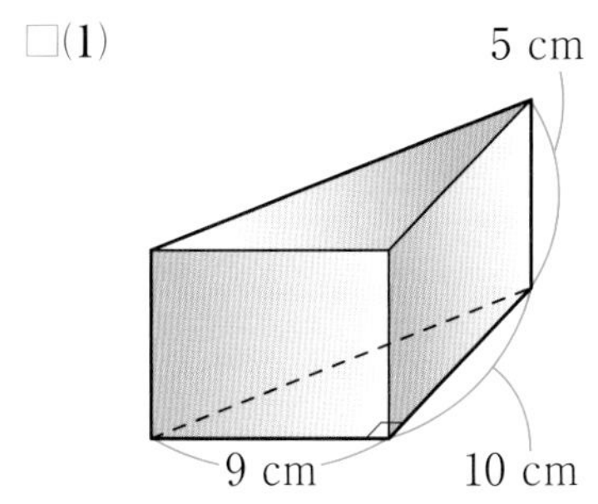

□(2)

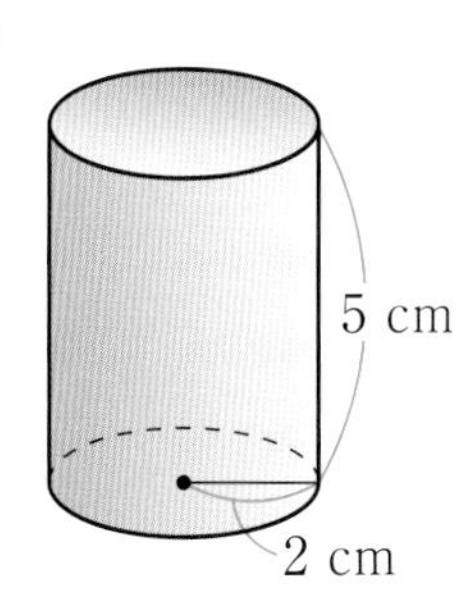

●キーポイント
体積を V，底面積を S，高さを h とすると，
$V=Sh$

絶対理解 **2** 【角錐や円錐の体積】次の立体の体積を求めなさい。 教科書 p.228 たしかめ 2

□(1)

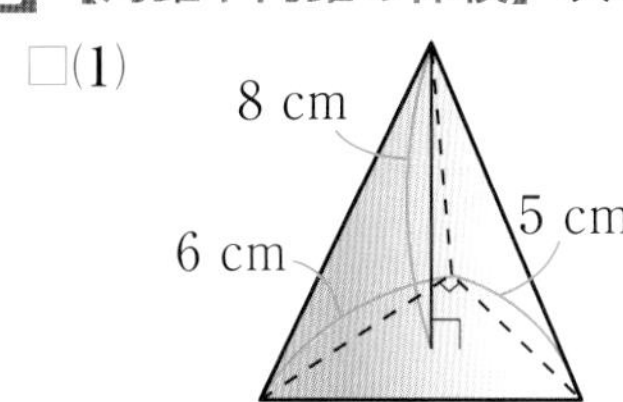

□(2)

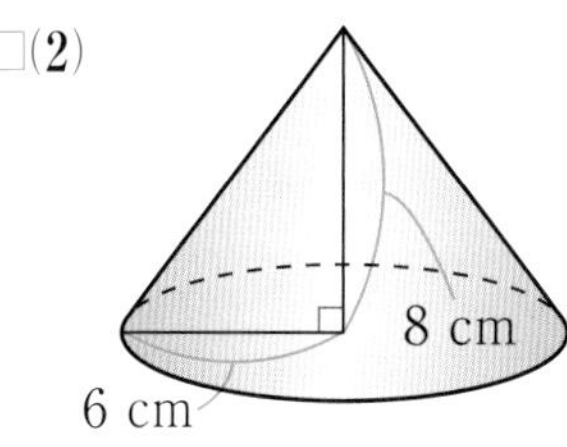

●キーポイント
体積を V，底面積を S，高さを h とすると，
$V=\frac{1}{3}Sh$

よく出る **3** 【球の体積】半径が 6 cm の球の体積を求めなさい。 教科書 p.230 たしかめ 3

□

●キーポイント
半径が r の球の体積を V とすると，
$V=\frac{4}{3}\pi r^3$

4 【球の体積】右の図形を，直線 ℓ を軸（じく）として 1 回転させたときにできる立体の体積を求めなさい。 教科書 p.230 問 4

□

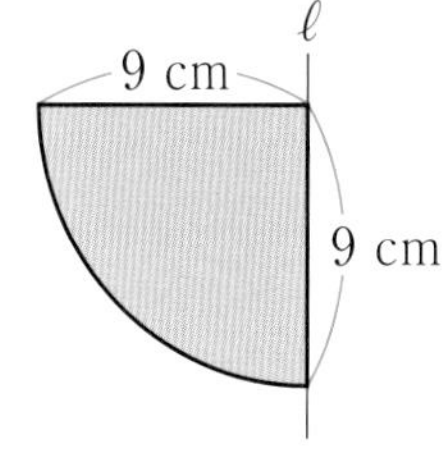

●キーポイント
1 回転させると，半球ができます。

例題の答え **1** ① 6 ② 60 ③ 3 ④ 63π ⑤ 6 ⑥ 50 **2** ① 3 ② 36π

7章 教科書 227～230ページ

3節 立体の体積と表面積
② 立体の表面積

●角柱や円柱の表面積

教科書 p.231

□ 例題 1 底面の円の半径が 4 cm，高さが 8 cm の円柱の表面積を求めなさい。 ▶▶1

考え方 展開図をかいて考えます。

答え 底面積は，

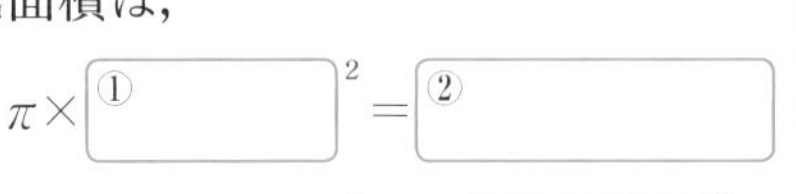

$\pi\times$ ① $^2=$ ②

側面積は，$8\times(2\pi\times$ ① $)=$ ③

したがって，表面積は，

② $\times2+64\pi=$ ④

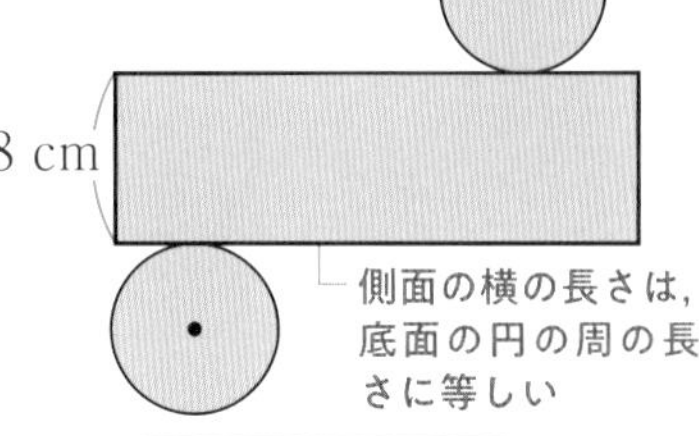

答 ④ cm^2

●角錐や円錐の表面積

教科書 p.232〜233

□ 例題 2 底面の円の半径が 2 cm，母線の長さが 6 cm の円錐の表面積を求めなさい。 ▶▶2

考え方 母線にそって切り開いた展開図をかいて考えます。

答え 底面積は，$\pi\times$ ① $^2=$ ②

また，右の展開図で，$\overset{\frown}{BC}$ の長さは底面の円の周の長さに等しいから，

$\overset{\frown}{BC}=2\pi\times$ ① $=$ ③

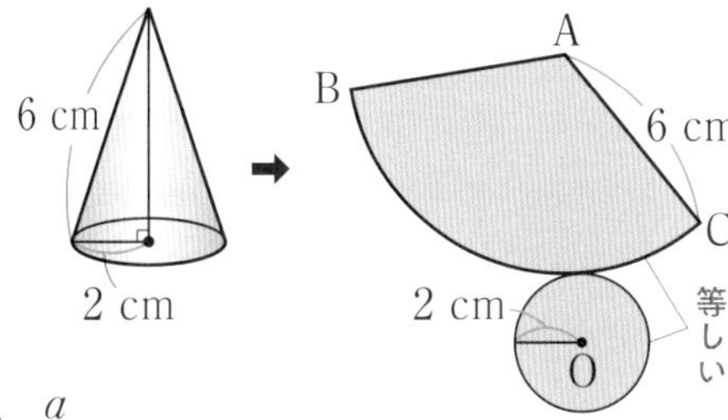

おうぎ形の中心角を a° とすると，$4\pi=2\pi\times6\times\dfrac{a}{360}$

これを解くと，$a=$ ④

よって，おうぎ形の面積は，$\pi\times6^2\times\dfrac{120}{360}=$ ⑤

表面積は，$4\pi+12\pi=$ ⑥

答 ⑥ cm^2

●球の表面積

教科書 p.233

□ 例題 3 半径が 5 cm の球の表面積を求めなさい。 ▶▶3 4

考え方 半径が r の球の表面積を S とすると，$S=4\pi r^2$

答え $4\pi\times$ ① $^2=$ ②

答 ② cm^2

1 【角柱や円柱の表面積】次の立体の表面積を求めなさい。

教科書 p.231 たしかめ 1, 例 1

□(1)

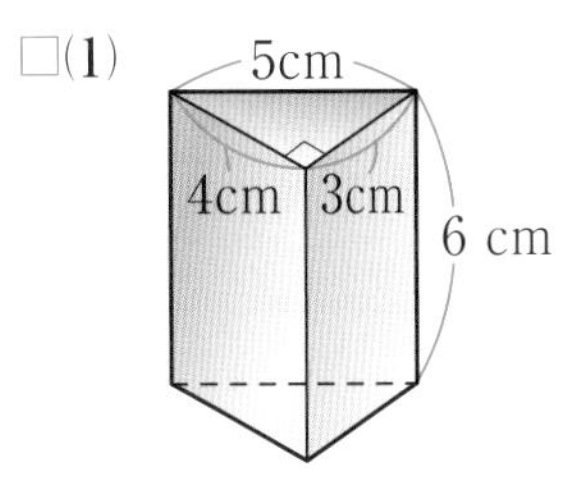

□(2)

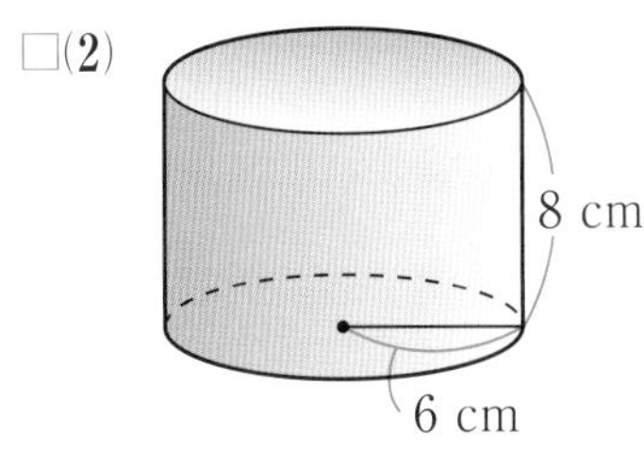

●キーポイント
展開図をかいて考えるとわかりやすいです。

よく出る **2** 【角錐や円錐の表面積】次の立体の表面積を求めなさい。

教科書 p.232 例題 1

□(1)

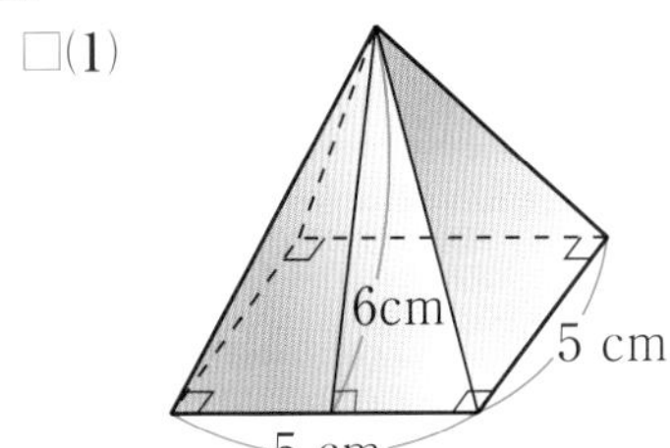

□(2)

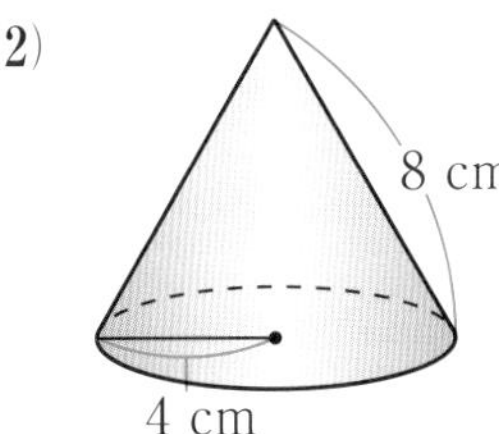

●キーポイント
(1) 側面は，底辺が5cm，高さが6cmの二等辺三角形が4個あります。

3 【球の表面積】半径が 10 cm の球の表面積を求めなさい。

教科書 p.233 たしかめ 4

□

●キーポイント
半径が r の球の表面積を S とすると，
$S=4\pi r^2$

4 【球の表面積】下の図形を，直線 ℓ を軸(じく)として 1 回転させてできる立体の表面積を求めな
□ さい。

教科書 p.233 たしかめ 4

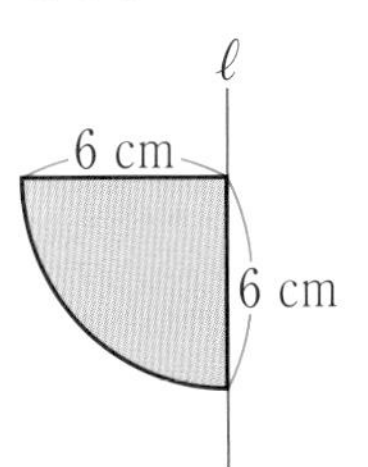

⚠ミスに注意
半球の断面部分の面積を忘れないように！

例題の答え **1** ① 4 ② 16π ③ 64π ④ 96π **2** ① 2 ② 4π ③ 4π ④ 120 ⑤ 12π ⑥ 16π **3** ① 5 ② 100π

3節 立体の体積と表面積 ①, ②

よく出る **1** 次の立体の体積を求めなさい。

□(1)

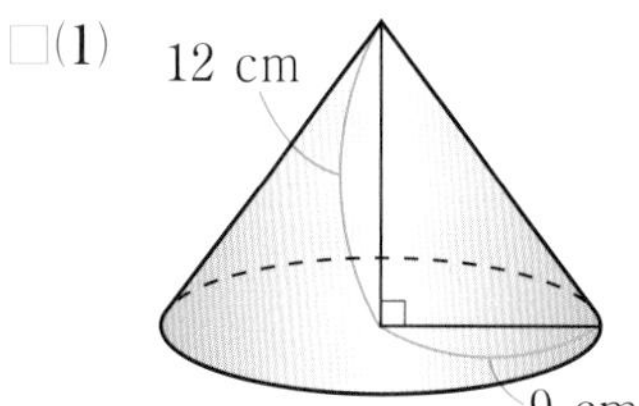

□(2) 球

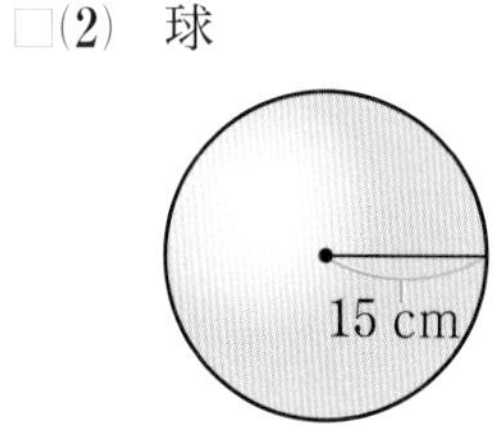

2 右の図の三角柱は，底面が直角三角形である。次の問いに答えなさい。

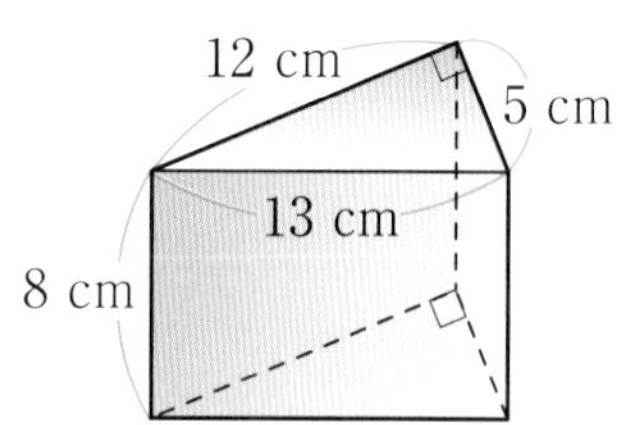

□(1) 体積を求めなさい。

□(2) 表面積を求めなさい。

3 右の図は，正四角錐(しかくすい)の展開図である。次の問いに答えなさい。

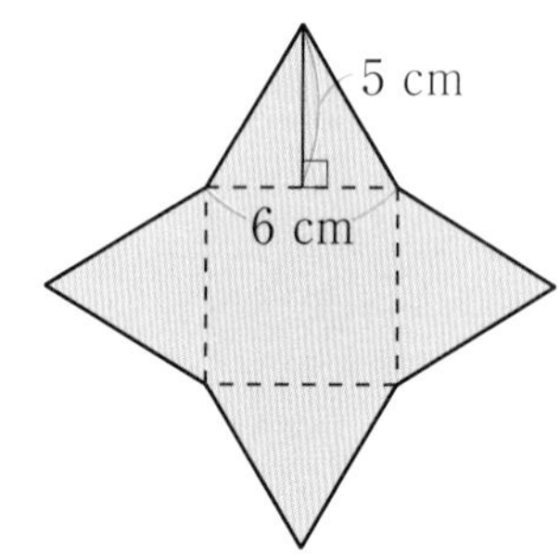

□(1) 側面積を求めなさい。

□(2) 表面積を求めなさい。

4 右の図の長方形 ABCD について，次の問いに答えなさい。

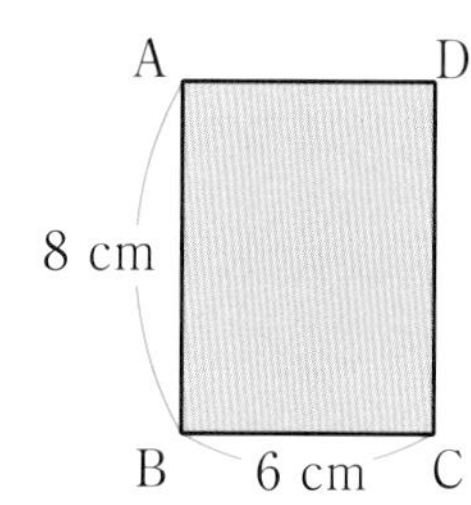

□(1) 直線 AB を軸として 1 回転させてできる立体の体積を求めなさい。

□(2) 直線 BC を軸として 1 回転させてできる立体の表面積を求めなさい。

ヒント **3** (1)三角形の部分の面積を求める。
4 それぞれの見取図をかいて考える。

定期テスト予報

●立体の体積や表面積の求め方を理解しておこう。
立体の体積を求める公式や表面積を求める手順をしっかり覚えておこう。回転体の体積や表面積を求める問題として出ることもあるから，解き方をマスターしておこうね。

5 右の図は，円錐(えんすい)の展開図である。次の問いに答えなさい。

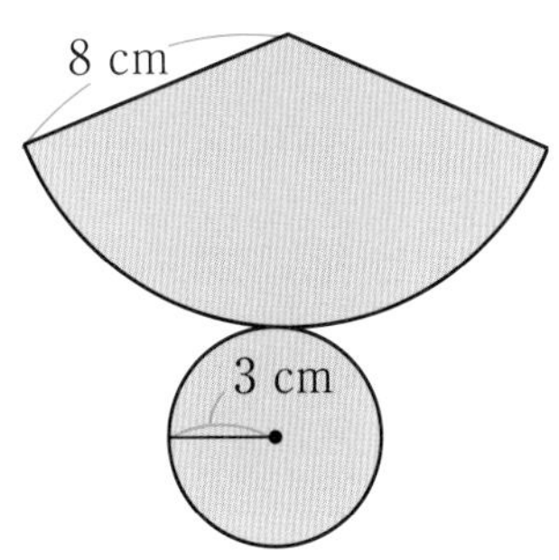

□(1) 側面のおうぎ形の中心角の大きさを求めなさい。

□(2) 表面積を求めなさい。

6 下の図形を，直線 ℓ を軸として 1 回転させてできる立体の表面積を求めなさい。

□(1)

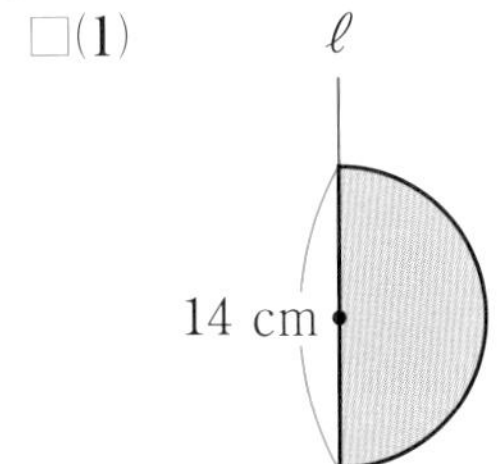

□(2)

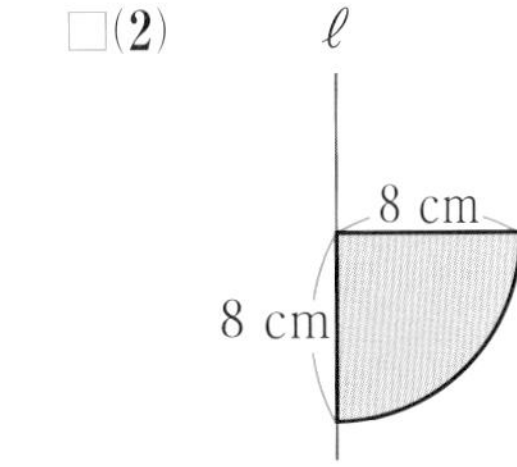

7 右の図のような円柱の容器㋐と円錐の容器㋑がある。
□ 容器㋐は容器㋑よりも何 cm^3 多く水を入れることができますか。

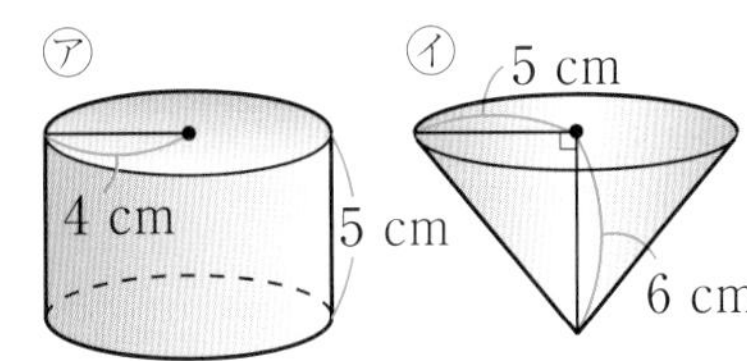

7章
教科書227～233ページ

ヒント
5 (おうぎ形の弧の長さ)＝(底面の円の周の長さ)に注目する。
6 (1)直径が 14 cm の球になる。

ぴたトレ3 確認テスト

7章　空間図形

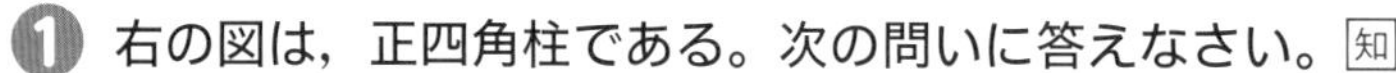

❶ 右の図は，正四角柱である。次の問いに答えなさい。知

(1) 辺AEに平行な辺をすべて答えなさい。

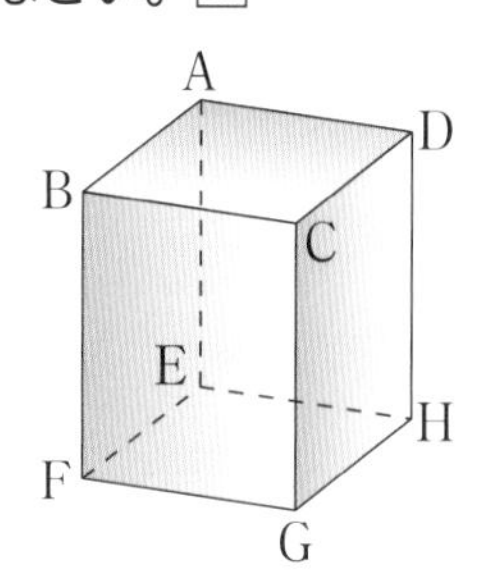

(2) 辺AEとねじれの位置にある辺は，いくつありますか。

(3) 辺AEに平行な面をすべて答えなさい。

(4) 辺AEに垂直な面をすべて答えなさい。

(5) 面AEFBに平行な面をすべて答えなさい。

(6) 面AEFBと面BCGFは垂直であることを説明しなさい。

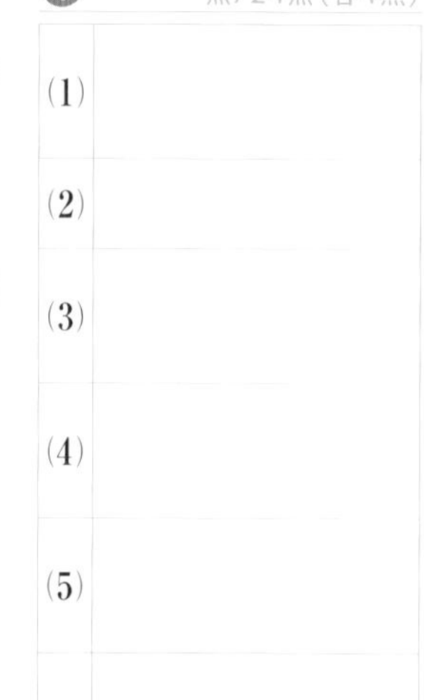

❶ 点/24点（各4点）

(1)
(2)
(3)
(4)
(5)
(6)

❷ 空間における2直線ℓ，mと3平面P，Q，Rについて，次の㋐～㋓のうち，いつでも正しいものを選びなさい。知

㋐ P⊥Q，Q⊥RならばP∥R

㋑ P∥Q，Q⊥RならばP⊥R

㋒ P∥ℓ，ℓ⊥QならばP⊥Q

㋓ P∥ℓ，P∥mならばℓ∥m

❷ 点/6点

❸ 右の図はある立体の投影図である。この立体について，次の問いに答えなさい。知

(1) この立体の見取図をかきなさい。

(2) この立体に面はいくつありますか。

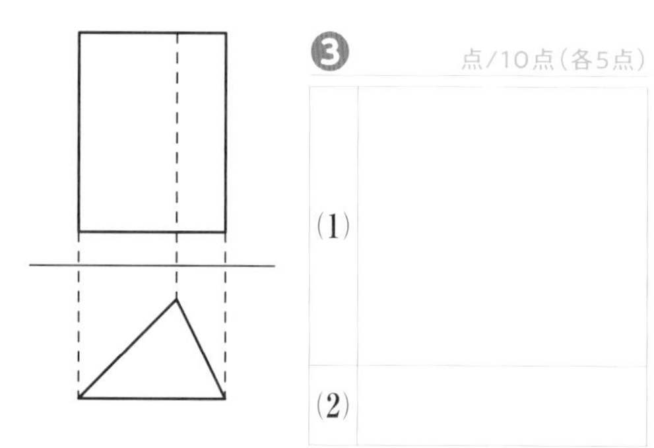

❸ 点/10点（各5点）

(1)
(2)

 成績評価の観点　知…数量や図形などについての知識・技能　考…数学的な思考・判断・表現

❹ 次の立体の体積と表面積を求めなさい。知

(1)

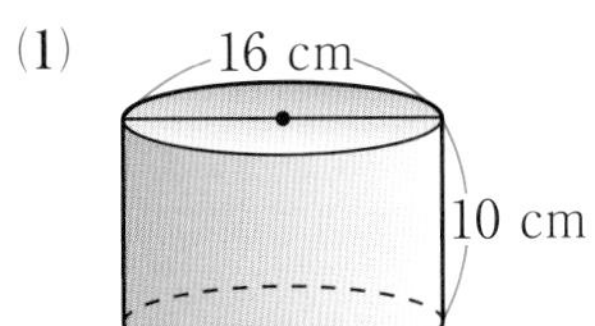

(2)

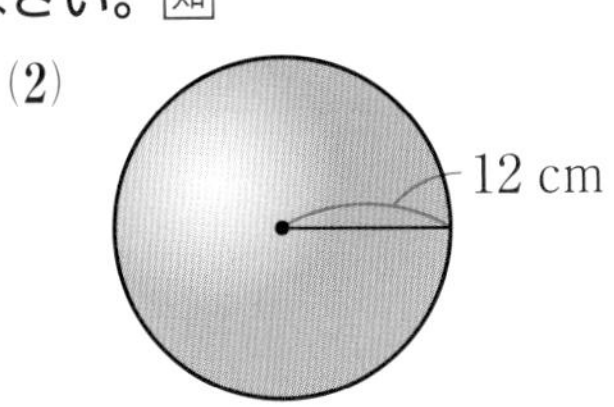

❹ 点/24点（各6点）

(1)	体積
	表面積
(2)	体積
	表面積

❺ 右の図の円錐（えんすい）について，次の問いに答えなさい。知

(1) 体積を求めなさい。

(2) 表面積を求めなさい。

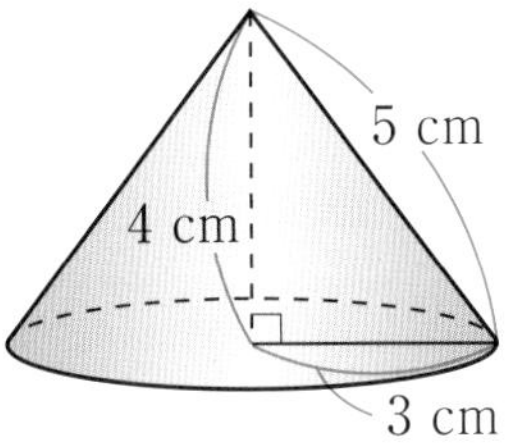

5 cm
4 cm
3 cm

❺ 点/12点（各6点）

(1)	
(2)	

❻ 右の図形を，直線 ℓ を軸として 1 回転させてできる立体について，次の問いに答えなさい。知

(1) 見取図をかきなさい。

(2) 体積を求めなさい。

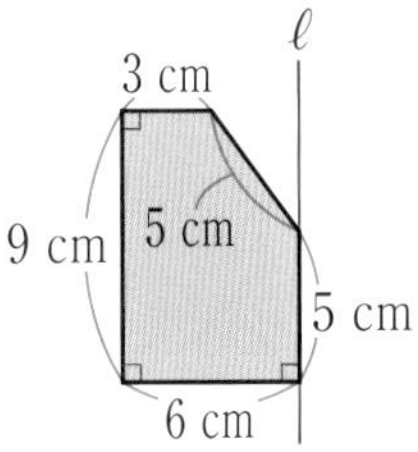

ℓ
3 cm
9 cm
5 cm
5 cm
6 cm

❻ 点/12点（各6点）

(1)	
(2)	

❼ 右の図のように，底面の円の半径が 3 cm の円錐を，頂点 O を中心として転がしたところ，太線で示した円の上を 1 周してもとの場所にもどるまでに，ちょうど 4 回転した。このとき，次の問いに答えなさい。考

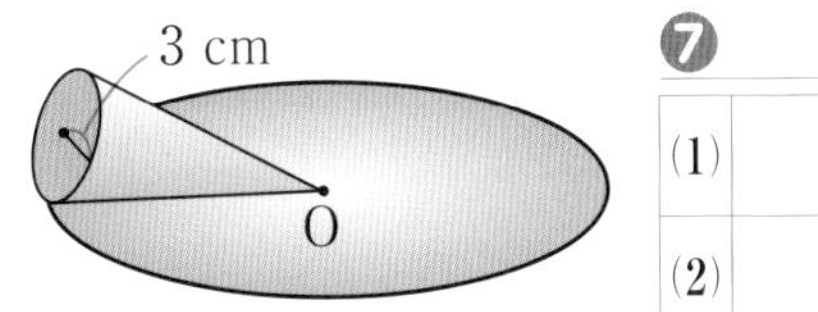

(1) 転がした円錐の母線の長さを求めなさい。

(2) 転がした円錐の表面積を求めなさい。

❼ 点/12点（各6点）

(1)	
(2)	

7章

教科書205～237ページ

知 /88点	考 /12点

解答▶▶ p.41～43

教科書のまとめ〈7章　空間図形〉

●平面が1つに決まる条件

・1直線上にない3点

・1直線とその直線上にない1点

・平行な2直線

・交わる2直線

●2直線の位置関係

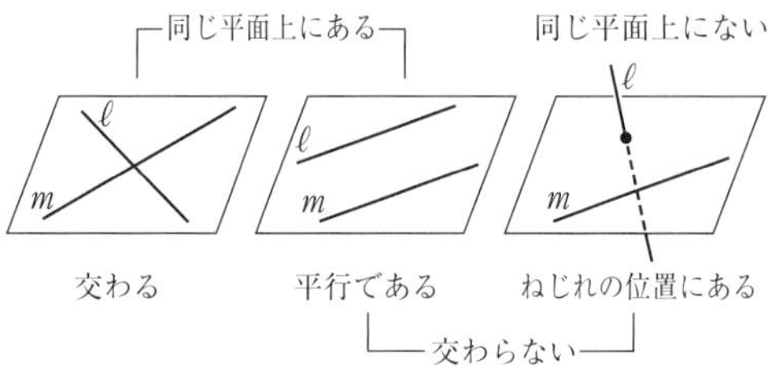

●直線と平面の位置関係

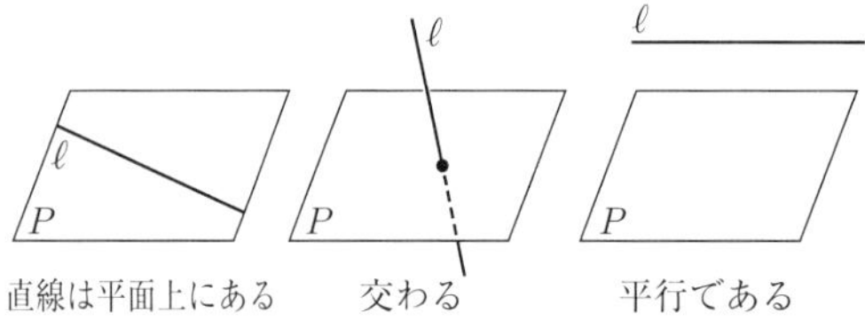

●2平面の位置関係

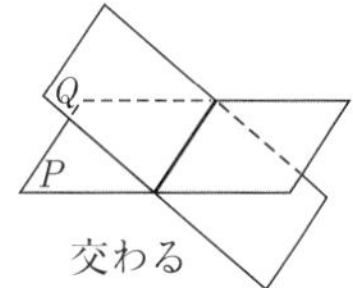

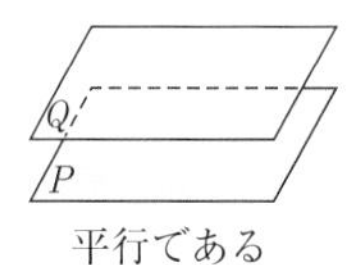

●回転体

・平面図形をある直線 ℓ のまわりに1回転させてできる立体を**回転体**といい，直線 ℓ を**回転の軸**という。

・円柱や円錐の側面をつくり出す線分を，円柱や円錐の**母線**という。

●展開図

円錐の展開図は，側面はおうぎ形でその半径は円錐の母線の長さに等しい。また，そのおうぎ形の弧の長さは，底面の円の周の長さに等しい。

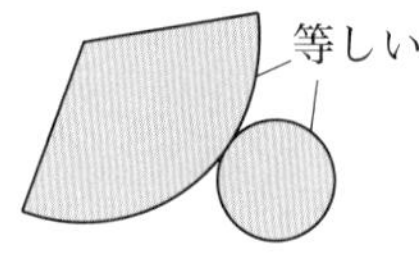

●投影図

正面から見た図を**立面図**，真上から見た図を**平面図**，これらをあわせて**投影図**という。

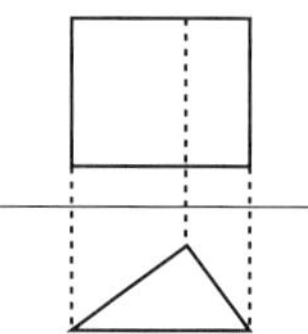

●角柱と円柱の体積

角柱や円柱の体積を V，底面積を S，高さを h とすると，

$V=Sh$

●角錐と円錐の体積

角錐や円錐の体積を V，底面積を S，高さを h とすると，

$V=\frac{1}{3}Sh$

●球の体積

半径が r の球の体積を V とすると，

$V=\frac{4}{3}\pi r^3$

●球の表面積

半径が r の球の表面積を S とすると，

$S=4\pi r^2$

ぴたトレ 0 スタートアップ

8章　データの分析

□**平均値，中央値，最頻値**（さいひんち）　◀ 小学6年

平均値＝資料の値の合計÷資料の個数

中央値……資料を大きさの順に並べたとき，ちょうど真ん中の値
　　　　　資料の数が偶数（ぐうすう）のときは，真ん中の2つの値の平均を中央値とします。

最頻値……資料の値の中で，いちばん多い値

1 あるクラスのソフトボール投げの記録を，下のようなドットプロットに表しました。　◀ 小学6年〈資料の整理〉

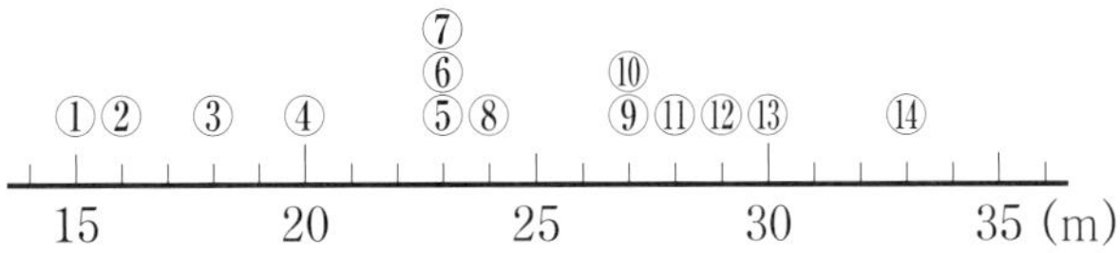

(1) 平均値を求めなさい。

(2) 中央値を求めなさい。

ヒント
資料の数が偶数だから……

(3) 最頻値を求めなさい。

(4) ちらばりのようすを，表に表しなさい。

距離(m)	人数(人)
以上 15 ～ 20 未満	
20 ～ 25	
25 ～ 30	
30 ～ 35	
合計	

(5) ちらばりのようすを，ヒストグラムに表しなさい。

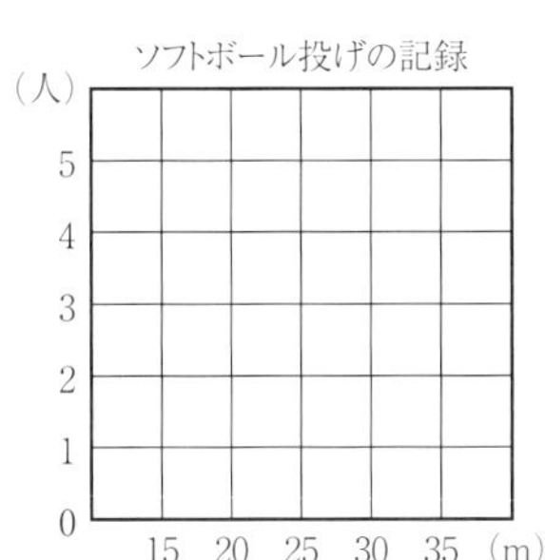

ヒント
横軸（じく）は区間を表すから……

8章

ぴたトレ 1 要点チェック

8章　データの分析

1節　度数の分布
①　度数の分布／②　散らばりと代表値

●度数の分布

教科書 p.242～245

例題 1 右の度数分布表について，次の問いに答えなさい。 ▶▶1

(1) 階級の幅(はば)を答えなさい。

(2) 握力が 33 kg の人は，どの階級に入っていますか。

(3) 度数が最も多い階級と，その度数を答えなさい。

1 年男子の握力(あくりょく)

階級(kg)	度数(人)
以上　未満	
18 ～ 22	4
22 ～ 26	6
26 ～ 30	5
30 ～ 34	3
34 ～ 38	2
計	20

考え方　(1) 階級の区間の幅を階級の幅といいます。

答え　(1) ①＿＿ kg　　(2) 30 kg 以上 ②＿＿ kg 未満

(3) 度数が最も多い階級は，22 kg 以上 ③＿＿ kg 未満で，

度数は ④＿＿ 人

●散らばりと代表値

教科書 p.246～249

例題 2 下の表は，1 年生 15 人がゲームをしたときの得点をまとめたものです。

1 年生のゲームの得点

得点(点)	2	3	4	5	6	7	8	9	10	計
人数(人)	2	1	1	3	4	1	1	1	1	15

このとき，次の問いに答えなさい。 ▶▶2

(1) 得点の範囲(はんい)を求めなさい。　　(2) 中央値を求めなさい。

考え方　(1) 範囲は，データのとる値(あたい)のうち，最大値から最小値をひいたものです。

答え　(1) 10 − ①＿＿ ＝ ②＿＿ (点)

（10：最大値，①：最小値）

(2) データの値を小さい順に並べたときの中央の値だから，③＿＿ (点)

例題 3 例題 1 の表で，「26 kg 以上 30 kg 未満」の階級の階級値(かいきゅうち)を求めなさい。 ▶▶2

考え方　階級値は，階級の真ん中の値のことです。

答え　$\dfrac{26+30}{2}=$ ＿＿ (kg)

絶対理解 **1** **【度数分布表とヒストグラム】** 右の表は，1年生のハンドボール投げの記録です。このとき，次の問いに答えなさい。

教科書 p.242 問 1, p.244 問 4, p.245 たしかめ 2

1年生のハンドボール投げ

階級(m)	度数(人)
以上　未満	
4 ～ 8	2
8 ～ 12	8
12 ～ 16	25
16 ～ 20	28
20 ～ 24	12
24 ～ 28	5
計	80

□(1) 20 m 以上投げた人は何人いますか。

□(2) 度数分布表をもとに，下の図にヒストグラムをかきなさい。

□(3) 下の図に，度数折れ線をかきなさい。

●キーポイント
(3) ヒストグラムの長方形の上の辺の中点をとって，順に結びます。

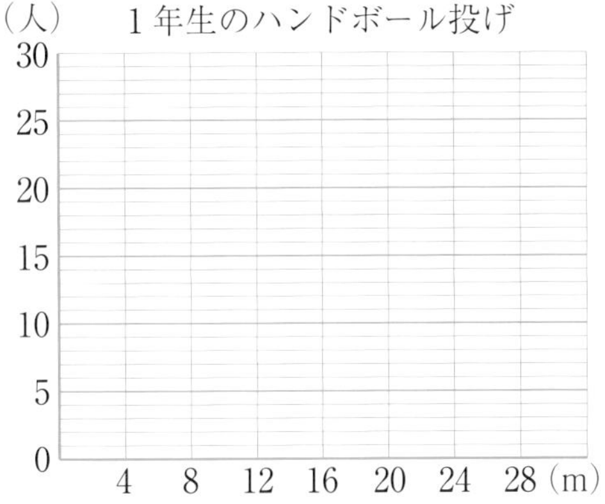

2 **【散らばりと代表値】** 右の表は，ある中学校のサッカー部員の身長の記録をまとめたものです。このとき，次の問いに答えなさい。

教科書 p.248 たしかめ 4

サッカー部員の身長

階級(cm)	階級値(cm)	度数(人)
以上　未満		
145 ～ 155	150	4
155 ～ 165	㋐	9
165 ～ 175	170	㋒
175 ～ 185	㋑	1
計		20

□(1) 表の㋐～㋒にあてはまる数を求めなさい。

□(2) 最頻値(さいひんち)を求めなさい。

●キーポイント
(2) 度数分布表では，度数が最も大きい階級の階級値を最頻値とします。

例題の答え **1** ① 4　② 34　③ 26　④ 6　**2** ① 2　② 8　③ 6　**3** 28

8章 教科書 242～249ページ

ぴたトレ 1 要点チェック

8章　データの分析

1節　度数の分布 ③　相対度数／④　累積度数

相対度数

教科書 p.250〜251

例題 1 右の表は，ある中学校の1年1組の男子20人の握力の記録を整理してまとめた度数分布表です。このとき，次の問いに答えなさい。 ▶▶1

(1) 表の㋐，㋑にあてはまる数を求めなさい。

(2) 握力が22 kg以上30 kg未満の生徒の割合を求めなさい。

1年1組の男子の握力

階級(kg)	度数(人)	相対度数
以上　未満		
18 〜 22	4	0.20
22 〜 26	6	0.30
26 〜 30	5	0.25
30 〜 34	3	㋐
34 〜 38	2	㋑
計	20	1.00

考え方　ある階級の度数の，全体に対する割合を，その階級の相対度数といいます。

(1) (相対度数)$=\dfrac{(\text{階級の度数})}{(\text{度数の合計})}$ で求めます。

(2) 22 kg以上26 kg未満の階級と26 kg以上30 kg未満の階級の相対度数の合計です。

答え (1) 度数の合計は20人です。

㋐ $\dfrac{3}{20}=$ ①　　　㋑ $\dfrac{2}{20}=$ ②

(2) $0.30+0.25=$ ③

累積度数

教科書 p.252〜253

例題 2 の表で，次の問いに答えなさい。 ▶▶1

(1) 18 kg以上22 kg未満の階級から26 kg以上30 kg未満の階級までの累積度数を求めなさい。

(2) 18 kg以上22 kg未満の階級から26 kg以上30 kg未満の階級までの累積相対度数を求めなさい。

考え方 (1) 26 kg以上30 kg未満の階級までの度数の合計を求めます。

(2) 26 kg以上30 kg未満の階級までの相対度数の合計を求めます。

答え (1) $4+6+5=$ ①　(人)

(2) $0.20+0.30+0.25=$ ②

累積相対度数は，$\dfrac{(\text{累積度数})}{(\text{度数の合計})}$ で求めることもできます。

プラスワン　累積度数，累積相対度数

累積度数…最も小さい階級から各階級までの度数の合計

累積相対度数…最も小さい階級から各階級までの相対度数の合計

絶対理解 **1** 【相対度数，累積度数】下の表は，生徒 40 人の身長を調べてまとめたものです。このとき，次の問いに答えなさい。

教科書 p.250 たしかめ 1，p.253 たしかめ 1

身長調べ

階級(cm)	度数(人)	累積度数(人)	相対度数	累積相対度数
以上　未満 130 ～ 140	6	6	0.150	0.150
140 ～ 150	10	16	㋑	0.400
150 ～ 160	12	28	0.300	㋓
160 ～ 170	9	㋐	0.225	0.925
170 ～ 180	3	40	0.075	㋔
計	40		㋒	

□(1)　㋐～㋔にあてはまる数を求めなさい。

●キーポイント
(4)　累積相対度数が，0.500 のときの値が中央値になります。

□(2)　140 cm 以上 160 cm 未満の生徒の割合を求めなさい。

□(3)　身長が 150 cm 以上の生徒の割合を求めなさい。

□(4)　中央値がふくまれる階級を答えなさい。

□(5)　全体の 70 % の生徒の身長は，何 cm 未満ですか。

例題の答え **1** ①0.15　②0.10　③0.55　**2** ①15　②0.75

8章 データの分析

1節 度数の分布 ⑤ ことがらの起こりやすさ／2節 データの活用 ① データの活用

ことがらの起こりやすさ

教科書 p.254～256

例題 1

箱の中に，重さも大きさも同じ赤玉と白玉が何個かずつ入っています。この箱の中から1個の玉を取り出し，その色を確かめて，また箱の中に戻(もど)す実験を行いました。下の表は，玉を取り出す回数と，白玉が出た回数を記録し，まとめたものです。次の問いに答えなさい。

▶▶1 2

実験回数	500	1000	1500	2000
白玉の出た回数	237	434	657	884
白玉が出る相対度数	0.474	㋐	0.438	㋑

(1) 表の㋐，㋑にあてはまる数を求めなさい。

(2) 白玉が出る確率(かくりつ)は，およそどのくらいと考えられますか。
小数第3位を四捨五入して求めなさい。

(3) この箱から3000回玉を取り出すと，白玉が出る回数は，およそ何回になると考えられますか。

考え方 (1) 相対度数＝$\dfrac{\text{(あることがらが起こった回数)}}{\text{(全体の回数)}}$ で求めます。

(2) あることがらの起こる相対度数がある一定の値(あたい)に近づくとき，その値を，あることがらの起こる確率といいます。

答え (1) ㋐ 実験回数が1000回のときの白玉が出る相対度数は，

$\dfrac{434}{①\square}＝②\square$

㋑ 実験回数が2000回のときの白玉が出る相対度数は，

$\dfrac{③\square}{2000}＝④\square$

(2) 実験回数が1500回のときの白玉が出る相対度数は，0.438
2000回のときの白玉が出る相対度数は，0.442

小数第3位を四捨五入すると，どちらも0.44

したがって，白玉が出る確率は，およそ ⑤□

(3) 白玉が出る確率は，およそ0.44だから，

3000×0.44＝⑥□

答 およそ ⑥□ 回

1320回に近い値になると考えられるけれど，必ず1320回になるというわけではありません。

1 【確率】下の表は，びんの王冠(おうかん)を投げて，表が出る回数を調べたものです。
このとき，次の問いに答えなさい。

教科書 p.256 問2

□(1) 表の㋐，㋑にあてはまる数を，小数第3位まで求めなさい。

投げた回数	表が出た回数	表が出る相対度数
500	198	㋐
1000	392	0.392
1500	586	0.391
2000	782	㋑

●キーポイント

相対度数 $=\dfrac{\text{表が出た回数}}{\text{投げた回数}}$

で求めます。

□(2) 王冠の表が出る確率は，およそどのくらいと考えられますか。
小数第2位までの数で答えなさい。

絶対理解 **2** 【確率】下の表は，画びょうを投げて，上向きになった回数を調べたものです。
このとき，次の問いに答えなさい。

教科書 p.256 問2

□(1) 表の㋐，㋑にあてはまる数を，小数第2位まで求めなさい。

投げた回数	上向きになった回数	上向きになる相対度数
100	58	0.58
300	184	0.61
500	305	㋐
800	476	0.60
1000	596	㋑

□(2) 画びょうが上向きになる
確率は，およそどのくらいと考えられますか。
小数第1位までの数で答えなさい。

□(3) この画びょうについて，次の㋐～㋒のうち正しいといえるものを選び，記号で答えなさい。

あ 上向きになるほうが起こりやすいと考えられる。

い 下向きになるほうが起こりやすいと考えられる。

う 上向きになることと下向きになることの起こりやすさは同じであると考えられる。

例題の答え **1** ①1000 ②0.434 ③884 ④0.442 ⑤0.44 ⑥1320

解答▶▶ p.44

1節 度数の分布 ①〜⑤
2節 データの活用 ①

1 右の表は，1年生男子20人の体重を記録したものである。このとき，次の問いに答えなさい。

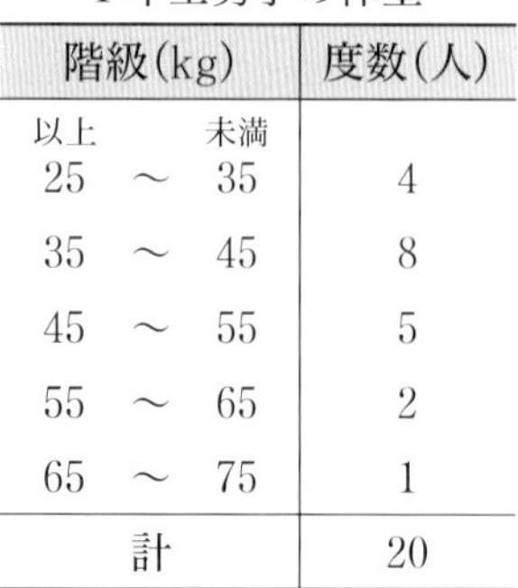

1年生男子の体重

階級(kg)	度数(人)
以上 未満 25 〜 35	4
35 〜 45	8
45 〜 55	5
55 〜 65	2
65 〜 75	1
計	20

□(1) 階級の幅を答えなさい。

□(2) 度数が最も多い階級はどれですか。

□(3) 度数分布表をもとに，下の図にヒストグラムをかきなさい。

□(4) 下の図に，度数折れ線をかきなさい。

1年生男子の体重

(人) 0 1 2 3 4 5 6 7 8 9 10
25 35 45 55 65 75 (kg)

2 右の図は，あるクラスの男子の走り幅とびの結果をヒストグラムに表したものである。次の問いに答えなさい。

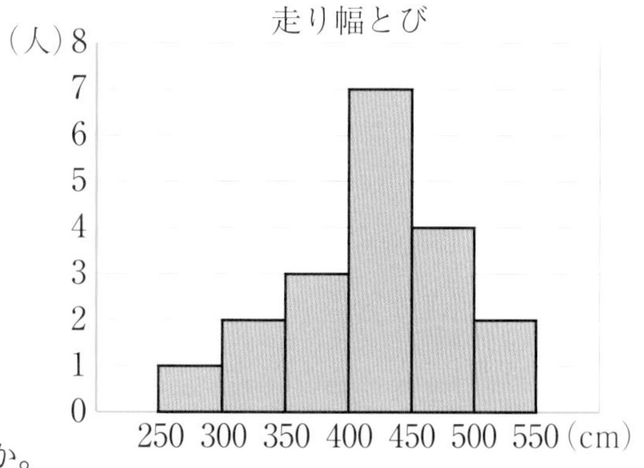

□(1) 男子の人数は何人ですか。

□(2) 度数が最も多い階級はどれですか。

□(3) 400 cm 以上の人は何人いますか。

□(4) 450 cm とんだ人は，どの階級にいますか。

□(5) 右のグラフに，度数折れ線をかき入れなさい。

ヒント
1 度数折れ線は，ヒストグラムの長方形の上の辺の中点をとって結ぶ。
2 それぞれの階級は，「○ cm 以上△ cm 未満」。

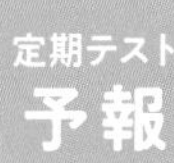

●度数分布表やヒストグラムの問題に慣れておこう。
度数分布表やヒストグラムからデータの特徴を読みとる問題はよく出るから，繰り返し練習しておこう。また，度数分布表から相対度数を求めたり，相対度数の分布から2つの資料を比べたりする問題も，解き方をしっかり身につけよう。

3 下の表は，1年生女子40人のハンドボール投げの記録を調べてまとめたものです。このとき，次の問いに答えなさい。

1年生女子のハンドボール投げ

階級(m)	度数(人)	累積度数(人)	相対度数	累積相対度数
以上　未満 4 ～ 8	12	12	0.300	0.300
8 ～ 12	7	19	㋑	0.475
12 ～ 16	14	㋐	0.350	0.825
16 ～ 20	6	39	0.150	㋓
20 ～ 24	1	40	0.025	1.000
24 ～ 28	0	40	0	㋔
計	40		㋒	

□(1) ㋐～㋔にあてはまる数を求めなさい。

□(2) 記録が12 m以上の生徒の割合を求めなさい。

□(3) 中央値がふくまれる階級を答えなさい。

4 下の表は，ボタンを投げて裏が出る回数を調べたものです。このとき，次の問いに答えなさい。

実験回数	100	200	300	400	500	1000
裏が出た回数	36	73	111	150	189	379
裏が出る相対度数	0.360	0.365	㋐	0.375	㋑	0.379

□(1) 表の㋐，㋑にあてはまる数を，小数第3位まで求めなさい。

□(2) ボタンを投げて裏向きになる確率は，およそどのくらいと考えられますか。小数第1位までの数で答えなさい。

□(3) このボタンについて，次の㋐～㋒のうち正しいといえるものを選び，記号で答えなさい。

あ 表向きになるほうが起こりやすいと考えられる。
い 裏向きになるほうが起こりやすいと考えられる。
う 表向きになることと裏向きになることの起こりやすさは同じであると考えられる。

ヒント **3** (相対度数) $= \dfrac{(\text{その階級の度数})}{(\text{度数の合計})}$ で求める。

解答▶▶ p.44～45

ぴたトレ 3
確認テスト

8章　データの分析

❶ 次の資料は，男子 20 人の懸垂(けんすい)の記録である。下の問いに答えなさい。知

懸垂

Aグループ(回)	3	0	3	2	1	10	5	3	3	7
Bグループ(回)	6	1	4	5	2	4	4	3	6	4

(1) Aグループ，Bグループのそれぞれの最頻値(さいひんち)を求めなさい。

(2) Aグループ，Bグループのそれぞれの平均値を求めなさい。

(3) 中央値の値が大きいのはどちらのグループですか。

❶ 点/20点(各4点)

(1)	A	
	B	
(2)	A	
	B	
(3)		

❷ 右の度数分布表は，A，Bの2チームについて，あるゲームの得点をまとめたものである。次の問いに答えなさい。知

(1) 中央値をそれぞれ求めなさい。

(2) 最頻値をそれぞれ求めなさい。

(3) 範囲をそれぞれ求めなさい。

ゲームの得点

点数(点)	度数(人)	
	A	B
0	0	1
1	0	3
2	2	3
3	4	2
4	8	4
5	4	5
6	5	9
7	5	3
8	0	2
計	28	32

❷ 点/24点(各4点)

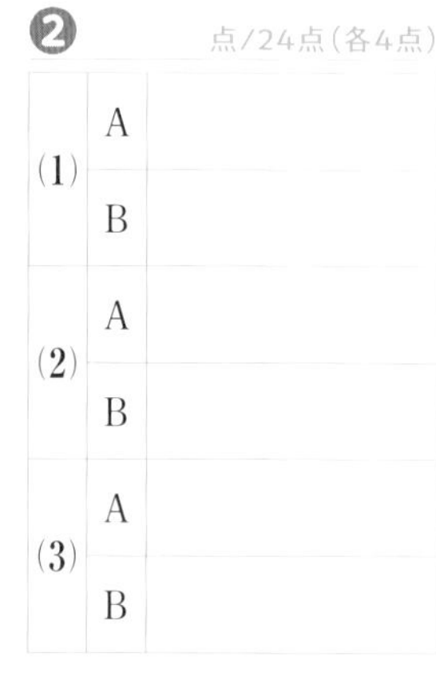

❸ 右の図は，1年生男子 20 人の垂直とびの記録をヒストグラムに表したものである。次の問いに答えなさい。知

(1) 度数が最も多い階級はどれですか。

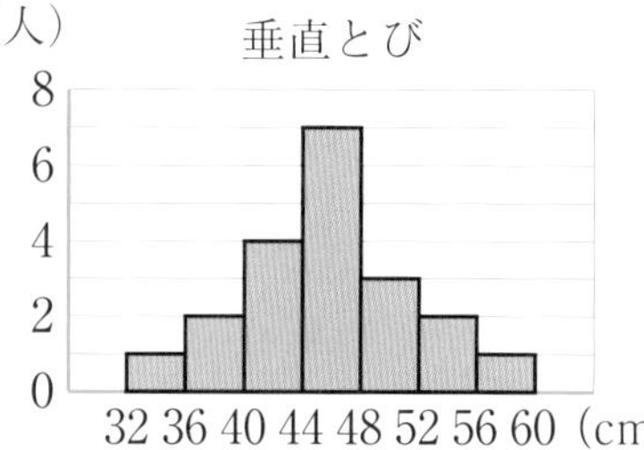

(2) 44 cm 未満の人は何人いますか。

(3) 中央値がふくまれる階級を求めなさい。

❸ 点/12点(各4点)

 成績評価の観点　知…数量や図形などについての知識・技能　考…数学的な思考・判断・表現

4 下の表は，ある森の松の木の高さを調べたものである。次の問いに答えなさい。知

松の木の高さ

階級(m)	度数(本)	累積度数(本)	相対度数	累積相対度数
以上　未満 9 ～ 11	2	2	0.025	0.025
11 ～ 13	6	8	0.075	0.100
13 ～ 15	㋐	18		
15 ～ 17		32	㋓	
17 ～ 19	16	㋒		
19 ～ 21		68		
21 ～ 23	㋑		0.100	㋔
23 ～ 25		80		1.000
計	80		1.000	

(1) ㋐～㋔にあてはまる数を求めなさい。

(2) 度数が最も多い階級はどれですか。

(3) 中央値がふくまれる階級を答えなさい。

(4) 全体の 60 % の松の木は，何 m 未満ですか。

4　点/32点（各4点）

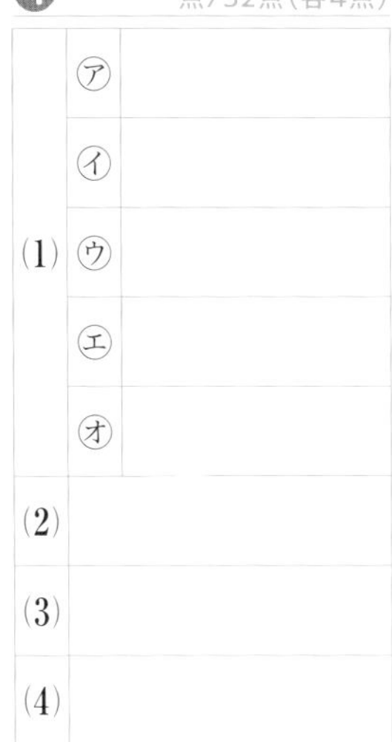

5 下の表は，硬貨を投げて表が出る回数を調べたものです。このとき，次の問いに答えなさい。知

実験回数	100	200	300	500	1000
表が出た回数	59	110	162	262	506
表が出る相対度数	0.590	0.550	㋐	0.524	㋑

(1) 表の㋐，㋑にあてはまる数を，小数第 3 位まで求めなさい。

(2) 硬貨を投げて表向きになる確率は，およそどのくらいと考えられますか。小数第 1 位までの数で答えなさい。

5　点/12点（各4点）

(1)	㋐	
	㋑	
(2)		

8章

教科書239～264ページ

知　/100点

解答▶▶ p.45～46

教科書のまとめ〈8章　データの分析〉

●度数の分布

・階級の区間の幅(はば)を**階級の幅**という。

・階級の幅を横，度数を縦とする長方形をすき間なく横に並べて，度数の分布のようすを表したグラフのことを**ヒストグラム**という。

●散らばり

(範囲(はんい))＝(最大値)－(最小値)

●階級値

・度数分布表の階級の真ん中の値(あたい)を，その階級の**階級値**という。

(例)「20 m 以上 30 m 未満」の階級の階級値は，

$$\frac{20+30}{2}=25(\mathrm{m})$$

・度数分布表で最頻値(さいひんち)を考える場合は，度数分布表の各階級に入っているデータはすべてその階級の階級値をとるものとみなして，度数が最も大きい階級の階級値を最頻値とする。

●相対度数

ある階級の度数の，全体に対する割合を，その階級の**相対度数**という。

$$(\text{相対度数})=\frac{(\text{階級の度数})}{(\text{度数の合計})}$$

●累積度数

最も小さい階級から各階級までの度数の合計を**累積度数(るいせきどすう)**という。

●累積相対度数

・最も小さい階級から各階級までの相対度数の合計を**累積相対度数**という。

・$(\text{累積相対度数})=\frac{(\text{累積度数})}{(\text{度数の合計})}$ と求めることもできる。

・累積相対度数を使うと，ある階級未満，あるいは，ある階級以上の度数の全体に対する割合を知ることができる。

●確率

多数回の実験の結果，あることがらの起こる相対度数がある一定の値に近づくとき，その値を，そのことがらの起こる**確率**という。

●データの活用

①調べたいことを決める。

↓

②データの集め方の計画を立てる。

[注意]

・調査に協力してくれる人の気持ちを大切にする。

・相手に迷惑(めいわく)がかからないようにする。

・調査で知った情報は，調査の目的以外には使用しない。

↓

③データを集め，目的に合わせて整理する。

・度数分布表を使う。

・分布のようすを知りたいときは，ヒストグラムや度数折れ線に表す。

・相対度数を使って比較する。

↓

④データの傾向(けいこう)をとらえて，どんなことがいえるか考える。

↓

⑤調べたことやわかったことをまとめて，発表する。

↓

⑥発表したあとに，学習をふり返る。

テスト前に役立つ!

\\ 定期テスト //

予想問題

チェック!

- テスト本番を意識し，時間を計って解きましょう。
- 取り組んだあとは，必ず答え合わせを行い，まちがえたところを復習しましょう。
- 観点別評価を活用して，自分の苦手なところを確認しましょう。

テスト前に解いて，わからない問題やまちがえた問題は，もう一度確認しておこう!

	本書のページ	教科書のページ
予想問題 1　1章　整数の性質 2章　正の数，負の数	▸ p.138 ～ 139	p.13 ~ 65
予想問題 2　3章　文字と式	▸ p.140 ～ 141	p.69 ~ 102
予想問題 3　4章　方程式	▸ p.142 ～ 143	p.103 ~ 129
予想問題 4　5章　比例と反比例	▸ p.144 ～ 145	p.131 ~ 166
予想問題 5　6章　平面図形	▸ p.146 ～ 147	p.167 ~ 204
予想問題 6　7章　空間図形	▸ p.148 ～ 149	p.205 ~ 237
予想問題 7　8章　データの分析	▸ p.150 ～ 151	p.239 ~ 264

定期テスト
予想問題
1

1章　整数の性質
2章　正の数，負の数

1 次の問いに答えなさい。知

教科書 p.16〜20

(1) 180 を素因数分解しなさい。

(2) 素因数分解を使って，84 と 196 の最大公約数を求めなさい。

1	点/4点（各2点）
(1)	
(2)	

2 次の問いに答えなさい。知

教科書 p.26〜30

(1) 0 より 4.5 小さい数を書きなさい。

(2) 階段を 3 段上がることを ＋3 段と表すとき，6 段下がることを正の符号（ふごう），負の符号を使って表しなさい。

(3) 下の数直線で，点 A〜C の各点に対応する数を書きなさい。

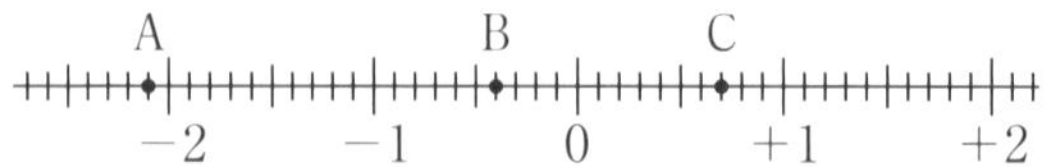

2	点/15点（各3点）
(1)	
(2)	
(3)	A
	B
	C

3 次の数について，下の問いに答えなさい。知

教科書 p.31〜33

$-4 \quad \frac{3}{4} \quad -1 \quad 5 \quad -7 \quad -2.4$

(1) 負の数のうち，最も大きい数を書きなさい。

(2) 絶対値が最も大きい数を書きなさい。

3	点/4点（各2点）
(1)	
(2)	

4 次の問いに答えなさい。知

教科書 p.29〜33

(1) $-\frac{8}{3}$ と ＋5.1 の間に整数はいくつありますか。

(2) −1.2，−0.9 の大小を，不等号を使って表しなさい。

4	点/4点（各2点）
(1)	
(2)	

5 次の計算をしなさい。知

教科書 p.34〜44

(1) $(+3)+(-11)$　(2) $(-14)+(-9)$

(3) $(-7)-(+13)$　(4) $(-21)-(-19)$

(5) $13-35-18+11$　(6) $-31+(-16)-(-29)-43$

(7) $-1.6+(-2.7)-(-5.4)$　(8) $-\frac{3}{4}-\left(-\frac{2}{5}\right)-\frac{3}{2}$

5		点/16点（各2点）	
(1)		(2)	
(3)		(4)	
(5)		(6)	
(7)		(8)	

成績評価の観点　知…数量や図形などについての知識・技能　考…数学的な思考・判断・表現

6 次の計算をしなさい。知

教科書 p.46〜57

(1) $(-7)\times(-9)$　(2) $(+0.5)\times\dfrac{2}{3}$

(3) $\left(-\dfrac{1}{3}\right)\times5\times\left(-\dfrac{9}{10}\right)$　(4) $-4^2\times\dfrac{1}{6}$

(5) $(-112)\div(+8)$　(6) $\left(-\dfrac{3}{8}\right)\div\dfrac{3}{2}$

(7) $8\div\left(-\dfrac{4}{5}\right)\times(-5)$　(8) $(-3)^2\div6\div\left(-\dfrac{2}{3}\right)$

(9) $15-(-9)^2\div(-3^2)$　(10) $\{(-1)^2-4^2\}\times(-0.2)^2$

(11) $(6^2-18)\div(-3)\times(6-2^2)$　(12) $\left(\dfrac{4}{9}-\dfrac{3}{4}\right)\times(-108)$

6 点/36点（各3点）

(1)		(2)	
(3)		(4)	
(5)		(6)	
(7)		(8)	
(9)		(10)	
(11)		(12)	

定期テスト予想問題

教科書13〜65ページ

7 次のうち，常に成り立つものには○，そうでないものには×を書きなさい。考

教科書 p58〜59

(1) (負の数)＋(正の数)＝(負の数)

(2) (負の数)－(負の数)＝(負の数)

(3) (正の数)×(負の数)＝(負の数)

(4) (負の数)÷(負の数)＝(正の数)

7 点/12点（各3点）

(1)		(2)	
(3)		(4)	

8 下の表は，生徒 A〜E の数学のテストの点数を，C の点数を基準にして，それより高い点数を正の数，低い点数を負の数で表したものである。C の点数が 62 点のとき，次の問いに答えなさい。考

教科書 p61〜62

生徒	A	B	C	D	E
差(点)	＋8	－7	0	＋15	－3

(1) E の点数は何点ですか。

(2) 最も点数の高い生徒と最も点数の低い生徒の差は何点ですか。

(3) 5 人の生徒の平均点を求めなさい。

8 点/9点（各3点）

(1)	
(2)	
(3)	

知 /79点	考 /21点

解答▶▶ p.47〜48

定期テスト
予想問題
2

3章　文字と式

1 次の式を，×，÷の記号を使わないで表しなさい。知

教科書 p.74～76

(1)　$(-0.1)\times m$　　(2)　$a\times b\times 2\times b$

(3)　$(-3)\div a\times b$　　(4)　$x\div 6\div y+11$

1　点/12点（各3点）

(1)	
(2)	
(3)	
(4)	

2 次の式を，×，÷の記号を使って表しなさい。知

教科書 p.74～76

(1)　$-3xy$　　(2)　$2a^2b$

(3)　$\dfrac{3b}{5}$　　(4)　$\dfrac{x+y}{z}$

2　点/12点（各3点）

(1)	
(2)	
(3)	
(4)	

3 次の数量を式で表しなさい。知

教科書 p.77～78

(1)　1本80円の鉛筆をx本と，1個y円の消しゴムを3個買ったときの代金の合計

(2)　定価x円の商品を5％引きで買うときの代金

3　点/6点（各3点）

(1)	
(2)	

4 次の式の値を求めなさい。知

教科書 p.79～80

(1)　$a=-3$のとき，$-8a$の値(あたい)

(2)　$x=4$のとき，$-2x+5$の値

(3)　$x=6$，$y=-4$のとき，$2xy-x$の値

(4)　$x=-1$，$y=5$のとき，$\dfrac{1}{3}x-\dfrac{2}{y}$の値

(5)　$x=-2$，$y=-3$のとき，x^2-y^2の値

4　点/15点（各3点）

(1)	
(2)	
(3)	
(4)	
(5)	

成績評価の観点　知…数量や図形などについての知識・技能　考…数学的な思考・判断・表現

❺ 次の計算をしなさい。知

教科書 p.85～92

(1) $5x-14-3x$　　(2) $-8+7a+4+10a$

(3) $2(3x-4)-3(5x-1)$　　(4) $5\left(\frac{3}{5}x+1\right)-4\left(\frac{1}{2}x-1\right)$

(5) $-\frac{1}{3}(6y-5)-\frac{1}{2}(4y+1)$

❺ 点/15点(各3点)

(1)	
(2)	
(3)	
(4)	
(5)	

❻ 次の計算をしなさい。知

教科書 p.88～92

(1) $(-4)\times 3x$　　(2) $\frac{6}{5}x\div\left(-\frac{3}{10}\right)$

(3) $(4x-3)\times(-3)$　　(4) $(8x-20)\div(-4)$

(5) $\frac{x-1}{6}\times 12$　　(6) $-15\times\frac{4a-7}{3}$

❻ 点/24点(各4点)

(1)	
(2)	
(3)	
(4)	
(5)	
(6)	

❼ 次の数量の関係を式に表しなさい。知

教科書 p.96～98

(1) a L の水が入っている水そうから，毎分 b L の水を 5 分間捨てたときの残りの水そうの水の量は c L である。

(2) x km の道のりを時速 12 km の自転車で走ると，時速 4 km で歩くより 1 時間早く着く。

(3) 1 個 a 円のみかんを 8 個買うと，代金は 250 円以上になる。

(4) ある数 x から 6 をひいた数は，x を 3 倍した数以下になる。

❼ 点/16点(各4点)

(1)	
(2)	
(3)	
(4)	

知 /100点

解答▶▶ p.48～49

定期テスト
予想問題
3

4章　方程式

1 次の問いに答えなさい。知

教科書 p.106～107

(1) 次の方程式のうち，解が3であるものはどれですか。

㋐ $x-4=1$　㋑ $3x-2=2x+3$

㋒ $3(1-x)=x-9$

(2) -1，0，1の中から，方程式 $-2x+6=4$ の解であるものを選びなさい。

1	点/8点（各4点）
(1)	
(2)	

2 次の方程式を解きなさい。知

教科書 p.111～112

(1) $x+5=-2$　(2) $x-8=-6$

(3) $7x=-28$　(4) $-\dfrac{x}{4}=4$

(5) $2x-8=5x+4$　(6) $-3+2x=13-6x$

2	点/30点（各5点）
(1)	
(2)	
(3)	
(4)	
(5)	
(6)	

3 次の方程式を解きなさい。知

教科書 p.113～115

(1) $4x=6(x-2)$　(2) $2(x+3)=5(x-3)$

(3) $0.4x-0.3=1.5x+3$　(4) $0.16x+0.5=-0.09x$

(5) $\dfrac{1}{4}x+\dfrac{1}{3}=-\dfrac{3}{2}x+\dfrac{1}{2}$　(6) $1-\dfrac{x-3}{2}=x-\dfrac{x-2}{3}$

3	点/30点（各5点）
(1)	
(2)	
(3)	
(4)	
(5)	
(6)	

　成績評価の観点　知…数量や図形などについての知識・技能　考…数学的な思考・判断・表現

❹ 次の問いに答えなさい。[考]

教科書 p.117～120

(1) 兄は弟の3倍のお金を持っていた。兄は所持金で200円のノートを買い，弟はおじさんから300円もらったので，2人の所持金は同じになった。弟がはじめに持っていた金額を求めなさい。

(2) りんごを8個買おうと思ったが，持っていたお金では200円足りなかったので，6個買ったら100円余った。りんご1個の値段を求めなさい。

❹	点/10点（各5点）
(1)	
(2)	

❺

教科書 p.121～123

A君は，家から4 km離れた駅へ行くのに，はじめは分速60 mの速さで歩いていたが，遅(おく)れそうになったので，途中(とちゅう)から分速80 mの速さで歩いたら，家を出発してからちょうど1時間で駅に着くことができた。

分速80 mで歩いた道のりは何mですか。[考]

❺	点/5点

❻ 次の比例式を解きなさい。[知]

教科書 p.124～126

(1) $x:9=6:1$

(2) $4:3=x:18$

(3) $4:7=8:3x$

(4) $2:5=x:(14-x)$

❻	点/12点（各3点）
(1)	
(2)	
(3)	
(4)	

❼

教科書 p.124～126

コーヒーAは1袋(ふくろ)400円，コーヒーBは1袋670円であったが，どちらも同じ金額だけ値上がりしたので，コーヒーAとコーヒーBの値段の比は5：8になった。

何円値上がりしましたか。[考]

❼	点/5点

[知] /80点	[考] /20点

定期テスト
予想問題
4

5章　比例と反比例

1 次の(1)〜(3)について，y を x の式で表しなさい。また，比例するものには○，反比例するものには△，どちらでもないものには×を書きなさい。知

(1)　面積が 50 cm² の平行四辺形の底辺の長さ x cm と高さ y cm

(2)　縦が x cm，横が縦より 3 cm 長い長方形の周りの長さ y cm

(3)　100 g が 700 円の肉を x g 買ったときの値段 y 円

教科書 p.137〜150

1　点/18点（各6点）

(1)	
(2)	
(3)	

2 次の問いに答えなさい。知

(1)　y は x に比例し，$x=4$ のとき $y=-8$ である。$x=-4$ のときの y の値（あたい）を求めなさい。

(2)　y は x に反比例し，$x=5$ のとき $y=3$ である。$x=-10$ のときの y の値を求めなさい。

(3)　y は x に比例し，$x=-6$ のとき $y=-42$ である。x の変域が $-8 \leqq x \leqq 0$ のときの y の変域を求めなさい。

教科書 p.137〜150

2　点/18点（各6点）

(1)	
(2)	
(3)	

3 3点 A $(-2,\ 3)$，B $(4,\ 1)$，C $(-2,\ -2)$ がある。
右の図に点 A，B，C をとり，三角形 ABC をつくりなさい。知

教科書 p.141〜142

3　点/6点

4 次の関数のグラフを，右の図にかきなさい。知

(1)　$y=-\dfrac{3}{4}x$　　　(2)　$y=\dfrac{6}{x}$

教科書 p.143〜154

4　点/12点（各6点）

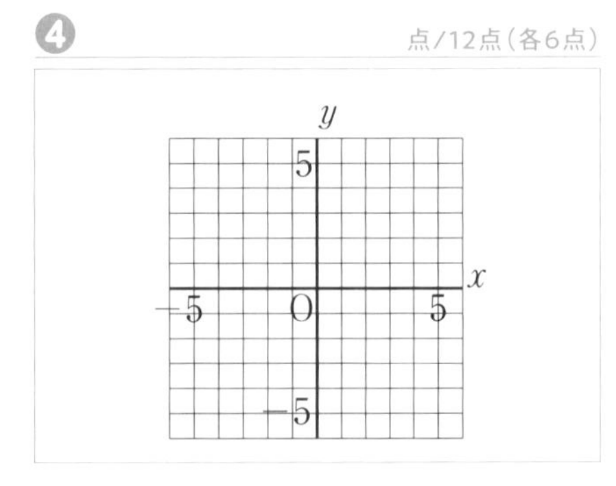

成績評価の観点　知…数量や図形などについての知識・技能　考…数学的な思考・判断・表現

5 右の図は，比例や反比例のグラフです。(1)，(2)について，y を x の式で表しなさい。知

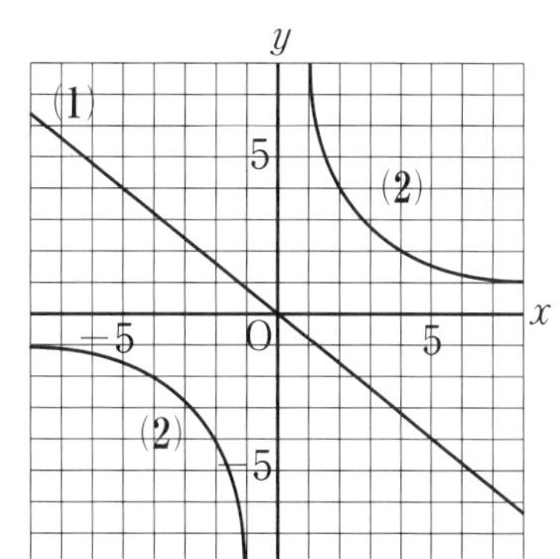

教科書 p.143〜154

6 右の図で，①は関数 $y=3x$ のグラフである。曲線②は反比例のグラフである。点Aは直線①と曲線②との交点で，その x 座標は -2 である。
点Bが曲線②上にあり，その x 座標が8のとき，点Bの y 座標を求めなさい。考

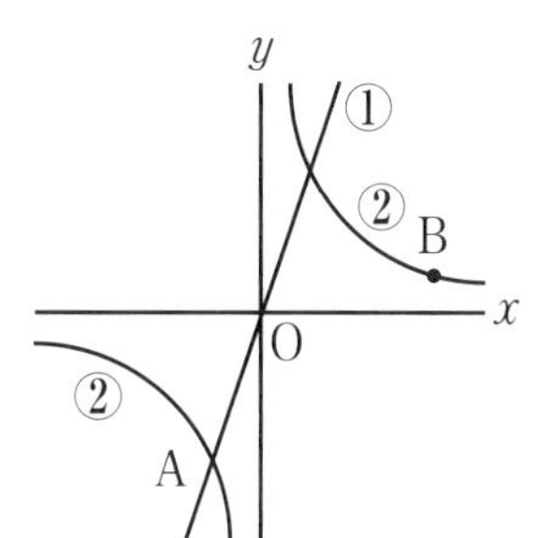

教科書 p.143〜154

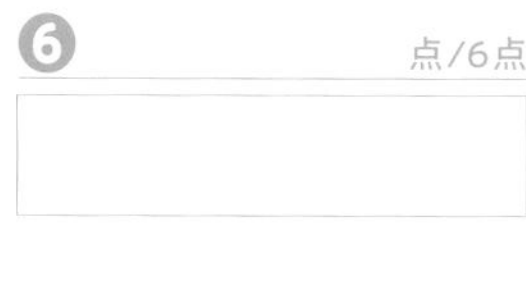

7 弟は徒歩で家を出発し，分速60 m で900 m 離（はな）れた駅へ向かった。弟が家を出発してから2分後に兄も家を出発して，同じ道を一定の速さで8分歩いたところで弟に追い着いた。次の問いに答えなさい。考

(1) 弟が出発してからの時間を x 分，家からの道のりを y m として，兄が弟に追い着くまでのようすをグラフに表しなさい。

(2) 兄の歩く速さは，分速何 m か。

教科書 p.156〜161

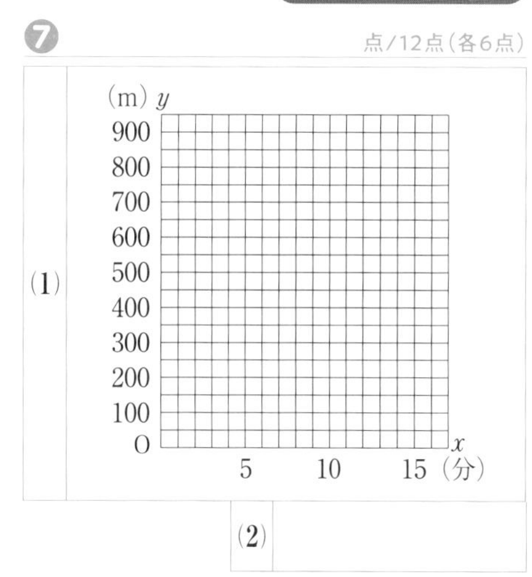

8 右の図のように，歯車AとBがかみ合っている。次の問いに答えなさい。考

(1) 歯車Aの歯数が32，歯車Bの歯数が48で，歯車Aが毎秒6回転するとき，歯車Bは毎秒何回転しますか。

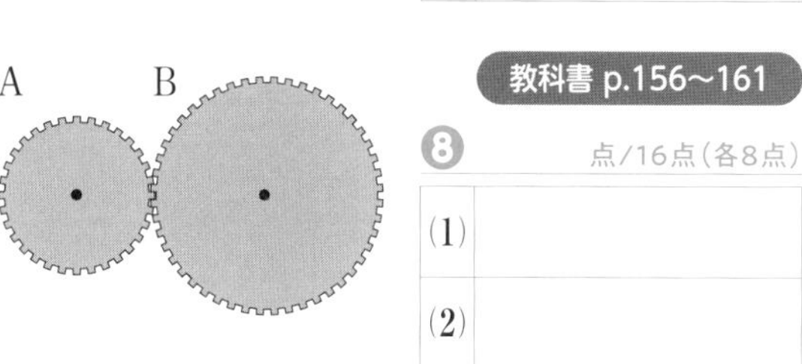

教科書 p.156〜161

8 点/16点（各8点）

(1)	
(2)	

(2) 歯車Bの歯数が18で，毎秒8回転するとき，歯車Aを毎秒12回転させるには，歯車Aの歯数をいくつにすればよいですか。

知 /66点	考 /34点

解答▶▶ p.51〜53

定期テスト
予想問題
5

6章　平面図形

❶ 右の図のように，4点A，B，C，Dがあるとき，次の問いに答えなさい。知

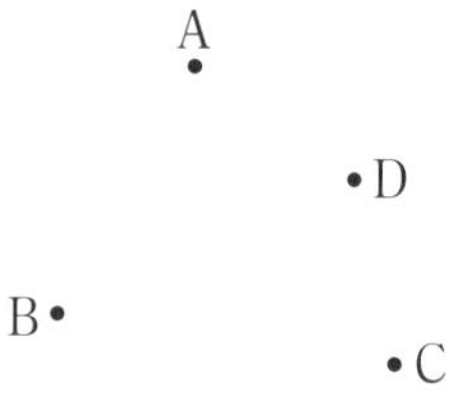

(1) 直線ABと線分CDは交わるか。

(2) 直線ADと直線BCは交わるか。

(3) 線分ABと線分BCによってできる角を，記号を使って表しなさい。

A
•D
B•
•C

教科書 p.170〜171

❶ 点／18点（各6点）

(1)	
(2)	
(3)	

❷ 右の図で，中心Oが直線ℓ上にあり，2点A，Bを通る円Oを作図しなさい。知

教科書 p.183〜186

❷ 点／8点

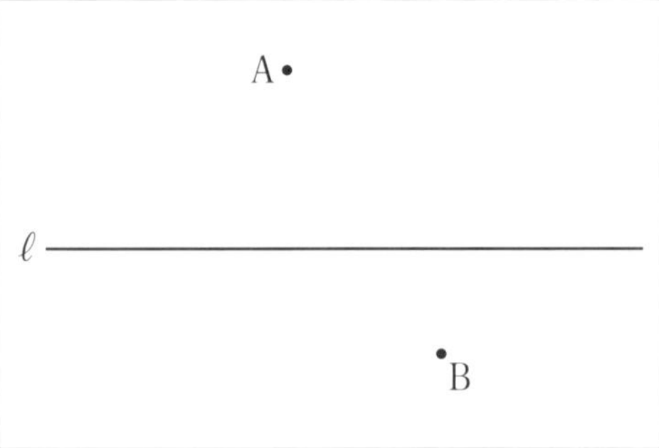

A•
ℓ
•B

❸ 右の図の△ABCについて，次の点を作図しなさい。知

(1) 辺AC上にあって，2頂点B，Cまでの距（きょ）離（り）が等しい点P

(2) 辺AB上にあって，2辺AC，BCまでの距離が等しい点Q

教科書 p.183〜186

❸ 点／16点（各8点）

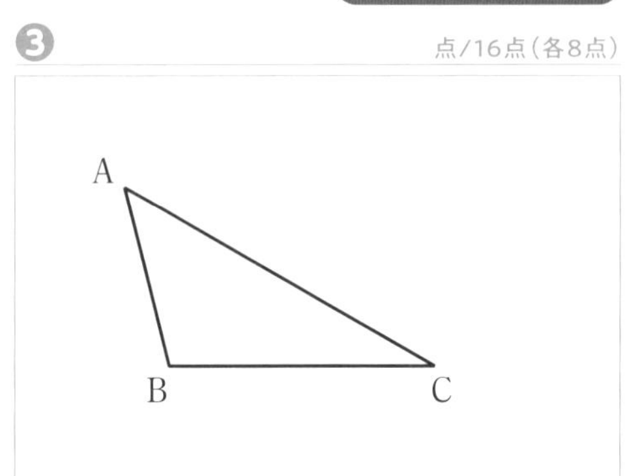

❹ 右の図で，円周上の点Pを通る円Oの接線を作図しなさい。知

教科書 p.183〜186

❹ 点／8点

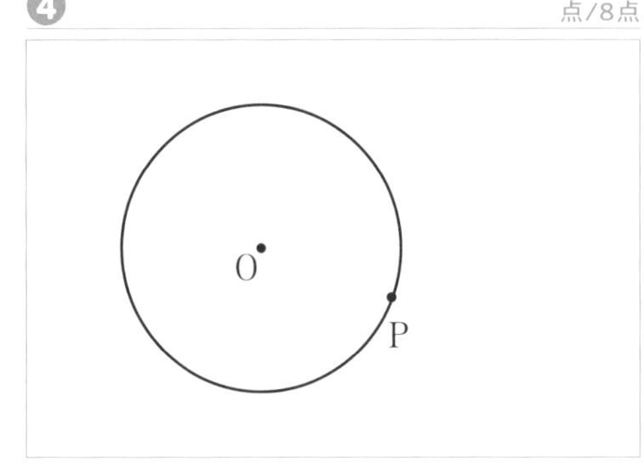

成績評価の観点　知…数量や図形などについての知識・技能　考…数学的な思考・判断・表現

❺ 右の図は，ある直線を対称の軸として，△ABC を △A′B′C′ に対称移動したものである。対称の軸を作図しなさい。知

教科書 p.188〜192

❺ 点/8点

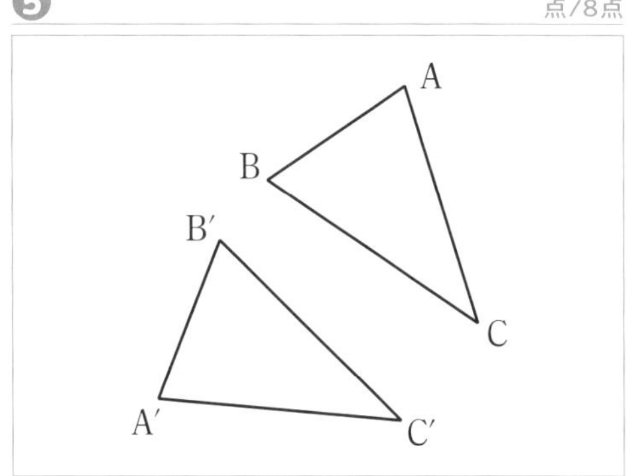

❻ 右の図は，△ABC を △FGH に移動したところを示している。次の問いに答えなさい。知

(1) どんな移動を組み合わせたものですか。移動した順に書きなさい。

(2) 辺 AB に対応する辺を全部書きなさい。

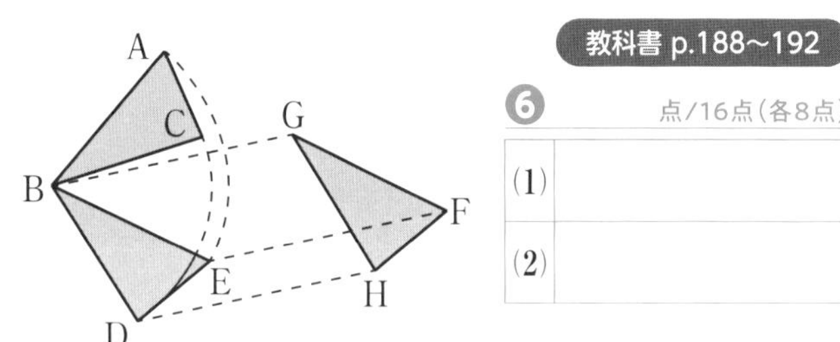

教科書 p.188〜192

❻ 点/16点（各8点）

(1)	
(2)	

❼ 半径が 8 cm，中心角が 135° のおうぎ形の弧の長さと面積を求めなさい。知

教科書 p.194〜197

❼ 点/12点（各6点）

弧の長さ
面積

❽ 半径が 15 cm，弧の長さが 4π cm のおうぎ形の中心角の大きさを求めなさい。知

教科書 p.194〜197

❽ 点/6点

❾ 下の図のように，1 辺が 6 cm の正三角形 ABC が，直線 ℓ 上をすべることなく転がっていく。正三角形 ABC が 1 回転するまでの間に，頂点 A がえがく線の長さを求めなさい。考

教科書 p.194〜197

❾ 点/8点

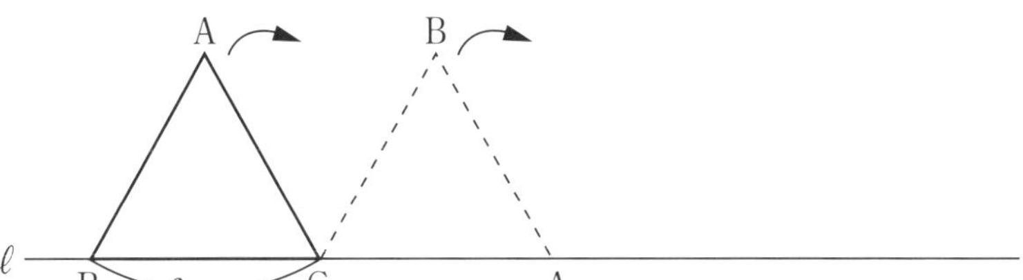

知 /92点	考 /8点

解答▶▶ p.53〜54

7章　空間図形

1 正六角錐（ろっかくすい）について，次の(1)〜(4)を答えなさい。知

教科書 p.208〜210

(1)　底面の形　　(2)　底面の数

(3)　側面の形　　(4)　側面の数

1　点／12点（各3点）

(1)	
(2)	
(3)	
(4)	

2 右の図は，直方体から三角錐を切り取った立体である。この立体について，次の問いに答えなさい。知

教科書 p.211〜217

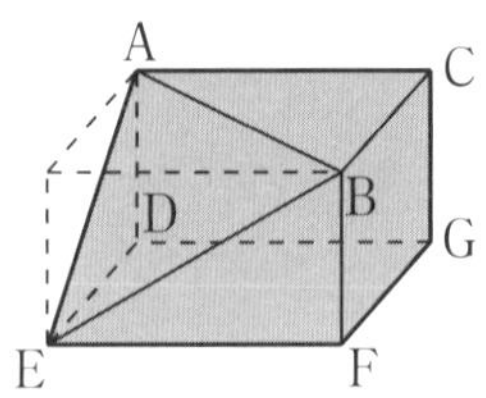

(1)　辺 AB とねじれの位置にある辺はいくつありますか。

(2)　辺 BE，辺 GF のどちらともねじれの位置にある辺をすべて書きなさい。

(3)　面 ADGC に平行な辺をすべて書きなさい。

(4)　面 BFGC と面 BEF の位置関係を，記号を使って表しなさい。

2　点／16点（各4点）

(1)	
(2)	
(3)	
(4)	

3 右の図を，直線 ℓ を軸として1回転させてできる回転体は，次の㋐〜㋓のうちのどれですか。考

教科書 p.219〜221

㋐

㋑

㋒
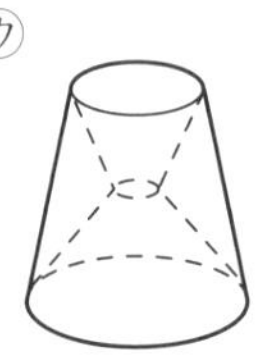

㋓
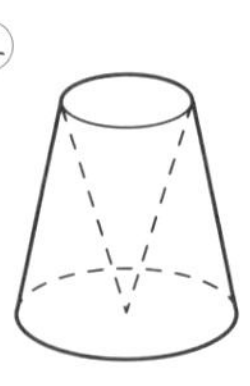

3　点／4点

4 次の展開図を組み立ててできる立体の名前を書きなさい。知

教科書 p.222〜225

(1)

(2)

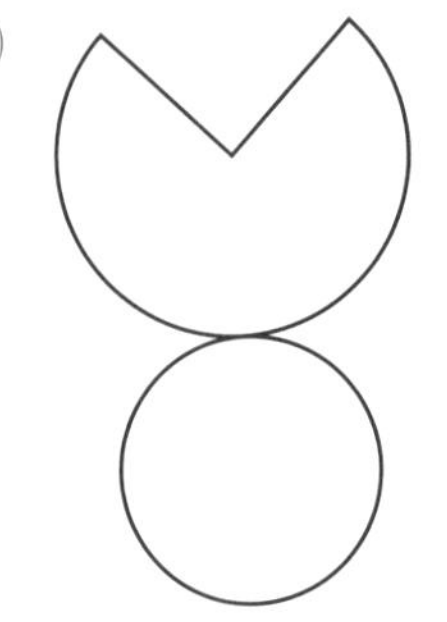

4　点／10点（各5点）

(1)	
(2)	

　成績評価の観点　知…数量や図形などについての知識・技能　考…数学的な思考・判断・表現

5 次の立体の体積と表面積を求めなさい。知

教科書 p.227～233

(1)

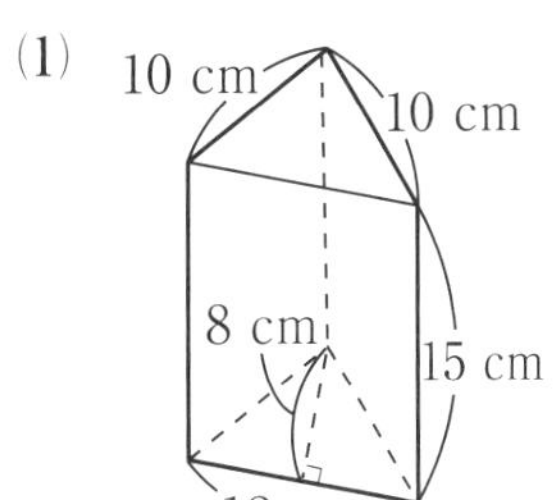

(2)

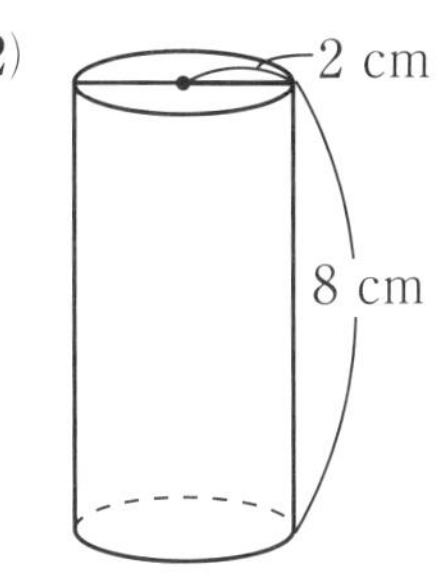

5 点/20点（各5点）

(1)	体積
	表面積
(2)	体積
	表面積

6 右の図の正四角錐について，次の問いに答えなさい。知

(1) 体積を求めなさい。

(2) 表面積を求めなさい。

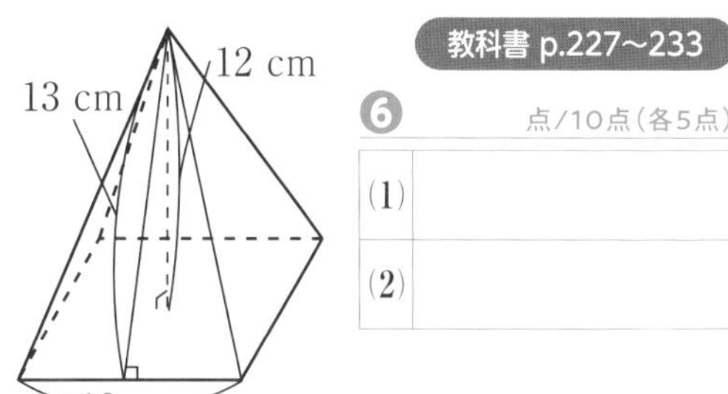

7 右の図の球について，次の問いに答えなさい。知

(1) 体積を求めなさい。

(2) 表面積を求めなさい。

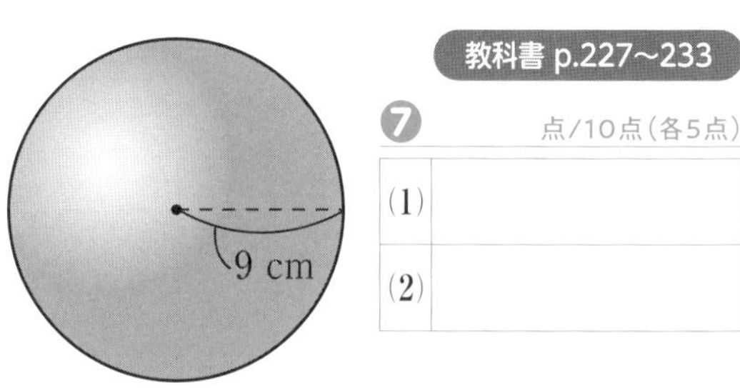

8 右の図のような直角三角形 ABC を，$AC \perp \ell$ であるような点 C を通る直線 ℓ を軸に 1 回転させてできる立体について，次の問いに答えなさい。知

(1) 立体の見取図をかきなさい。

(2) 体積を求めなさい。

(3) 表面積を求めなさい。

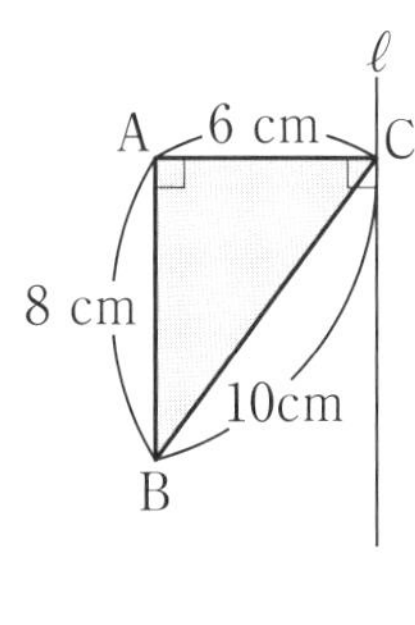

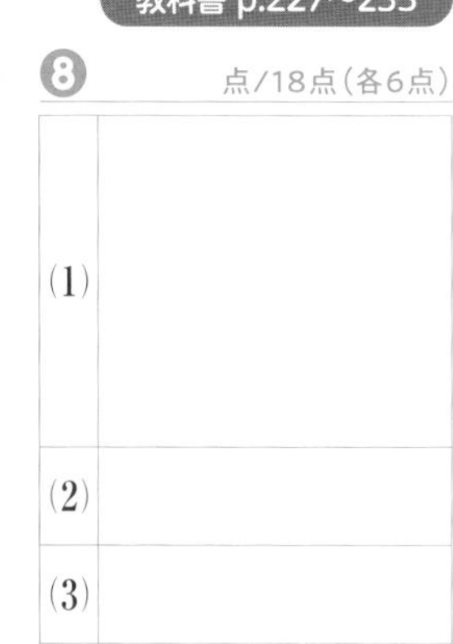

定期テスト
予想問題
7

8章　データの分析

❶ 右の表は，生徒 20 人が，ある日にテレビを見た時間を度数分布表にまとめたものである。次の問いに答えなさい。知

(1) テレビを見た時間が 120 分未満の生徒は何人ですか。

(2) 生徒がテレビを見た時間の平均値を求めなさい。

テレビを見た時間

階級(分)	度数(人)
以上　未満 0 ～ 60	6
60 ～ 120	8
120 ～ 180	3
180 ～ 240	2
240 ～ 300	1
計	20

教科書 p.242～256

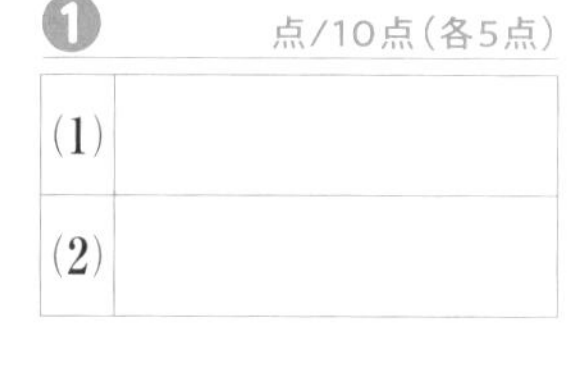

❷ 右の図は，あるクラスの生徒が日曜日に新聞を読んだ時間をヒストグラムに表したものである。次の問いに答えなさい。知

(1) 生徒の人数は何人ですか。

(2) 階級の幅(はば)は何分ですか。

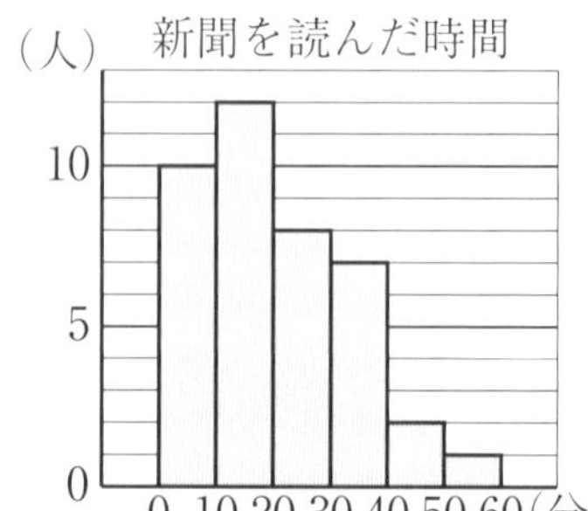

(3) 度数が最も大きい階級の相対度数を求めなさい。

教科書 p.242～256

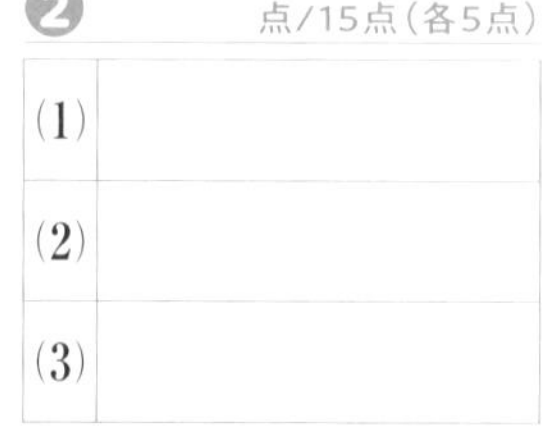

❸ 右の表は，生徒の握力(あくりょく)を調べた結果を，1 組は相対度数の分布表に，2 組は度数分布表にまとめたものである。次の問いに答えなさい。知

(1) 1 組，2 組のそれぞれについて，中央値がふくまれる階級の階級値を求めなさい。

(2) 握力が 32 kg 以上の生徒の割合が大きいのは，1 組と 2 組のどちらですか。

握　力

階級(kg)	1 組	2 組
	相対度数	度数(人)
以上　未満 16 ～ 20	0.05	1
20 ～ 24	0.20	2
24 ～ 28	0.30	4
28 ～ 32	0.20	6
32 ～ 36	0.15	4
36 ～ 40	0.10	3
計	1	20

教科書 p.242～256

成績評価の観点　知…数量や図形などについての知識・技能　考…数学的な思考・判断・表現

4 次の資料は，ある中学校の1年生男子20人と女子20人について，夏休み中に読んだ本の冊数を調べたものである。下の問いに答えなさい。((1)(2) 知 (3) 考)

教科書 p.242~256

読んだ本の冊数

男子(冊)				女子(冊)			
2	6	3	8	2	1	3	2
1	3	2	3	1	4	2	2
3	0	1	0	2	5	3	2
3	0	2	3	2	0	2	5
1	2	2	3	3	2	4	2

(1) 男子の中央値，最頻値(さいひんち)を求めなさい。

(2) 女子の中央値，最頻値を求めなさい。

(3) 男子と女子の資料の違(ちが)いを比べるとき，どの値(あたい)を比べるとよいか。2つ選びなさい。

㋐ 平均値　㋑ 中央値　㋒ 最頻値　㋓ 範囲(はんい)

4 点/25点(各5点)

(1)	中央値	
	最頻値	
(2)	中央値	
	最頻値	
(3)		

5 下の表は，あるクラスの生徒の通学時間を調べたものである。次の問いに答えなさい。知

教科書 p.242~256

通学時間

階級(分)	度数(人)	相対度数	累積相対度数
以上　未満 5 ～ 10	1	0.04	0.04
10 ～ 15	7	㋑	0.32
15 ～ 20	㋐	0.20	㋓
20 ～ 25		㋒	㋔
25 ～ 30	4		1.00
計	25	1.00	

(1) ㋐～㋔にあてはまる数を答えなさい。

(2) 度数が最も多い階級はどれですか。

(3) 中央値がふくまれる階級を答えなさい。

5 点/35点(各5点)

(1)	㋐	
	㋑	
	㋒	
	㋓	
	㋔	
(2)		
(3)		

教科書ぴったりトレーニング

〈教育出版版・中学数学１年〉

この解答集は取り外してお使いください。

解答集

１章　整数の性質

２章　正の数，負の数

p.6〜7　1，2章　ぴたトレ0

1

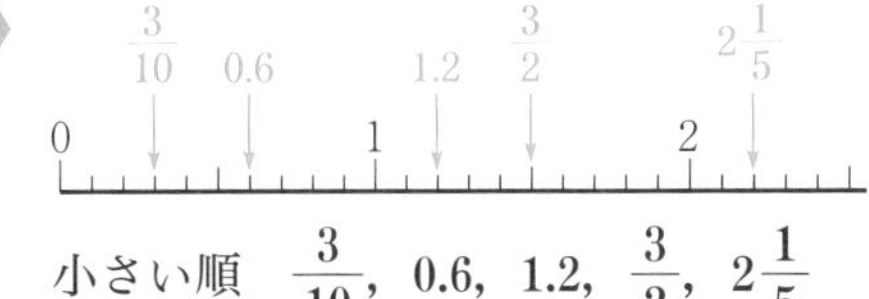

小さい順　$\frac{3}{10}$，0.6，1.2，$\frac{3}{2}$，$2\frac{1}{5}$

解き方　数直線の小さい１目もりは，$0.1\left(\frac{1}{10}\right)$ です。

分数を小数になおして考えると，

$\frac{3}{10}=0.3$，$\frac{3}{2}=1.5$，$2\frac{1}{5}=2.2$

2　(1)$>$　(2)$<$　(3)$<$　(4)$>$

解き方　(2)分母をそろえると，$\frac{8}{4}<\frac{9}{4}$

(4)分母をそろえると，$\frac{20}{12}>\frac{15}{12}$

3　(1)$\frac{5}{6}$　(2)$\frac{17}{15}\left(1\frac{2}{15}\right)$　(3)$\frac{1}{20}$

(4)$\frac{1}{6}$　(5)$\frac{49}{12}\left(4\frac{1}{12}\right)$　(6)$\frac{5}{12}$

解き方　通分して計算します。答えが約分できるときは，約分しておきます。

(2)$\frac{5}{6}+\frac{3}{10}=\frac{25}{30}+\frac{9}{30}=\frac{\overset{17}{\cancel{34}}}{\underset{15}{\cancel{30}}}=\frac{17}{15}$

(4)$\frac{9}{10}-\frac{11}{15}=\frac{27}{30}-\frac{22}{30}=\frac{\overset{1}{\cancel{5}}}{\underset{6}{\cancel{30}}}=\frac{1}{6}$

(6)$3\frac{1}{3}-2\frac{11}{12}=\frac{10}{3}-\frac{35}{12}=\frac{40}{12}-\frac{35}{12}=\frac{5}{12}$

4　(1)3.1　(2)10.3　(3)2.3　(4)4.5

解き方　位をそろえて，計算します。

(2)　$\begin{array}{r} 4.5 \\ +\ 5.8 \\ \hline 10.3 \end{array}$　(4)　$\begin{array}{r} \overset{6}{\cancel{7}}.1 \\ -2.6 \\ \hline 4.5 \end{array}$

5　(1)15　(2)$\frac{1}{9}$　(3)$\frac{2}{5}$　(4)$\frac{1}{16}$　(5)$\frac{2}{5}$　(6)$\frac{1}{5}$

解き方　計算の途中で約分できるときは約分します。わり算はわる数の逆数をかけて，かけ算になおします。

(5)$\frac{1}{6}\times3\div\frac{5}{4}=\frac{1}{6}\times\frac{3}{1}\times\frac{4}{5}=\frac{1\times\overset{1}{\cancel{3}}\times\overset{2}{\cancel{4}}}{\underset{\underset{1}{2}}{\cancel{6}}\times1\times5}=\frac{2}{5}$

(6)$\frac{3}{10}\div\frac{3}{5}\div\frac{5}{2}=\frac{3}{10}\times\frac{5}{3}\times\frac{2}{5}=\frac{\overset{1}{\cancel{3}}\times\overset{1}{\cancel{5}}\times\overset{1}{\cancel{2}}}{\underset{5}{\cancel{10}}\times\underset{1}{\cancel{3}}\times\underset{1}{\cancel{5}}}$

$=\frac{1}{5}$

6　(1)22　(2)6　(3)10　(4)18

解き方　（　）があるときは（　）の中をさきに計算します。＋，－と×，÷とでは，×，÷をさきに計算します。

(3)$(3\times8-4)\div2=(24-4)\div2=20\div2=10$

(4)$3\times(8-4\div2)=3\times(8-2)=3\times6=18$

7　(1)12.8　(2)560　(3)7　(4)180

解き方　(3)$10\times\left(\frac{1}{5}+\frac{1}{2}\right)=10\times\frac{1}{5}+10\times\frac{1}{2}=2+5=7$

(4)$18\times7+18\times3=18\times(7+3)=18\times10=180$

8　(1)①100　②1　③5643

(2)①4　②8　③800

解き方　(1)$99=100-1$　だから，

$57\times99=57\times(100-1)=57\times100-57\times1$

$=5643$

(2)$32=4\times8$ と考えて，$25\times4=100$ を利用します。

$25\times32=(25\times4)\times8=100\times8=800$

p.8〜9　ぴたトレ1

1　19，23，29

解き方　素数は１とその数自身の積でしか表せない数のことである。14，15，18，21 は，$14=2\times7$，$15=3\times5$，$18=3\times6$，$21=3\times7$ などで表せるので，素数ではない。

2　(1)$2^3\times5$　(2)$2\times3^2\times7$

解き方　２や３のような素因数でわっていきます。

(1)
```
2 ) 40
2 ) 20
2 ) 10
      5
```
(2)
```
2 ) 126
3 )  63
3 )  21
      7
```

3 (1)$32=2^5$　$80=2^4\times5$

(2)32…1, 2, 4, 8, 16, 32

80…1, 2, 4, 5, 8, 10, 16, 20, 40, 80

(3)16

解き方

(1)

2) 32	2) 80
2) 16	2) 40
2) 8	2) 20
2) 4	2) 10
2	5

(2)すべての自然数の約数である1は必ず含まれる。また，どちらも素因数は5個なので，素因数と，素因数2～5個の積で表される数がそれぞれの約数となる。

(3)(1)の結果より，どちらの素因数分解にも2^4がふくまれるので，32と80の最大公約数は$2^4=16$

p.10～11　ぴたトレ1

1 (1)-3 ℃　(2)$+12$ ℃

解き方　0℃を基準にして，それより高い温度は＋の符号をつけ，低い温度は－の符号をつけて表す。

2 (1)$+4$ km　(2)-8 km

解き方　東を正の方向，西を負の方向としている。

3 (1)-10　(2)$+8$　(3)$+3.4$　(4)$-\frac{3}{7}$

解き方　0より大きい数には＋の符号，0より小さい数には－の符号をつける。

4 A $+5$，B -0.5，C -4.5

解き方　数直線上では，左側にあるほど小さい数である。0と-1の間の数Bは-0.5で，-4と-5の間の数Cは-4.5である。-1.5，-5.5などとするミスに注意。

5

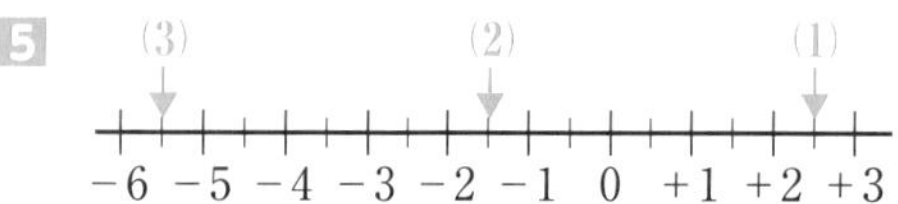

解き方　分数は小数に直して考える。

(3)$-\frac{11}{2}=-5.5$

p.12～13　ぴたトレ1

1 (1)$+4>-4$　(2)$-0.5>-1.5$

解き方　それぞれの数を数直線上に表し，大小関係を調べる。

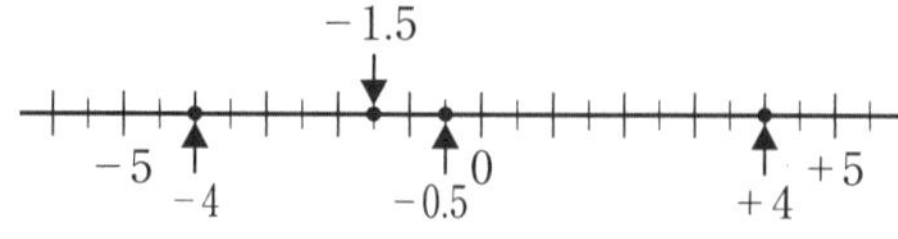

2 (1)9　(2)0　(3)0.1　(4)$\frac{2}{3}$

解き方　絶対値は，数から符号を取り除いたものとも考えられる。

3 (1)$+5$，-5　(2)0

(3)$+4.7$，-4.7　(4)$+\frac{4}{5}$，$-\frac{4}{5}$

解き方　0以外は絶対値が同じになる数が正の数と負の数の2つある。

4 (1)$-10<-6$　(2)$-6<-4.1$

(3)$+2>+1.9$　(4)$-\frac{3}{4}<-\frac{5}{8}$

解き方　正の数は，その絶対値が大きいほうが大きい。負の数は，その絶対値が小さいほうが大きい。

(1)負の数は，その絶対値が小さいほうが大きい。

(4)通分して$-\frac{6}{8}$と$-\frac{5}{8}$を比べる。

p.14～15　ぴたトレ1

1 (1)$+9$　(2)-8　(3)-5　(4)$+4$

解き方　数直線上に数を表し，和を求める。

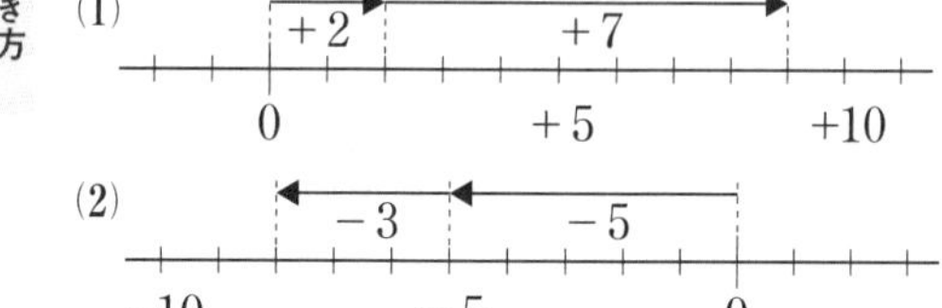

正の数は0の右側に，負の数は0の左側に表す。

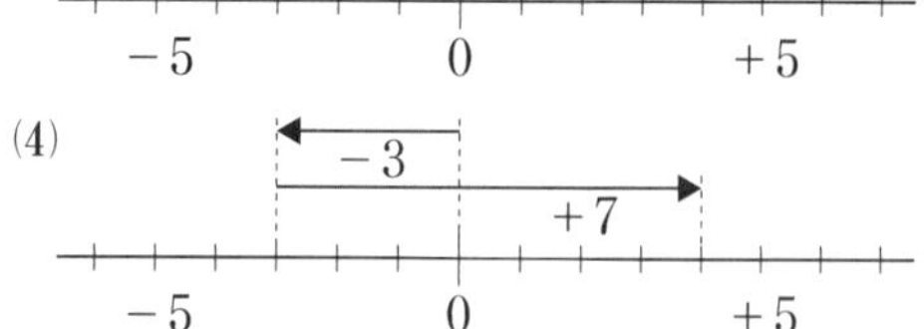

2 (1)$+15$　(2)-23　(3)-11

(4)$+15$　(5)0　(6)-16

解き方
正の数，負の数の加法は，まず和の符号を決め，次に絶対値を計算する。
(1)与式＝＋(9＋6)
　　＝＋15
(2)与式＝－(15＋8)
　　＝－23
(3)与式＝－(18－7)
　　＝－11
(4)与式＝＋(34－19)
　　＝＋15
(5)絶対値が等しい異符号の 2 数の和は 0 になる。
(6)0 にどんな数を加えても，和は加えた数に等しくなる。

3 (1)＋3　(2)＋3　(3)0

解き方
3 つ以上の数を加えるときは，計算法則を使って，計算しやすいように順序や組み合わせを変えるとよい。
(1)与式＝{(－6)＋(－4)}＋(＋13)
　　＝(－10)＋(＋13)
　　＝＋3
(2)与式＝{(－2)＋(－9)＋(－6)}＋(＋20)
　　＝(－17)＋(＋20)
　　＝＋3
(3)与式＝{(－9)＋(－2)＋(－2)}＋{(＋4)＋(＋9)}
　　＝(－13)＋(＋13)
　　＝0

p.16～17 ぴたトレ 1

1 (1)＋5　(2)－3　(3)－6
(4)－10　(5)－7　(6)－58

解き方
正の数をひく減法では，ひく数の符号＋を－に変えて，加法の式に直して計算する。
(1)与式＝(＋6)＋(－1)＝＋5
(2)与式＝(＋5)＋(－8)＝－3
(3)与式＝(＋13)＋(－19)＝－6
(4)与式＝(－7)＋(－3)＝－10
(5)与式＝(－2)＋(－5)＝－7
(6)与式＝(－27)＋(－31)＝－58

2 (1)＋8　(2)＋15　(3)＋23
(4)－6　(5)＋2　(6)0

解き方
負の数をひく減法では，ひく数の符号－を＋に変えて，加法の式に直して計算する。
(1)与式＝(＋4)＋(＋4)＝＋8
(2)与式＝(＋6)＋(＋9)＝＋15
(3)与式＝(＋17)＋(＋6)＝＋23
(4)与式＝(－8)＋(＋2)＝－6
(5)与式＝(－5)＋(＋7)＝＋2
(6)与式＝(－14)＋(＋14)＝0

3 (1)＋11　(2)－9　(3)－4　(4)＋12

解き方
どんな数から 0 をひいても，差はもとの数に等しい。また，0 からある数をひくと，差はひく数の符号を変えた数になる。
(1)(＋11)－0＝＋11　(2)(－9)－0＝－9
(3)0－(＋4)＝0＋(－4)＝－4
(4)0－(－12)＝0＋(＋12)＝＋12

p.18～19 ぴたトレ 1

1 (1)－5　(2)－2

解き方
減法は加法に直すことができるから，加法と減法の混じった式は，加法だけの式に直して計算する。
(1)与式＝(－4)＋(－7)＋(＋6)
　　＝(－11)＋(＋6)＝－5
(2)与式＝(＋9)＋(－8)＋(－13)＋(＋10)
　　＝(＋9)＋(＋10)＋(－8)＋(－13)
　　＝(＋19)＋(－21)＝－2

2 (1)5－9　(2)－12－3＋7

解き方
まず，加法だけの式に直して，加法の記号とかっこをはぶく。
(1)与式＝(＋5)＋(－9)＝5－9
(2)与式＝(－12)＋(－3)＋(＋7)＝－12－3＋7

3 (1)15　(2)－7

解き方
まず，同符号の数どうしを計算する。
(1)与式＝8＋11－4
　　＝19－4＝15
(2)与式＝－11－14＋6＋12
　　＝－25＋18＝－7

4 (1)－4　(2)－13

解き方
(1)与式＝10－8－6
　　＝10－14＝－4
(2)与式＝－21－7＋18－3
　　＝－21－7－3＋18
　　＝－31＋18＝－13

5 (1)－0.7　(2)$-\frac{1}{4}$

解き方
(2)与式＝$-\frac{4}{12}-\frac{2}{12}+\frac{3}{12}$
　　＝$-\frac{\overset{1}{\cancel{3}}}{\underset{4}{\cancel{12}}}=-\frac{1}{4}$

p.20～21 ぴたトレ 2

1 (1)$72=2^3\times3^2$　(2)42

解き方 (1)72 を素因数でわっていきます。

$$\begin{array}{r|l} 2 & 72 \\ 2 & 36 \\ 2 & 18 \\ 3 & 9 \\ & 3 \end{array}$$

(2)素因数分解をすると，

$126=2\times3\times3\times7$

$210=2\times3\times5\times7$

となり，共通する素因数より，

$2\times3\times7=42$

2 **(1)−500 円　(2)+2 km**

解き方 ある数量を正の符号を使って表したとき，その反対の性質や方向をもつもう一方の数量は，負の符号を使って表す。

3 **(1)-12，$-\dfrac{6}{5}$，-4**

(2)-12，$+7$，0，$+1$，-4

解き方 (1)負の数は 0 より小さい数である。

(2)整数は正の整数と 0 と負の整数のすべてをさす。

4

解き方 分数は小数に直して考える。

(4)$-\dfrac{7}{2}=-3.5$

5 **(1)$-3>-7$　(2)$-4<-1<+3$**

(3)$-\dfrac{3}{4}<-\dfrac{1}{4}$　(4)$-1.5<-1<0$

解き方 (1)負の数は，その絶対値が小さいほど大きい。

(2)(正の数)>(負の数)

6 **(1)−3　(2)−22　(3) 0　(4)−17**

(5)+4.1　(6)$-\dfrac{1}{8}$

解き方 (1)与式$=-(12-9)=-3$

(2)与式$=-(8+14)=-22$

(3)絶対値が等しい異符号の 2 数の和は 0 になる。

(4) 0 にどんな数を加えても，和は加えた数に等しくなる。

(5)与式$=+(5.9-1.8)=+4.1$

(6)与式$=\left(+\dfrac{6}{8}\right)+\left(-\dfrac{7}{8}\right)$

$=-\left(\dfrac{7}{8}-\dfrac{6}{8}\right)=-\dfrac{1}{8}$

7 **(1)+9　(2)−31　(3) 0　(4)+31**

(5)−1.8　(6)$-\dfrac{17}{30}$

解き方 (1)与式$=(+17)+(-8)=+9$

(2)与式$=(-6)+(-25)=-31$

(3)与式$=(-16)+(+16)=0$

(4) 0 からひく減法の差は，ひく数の符号を変えた数になる。

$0-(-31)=+31$

(5)与式$=(-7.4)+(+5.6)=-1.8$

(6)与式$=\left(-\dfrac{9}{30}\right)-\left(+\dfrac{8}{30}\right)$

$=\left(-\dfrac{9}{30}\right)+\left(-\dfrac{8}{30}\right)=-\dfrac{17}{30}$

8 **(1)−2　(2) 6　(3)−15　(4)−3　(5)−24**

(6)35　(7)−6.5　(8)−1

解き方 項を並べた式にして計算する。

(1)与式$=9-4-7$

$=9-11=-2$

(2)与式$=-25+18+13$

$=-25+31=6$

(3)与式$=15-30=-15$

(4)与式$=-10-13+4+16$

$=-23+20=-3$

(5)与式$=0-16-21+13$

$=-37+13=-24$

(6)与式$=32-15-24+42$

$=32+42-15-24=74-39=35$

(7)与式$=-2.8+3.9-7.6$

$=-2.8-7.6+3.9$

$=-10.4+3.9=-6.5$

(8)与式$=\dfrac{1}{2}-\dfrac{5}{6}-\dfrac{2}{3}$

$=\dfrac{3}{6}-\dfrac{5}{6}-\dfrac{4}{6}$

$=\dfrac{3}{6}-\dfrac{9}{6}$

$=-\dfrac{\cancel{6}^{1}}{\cancel{6}_{1}}=-1$

理解のコツ

・絶対値や数の大小は，数直線を使って考えるとわかりやすく，間違えにくい。

・減法は加法に直して計算する。

・3 つ以上の数の加法，減法は，項を並べた式で表して計算する。

p.22〜23　ぴたトレ 1

1 **(1)+40　(2)+24　(3)−50　(4)−63**

(5) 0　(6)−2　(7)−12.8　(8)+9

解き方 同符号の2数の積は，2数の絶対値の積に正の符号をつける。また，異符号の2数の積は，2数の絶対値の積に負の符号をつける。

(1)与式$=+(5\times8)=+40$

(2)与式$=+(4\times6)=+24$

(3)与式$=-(10\times5)=-50$

(4)与式$=-(7\times9)=-63$

(5) 0にどんな数をかけても，積は0になる。

(6)与式$=-(1\times2)=-2$

(7)与式$=-(4\times3.2)=-12.8$

(8)与式$=+\left(\frac{3}{\cancel{4}_{1}}\times\cancel{12}^{3}\right)=+9$

2 (1)+24　(2)+360

解き方 (1)与式$=+(3\times2\times4)=+24$

(2)かける順序を工夫して計算する。

与式$=+(4\times9\times2\times5)=+360$

3 (1)$(-9)^2$　(2)$(-8)^3$

解き方 (1)-9を2回かけた数であるから$(-9)^2$と表し，「-9の2乗」と読む。

(2)$(-8)\times(-8)\times(-8)$は(-8)を3回かけた数であるから$(-8)^3$と表す。$-(8\times8\times8)$は-8^3となる。$(-8)^3$と-8^3の違いに注意する。

4 (1)49　(2)36

解き方 (1)$(-7)^2=(-7)\times(-7)=49$

(2)$-3^2\times(-4)=-9\times(-4)=36$

p.24～25 ぴたトレ1

1 (1)-6　(2)-9　(3) 0

(4)$+13$　(5)$-\frac{14}{9}$　(6)$+\frac{3}{7}$

解き方 同符号の2数の商の符号は+，異符号の2数の商の符号は−である。

(1)与式$=-(42\div7)=-6$

(2)与式$=-(54\div6)=-9$

(3) 0を正の数でわっても負の数でわっても商は0である。なお，どんな数も0でわることはできない。

(4)与式$=+(13\div1)=+13$

(5)与式$=-(14\div9)=-\frac{14}{9}$

(6)与式$=+(21\div49)=+\frac{\cancel{21}^{3}}{\cancel{49}_{7}}=+\frac{3}{7}$

2 (1)$-\frac{4}{27}$　(2)$-\frac{5}{4}$

解き方 わる数を逆数にして，乗法に直して計算する。

(1)与式$=\left(+\frac{8}{9}\right)\times\left(-\frac{1}{6}\right)$

$=-\left(\frac{\cancel{8}^{4}}{9}\times\frac{1}{\cancel{6}_{3}}\right)=-\frac{4}{27}$

(2)与式$=\left(-\frac{5}{8}\right)\times(+2)$

$=-\left(\frac{5}{\cancel{8}_{4}}\times\cancel{2}^{1}\right)=-\frac{5}{4}$

3 (1)$+30$　(2)$+\frac{3}{8}$

解き方 乗法と除法の混じった式は，乗法だけの式に直して計算する。

(1)与式$=(-9)\times(-4)\times\frac{5}{6}$

$=+\left(\cancel{9}^{3}\times\cancel{4}^{2}\times\frac{5}{\cancel{6}_{1}}\right)=+30$

(2)与式$=9\times\left(-\frac{1}{6}\right)\times\left(-\frac{1}{4}\right)$

$=+\left(\cancel{9}^{3}\times\frac{1}{\cancel{6}_{2}}\times\frac{1}{4}\right)=+\frac{3}{8}$

4 (1)-12　(2)24　(3)54　(4)-3

解き方 (1)除法を先に計算する。

与式$=-9+(-3)=-12$

(2)累乗を先に計算する。

与式$=12-(-3)\times4$

$=12-(-12)=24$

(3)かっこの中を先に計算する。

与式$=(-6)\times(-9)=54$

(4)与式$=63\div(4-25)$

$=63\div(-21)=-3$

p.26～27 ぴたトレ1

1 (1) 1　(2)-9600

解き方 分配法則を利用し，工夫して計算する。

(1)与式$=\frac{5}{7}\times(-28)-\frac{3}{4}\times(-28)$

$=-\left(\frac{5}{\cancel{7}_{1}}\times\cancel{28}^{4}\right)+\frac{3}{\cancel{4}_{1}}\times\cancel{28}^{7}$

$=-20+21=1$

(2)与式$=(45+55)\times(-96)$

$=100\times(-96)=-9600$

2 (1)㋐，㋒　(2)㋐，㋑，㋒　(3)㋐，㋑，㋒，㋓

解き方 (1)自然数 1，2，3，4，5，…の範囲では $2+3=5$，$2\times3=6$ のように加法，乗法はできるが，減法や除法は $2-3=-1$，$2\div3=\frac{2}{3}$ のように，計算の結果が自然数にならない場合があるのでできない。
(2)整数の集合の範囲では，$2-3=-1$ のように減法もできる。
(3)数全体の集合の範囲では，$2\div3=\frac{2}{3}$ のように除法もできる。

3 **(1)65 点　(2)66 点**

解き方 (1)クラスの平均点は A の点数より 3 点低いので，
$68-3=65$
(2)基準との差の合計は，
$3-5+0+8-1=5$
基準との差の平均は，
$5\div5=1$
(1)より，基準の点数は 65 点なので，
$65+1=66$

p.28～29　ぴたトレ 2

(1)90　(2)−180　(3)4
(4)−1　(5)30　(6)16

解き方 (1)与式 $=+(15\times6)=90$
(2)与式 $=-(18\times10)=-180$
(3)与式 $=+\left(\frac{\cancel{8}^{4}}{\cancel{3}_{1}}\times\frac{\cancel{3}^{1}}{\cancel{2}_{1}}\right)=4$
(4)与式 $=-(0.4\times2.5)=-1$
(5)与式 $=+\left(\cancel{25}^{5}\times\frac{6}{\cancel{5}_{1}}\right)=30$
(6)与式 $=(-4)\times(-4)=+(4\times4)=16$

2 **(1)0　(2)12　(3)$-\frac{2}{5}$(−0.4)**
(4)−21　(5)$\frac{3}{50}$　(6)$-\frac{5}{7}$

解き方 (1)0 を正の数でわっても負の数でわっても商は 0 である。
(2)与式 $=+(84\div7)=12$
(3)与式 $=-(8\div20)$
$=-\frac{\cancel{8}^{2}}{\cancel{20}_{5}}=-\frac{2}{5}$
(4)与式 $=9\times\left(-\frac{7}{3}\right)$
$=-\left(\cancel{9}^{3}\times\frac{7}{\cancel{3}_{1}}\right)=-21$
(5)与式 $=\left(-\frac{9}{10}\right)\times\left(-\frac{1}{15}\right)$
$=+\left(\frac{\cancel{9}^{3}}{10}\times\frac{1}{\cancel{15}_{5}}\right)=\frac{3}{50}$
(6)与式 $=\left(-\frac{4}{7}\right)\times\left(+\frac{5}{4}\right)$
$=-\left(\frac{\cancel{4}^{1}}{7}\times\frac{5}{\cancel{4}_{1}}\right)=-\frac{5}{7}$

3 **(1)60　(2)$-\frac{1}{2}$　(3)60**
(4)−27　(5)$-\frac{45}{4}$　(6)−12

解き方 (1)与式 $=+(6\times2\times5)=60$
(2)与式 $=-\left(\frac{1}{\cancel{5}^{1}}\times\frac{\cancel{3}^{1}}{\cancel{10}_{2}}\times\frac{1}{\cancel{3}_{1}}\right)=-\frac{1}{2}$
(3)与式 $=\left(-\frac{3}{10}\right)\times25\times(-8)$
$=+\left(\frac{3}{\cancel{10}_{1}}\times\cancel{25}^{5}\times\cancel{8}^{4}\right)=60$
(4)与式 $=9\times(-3)=-27$
(5)与式 $=(-9)\times\left(-\frac{5}{2}\right)\times\left(-\frac{1}{2}\right)$
$=-\left(9\times\frac{5}{2}\times\frac{1}{2}\right)=-\frac{45}{4}$
(6)与式 $=\cancel{8}^{4}\times\frac{3}{\cancel{2}_{1}}\times(-1)=-12$

4 **(1)−3　(2)180　(3)27**
(4)−80　(5)−28　(6)−10

解き方 (1)与式 $=21\div3+(-10)$
$=7-10=-3$
(2)与式 $=81\times4-4\times36$
$=(81-36)\times4$
$=45\times4=180$
(3)与式 $=11-64\div(-4)$
$=11-(-16)$
$=11+16=27$
(4)与式 $=4\times(-4-16)$
$=4\times(-20)=-80$
(5)与式 $=(9-16)\times4$
$=(-7)\times4=-28$
(6)$a\times(b+c)=a\times b+a\times c$ を使って，工夫して計算する。
与式 $=\frac{5}{\cancel{9}_{1}}\times(-\cancel{72}^{8})-\frac{5}{\cancel{12}_{1}}\times(-\cancel{72}^{6})$
$=(-40)-(-30)$
$=-40+30=-10$

5 **(1)×　(例)$(-2)-(-3)=+1$　(2)○**

解き方

(1)積が正の数になるから，この2数は同符号である。同符号の2数の和が負の数になるから，この2数は負の数である。負の2数の差は正の数になる場合もある。

(2)2数の積は正の数で，それに3番目の数をかけると，答えは0か負の数になる。したがって，3番目の数は0か負の数である。はじめの2数に0か負の数を加えた数は負の数である。

6 **(1)D，170.4 cm　(2)159.7 cm**

解き方

(1)差が正の数で最も大きい数はDの+10.4である。身長は

160.0+10.4=170.4(cm)

(2){(−1.2)+(+0.1)+(−8.3)+(+10.4)+(−2.5)}

÷5+160.0=−1.5÷5+160.0

=−0.3+160.0

=159.7(cm)

理解のコツ

・式全体を見て，どの順に計算すればよいかを確認する。

・計算法則を使って工夫して効率的に計算できないか，確かめる習慣をつけておく。

p.30〜31　ぴたトレ3

1 **(1)$2^3\times3^2\times7$　(2)36**

解き方

(1)2や3のような素因数でわっていく。

2) 504
2) 252
2) 126
3) 63
3) 21
　　7

(2)素因数分解をすると，

$108=2^2\times3^3$，$180=2^2\times3^2\times5$

である。どちらの素因数にもふくまれる数の積を考えると，$2^2\times3^2=36$

2 **(1)−2時　(2)+3.5 km**

解き方

(1)基準であるいまから後を正の数，いまから前を負の数で表す。

(2)北へ進むことを正の数で表している。

3 **(1)$-\frac{1}{4}>-\frac{1}{3}$　(2)−1，0，+1**

(3)−4，−3，−2，−1　(4)−10，+4

解き方

(1)通分して $-\frac{3}{12}$ と $-\frac{4}{12}$ を比べる。絶対値の小さい $-\frac{3}{12}$ のほうが大きいことに注意。

(2)絶対値が0，1の整数を答える。

(3)(4)数直線で考えるとよい。

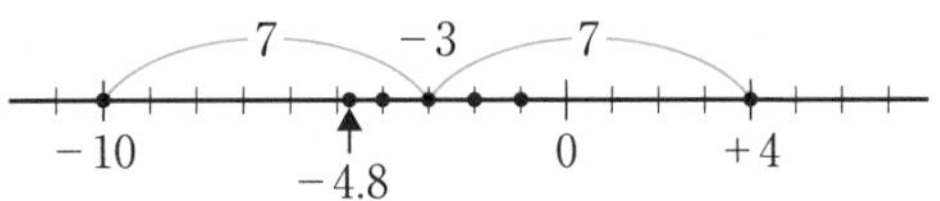

4 **(1)1　(2)−19　(3)$-\frac{3}{4}$　(4)−26**

(5)9　(6)−10　(7)−2.4　(8)$-\frac{5}{12}$

解き方

(1)9+(−8)=9−8

=1

(2)−7+(−12)=−7−12

=−19

(3)$0+\left(-\frac{3}{4}\right)=-\frac{3}{4}$

(4)−13+(−13)=−13−13

=−26

(5)3−(−6)=3+6=9

(6)与式=−8+4−6

=−8−6+4

=−14+4

=−10

(7)与式=−2.9−4.8+5.3

=−7.7+5.3

=−2.4

(8)与式$=-\frac{1}{4}+\frac{2}{3}-\frac{5}{6}$

$=-\frac{3}{12}+\frac{8}{12}-\frac{10}{12}$

$=-\frac{13}{12}+\frac{8}{12}$

$=-\frac{5}{12}$

5 **(1)45　(2)36　(3)24**

(4)$\frac{1}{18}$　(5)−24　(6)72

解き方

(1)与式=+(9×5)

=45

(2)与式={(−3)×(−2)}×6

=6×6

=36

(3)与式=(−3)×(−8)

=+(3×8)

=24

(4)与式=+(4÷72)

$=\frac{\overset{1}{\cancel{4}}}{\underset{18}{\cancel{72}}}=\frac{1}{18}$

(5)与式$=\left(+\overset{3}{\cancel{9}}\right)\times\left(-\dfrac{8}{\underset{1}{\cancel{3}}}\right)$

$=-24$

(6)与式$=(-6)\times\left(-\dfrac{4}{9}\right)\times 27$

$=+\left(\overset{2}{\cancel{6}}\times\dfrac{4}{\underset{1}{\cancel{9}}}\times\overset{9}{\cancel{27}}\right)$

$=72$

6 (1)-11　(2)18　(3)2　(4)$-\dfrac{3}{5}$

解き方

累乗→かっこの中→乗除→加減の順に計算する。

(1)与式$=-19+8\times 1$

$=-19+8$

$=-11$

(2)与式$=(-30)-(-48)$

$=-30+48$

$=18$

(3)与式$=\dfrac{1}{2}-\dfrac{1}{4}\times(-6)$

$=\dfrac{1}{2}+\dfrac{3}{2}$

$=2$

(4)分配法則を使って，かっこでまとめて計算する。

与式$=\dfrac{3}{5}\times\left\{\left(-\dfrac{2}{9}\right)+\left(-\dfrac{7}{9}\right)\right\}$

$=\dfrac{3}{5}\times(-1)$

$=-\dfrac{3}{5}$

7 (1)木曜日　(2)7 °C　(3)21 °C

解き方

(1)火曜日を 0 とし，それより低い温度を負の数で表している。最も小さい数は -2

(2)気温が最も高い日は日曜日。最も低い日は(1)より木曜日。$(+5)-(-2)=7$

(3)表の気温の平均を求め，基準にした 20 °C に加える。

$\{(+5)+(-1)+0+(+2)+(-2)+(-1)+(+4)\}$
$\div 7=7\div 7=1$

$20+1=21$

3章　文字と式

p.33　ぴたトレ0

1 (1)680円　(2)$x\times6+200=y$　(3)740

解き方　(2)ことばの式を使って考えるとわかりやすいです。(1)で考えた値段80円のところをx円におきかえて式をつくります。上の答え以外の表し方でも，意味があっていれば正解です。

2 (1)ノート8冊の代金
(2)ノート1冊と鉛筆(えんぴつ)1本をあわせた代金
(3)ノート4冊と消しゴム1個をあわせた代金

解き方　式の中の数が，それぞれ何を表しているのかを考えます。
(3)$x\times4$はノート4冊，70円は消しゴム1個の代金です。

p.34～35　ぴたトレ1

1 (1)$(1000-350\times x)$円　(2)$(a\div6)$ m

解き方　(1)$(1000-350x)$円でもよい。
(2)$\dfrac{a}{6}$ mでもよい。

2 (1)$-5mn$　(2)$-x-4y$　(3)$2x^2$　(4)$-2y^2+y$

解き方　乗法の記号×は，はぶく。数を文字の前に書き，文字はふつうアルファベットの順に書く。同じ文字の積は累乗の指数を使って表す。
(2)$x\times(-1)$は$-1x$とせず$-x$と表す。
(4)与式$=-2\times y\times y+y$
$=-2y^2+y$

3 (1)$\dfrac{4x}{9}$　(2)$\dfrac{3a-2}{4}$　(3)$-\dfrac{a}{2}$　(4)$\dfrac{3}{y}$

解き方　除法の記号÷は使わないで，分数の形で書く。
(2)の分子はかっこをとって表す。
(1)は$\dfrac{4}{9}x$，(2)は$\dfrac{1}{4}(3a-2)$と表してもよい。

4 (1)$\dfrac{8a}{5}$　(2)$\dfrac{4(x-y)}{3}$

解き方　(1)は$\dfrac{8}{5}a$，(2)は$\dfrac{4}{3}(x-y)$と表してもよい。

5 (1)$6\times x\times y$
(2)$(a+b)\div3$

解き方　(1)かける順番は入れかわってもよい。
(2)分子の式$a+b$にはかっこをつける。

p.36～37　ぴたトレ1

1 (1)a^3 cm^3　(2)時速$\dfrac{x}{3}$ km　(3)$(a+0.001b)$ kg

解き方　(1)立方体の体積は，1辺×1辺×1辺で求められる。
(2)(速さ)$=\dfrac{(道のり)}{(時間)}$
(3)単位をkgにそろえる。b g$=0.001b$ kg
$a+\dfrac{1}{1000}b$としてもよい。

2 (1)4　(2)3　(3)-7　(4)-25　(5)-15　(6)4

解き方　(1)$2x-6=2\times5-6$
$=10-6=4$
(2)$-y=-(-3)=3$
(3)$\dfrac{21}{y}=\dfrac{\overset{7}{\cancel{21}}}{-\underset{1}{\cancel{3}}}=-7$
(4)$-x^2=-5^2=-25$
(5)$2xy-5y=2\times5\times(-3)-5\times(-3)$
$=-30+15=-15$
(6)$-x+y^2=-5+(-3)^2$
$=-5+9=4$

3 (1)買った鉛筆とペンの本数の合計，本
(2)買った鉛筆とペンの代金の合計，円

解き方　文字を使った式が表す数量を読みとる。
(1)aとbはそれぞれ鉛筆とペンの買った本数を表しているので，$a+b$は買った本数の合計を表している。
(2)$100a$と$150b$はそれぞれ鉛筆とペンの買った金額を表しているので，$100a+150b$は買った代金の合計を表している。

4 (1)正三角形の面積，cm^2
(2)正三角形の周の長さ，cm

解き方　(1)(底辺)×(高さ)÷2で，三角形の面積を表している。
(2)$3a$は3辺の長さの和である。

p.38～39　ぴたトレ2

1 (1)$-2xy$　(2)$(x-1)y$　(3)$b+a$　(4)$-2m^3$
(5)$4x^2-x$　(6)$-\dfrac{3x}{2}$　(7)$-\dfrac{a+b}{7}$　(8)$\dfrac{9(a-b)}{2}$
(9)$n^2-\dfrac{n}{5}$　(10)$\dfrac{x-y}{5}-\dfrac{x+y}{4}$

解き方　(4)同じ文字の積は累乗の指数を使って表す。
与式$=(-2)\times m\times m\times m=-2m^3$
(6)$-\dfrac{3}{2}x$と表してもよい。
(7)$-\dfrac{1}{7}(a+b)$と表してもよい。
(8)$\dfrac{9}{2}(a-b)$と表してもよい。

(10) $\frac{1}{5}(x-y)-\frac{1}{4}(x+y)$ と表してもよい。

2 **(1) $-a\times a\times a$　(2) $-3\times x+4\times y$**
(3) $x\times y\div z$　(4) $(a+b)\div 2$
(5) $-(x-y)\div 3+x\times y$　(6) $5\times(x-4)+y\div 3$

解き方
(1) a^3 は a を3個かけ合わせた数である。
(4)分子の $a+b$ にかっこをつける。
(5) $-\frac{1}{3}\times(x-y)+x\times y$ と表してもよい。
(6) $5\times(x-4)+\frac{1}{3}\times y$ と表してもよい。

3 **(1) $9hx$ cm³　(2) $(1000a-b)$ mL　(3) $\frac{x}{4}$ 時間**
(4) $0.4p$ 人

解き方
(1)直方体の体積は，(縦)×(横)×(高さ)で求められる。
(2)単位を mL にそろえる。a L $=1000a$ mL
(3)(時間)=(道のり)÷(速さ)
(4) 10 %=0.1 であるから，40 %=0.4

4 **(1) 8　(2) −7　(3) 4　(4) 56**

解き方
(1)与式 $=(-2)^2-2\times(-2)$
$=4+4=8$
(2)与式 $=\frac{-\overset{1}{\cancel{3}}}{\underset{1}{\cancel{3}}}+2\times(-3)$
$=-1-6=-7$
(3)与式 $=\frac{1}{\underset{1}{\cancel{2}}}\times\overset{2}{\cancel{4}}-\frac{\overset{2}{\cancel{4}}}{-\underset{1}{\cancel{2}}}$
$=2+2=4$
(4)与式 $=8\times(-5)^2-4\times(-6)^2$
$=200-144=56$

5 **(1)大人5人と子ども12人の入園料の合計**
(2)大人と子どもの入園料の差

解き方
(1) $5x$ は，大人5人分の入園料の合計，$12y$ は子ども12人分の入園料の合計を表している。したがって，$(5x+12y)$ 円は，大人5人と子ども12人の入園料の合計を表している。
(2) x と y の差を表している。

理解のコツ
・数量を式で表すときは，必ず単位をつける。
・式に＋や－がふくまれているときは，$(a-b)$ cm のように，かっこをつけて，その次に単位を書く。

p.40〜41　ぴたトレ1

1 **(1)項…$4x$，-6　x の係数…4**
(2)項…a，$-\frac{b}{3}$　a の係数…1　b の係数…$-\frac{1}{3}$

解き方
項を考えるときは，加法だけの式に直す。
(1) $4x-6=4x+(-6)$
(2) $a-\frac{b}{3}=a+\left(-\frac{b}{3}\right)$
a は $1\times a$ と考えるから，係数は1，
$-\frac{b}{3}$ は $-\frac{1}{3}b$ であるから，係数は $-\frac{1}{3}$

2 **(1) $3a$　(2) $-5x$　(3) $2x-9$　(4) 3**

解き方
文字が同じ項どうし，数の項どうしを集めて，それぞれを加える。
(1)与式 $=(2+1)a=3a$
(2)与式 $=(4-9)x=-5x$
(3)与式 $=7x-5x-9=2x-9$
(4)与式 $=-13y+13y+9-6=3$

3 **(1) $6x-8$　(2) $-4x-2$**

解き方
(1) $(4x+1)+(2x-9)=4x+2x+1-9=6x-8$
(2) $(-8x+3)+(4x-5)=-8x+3+4x-5$
$=-8x+4x+3-5$
$=-4x-2$

4 **$-8y-1$**

解き方
$(-3y+2)+(-5y-3)=-3y+2-5y-3$
$=-3y-5y+2-3$
$=-8y-1$

5 **(1) $2x-2$　(2) $14a-3$**

解き方
(1) $(5x+4)-(3x+6)=5x+4-3x-6$
$=5x-3x+4-6=2x-2$
(2) $(4a-6)-(-10a-3)=4a-6+10a+3$
$=4a+10a-6+3$
$=14a-3$

6 **$2y+5$**

解き方
$(-3y+2)-(-5y-3)=-3y+2+5y+3$
$=-3y+5y+2+3$
$=2y+5$

p.42〜43　ぴたトレ1

1 **(1) $-24x$　(2) $\frac{9}{2}y$**

解き方
項が1つの1次式と数の乗法では，数どうしの積に文字をかける。
(1)与式 $=3\times x\times(-8)$
$=3\times(-8)\times x=-24x$
(2)与式 $=\left(-\frac{3}{4}\right)\times y\times(-6)$
$=\left(-\frac{3}{\underset{2}{\cancel{4}}}\right)\times(-\overset{3}{\cancel{6}})\times y=\frac{9}{2}y$

2 **(1) $-6x+15$　(2) $-10x+9$**

解き方

(1)与式$=2x\times(-3)-5\times(-3)$
$=-6x+15$
(2)かっこの前が－のとき，かっこをはずすと，かっこの中の各項の符号が変わる。
$-(10x-9)=-10x+9$

3 **(1)$-5x$　(2)$-24x$**

解き方

項が1つの1次式を数でわる除法では，分数の形にするか，わる数の逆数をかける。

(1)与式$=-\dfrac{20x}{4}=-\dfrac{\overset{5}{\cancel{20}}\times x}{\underset{1}{\cancel{4}}}=-5x$

(2)与式$=16x\times\left(-\dfrac{3}{2}\right)$
$=16\times x\times\left(-\dfrac{3}{2}\right)$
$=\overset{8}{\cancel{16}}\times\left(-\dfrac{3}{\underset{1}{\cancel{2}}}\right)\times x=-24x$

4 **(1)$3a-1$　(2)$4x-3$**

解き方

(1)与式$=\dfrac{18a-6}{6}$
$=\dfrac{\overset{3}{\cancel{18}}a}{\underset{1}{\cancel{6}}}-\dfrac{\overset{1}{\cancel{6}}}{\underset{1}{\cancel{6}}}=3a-1$

(2)与式$=\dfrac{-12x+9}{-3}$
$=\dfrac{\overset{4}{\cancel{12}}x}{\underset{1}{\cancel{3}}}-\dfrac{\overset{3}{\cancel{9}}}{\underset{1}{\cancel{3}}}=4x-3$

わる数の逆数をかける乗法に直して計算してもよい。

(1)与式$=(18a-6)\times\dfrac{1}{6}$
$=\overset{3}{\cancel{18}}a\times\dfrac{1}{\underset{1}{\cancel{6}}}-\overset{1}{\cancel{6}}\times\dfrac{1}{\underset{1}{\cancel{6}}}=3a-1$

(2)与式$=(-12x+9)\times\left(-\dfrac{1}{3}\right)$
$=-\overset{4}{\cancel{12}}x\times\left(-\dfrac{1}{\underset{1}{\cancel{3}}}\right)+\overset{3}{\cancel{9}}\times\left(-\dfrac{1}{\underset{1}{\cancel{3}}}\right)=4x-3$

5 **(1)$-x+16$　(2)$7x-8$**

解き方

(1)与式$=2x+10-3x+6$
$=2x-3x+10+6=-x+16$
(2)与式$=x-4+6x-4$
$=x+6x-4-4=7x-8$

6 **(1)$6x-16$　(2)$-36a+4$**

解き方

(1)与式$=\dfrac{3x-8}{\underset{1}{\cancel{7}}}\times\overset{2}{\cancel{14}}=(3x-8)\times2$
$=6x-16$

(2)与式$=\left(-\overset{4}{\cancel{16}}\right)\times\dfrac{9a-1}{\underset{1}{\cancel{4}}}=(-4)\times(9a-1)$
$=-36a+4$

p.44～45　ぴたトレ1

1 **こうた…㋑　みどり…㋐**

解き方

こうたさんは，棒が6本の正六角形がn個あると考えて，$6n$本とした。ただし，重なった辺を重複して数えているから，$n-1$をひいて，$6n-(n-1)$とした。
みどりさんは，棒が5本の図形がn個と考えて，残りの1本をたして$5n+1$とした。

2 **(1)$200-30a=b$　(2)$1000-4a=b$**

解き方

(1)(全体の枚数)－(配った枚数)＝(残った枚数)から式をつくる。
(2)(出したお金)－(代金)＝(おつり)から式をつくる。

3 **(1)$5a<1000$　(2)$30a+300>80b$**
(3)$2x-4\leqq y-7$

解き方

(1)1枚a円の画用紙5枚の代金$5a$円は，1000円でおつりがもらえるので，1000円より少ない。
$1000-5a>0$としてもよい。
(2)ゆかさんの代金は$(30a+300)$円，まさとさんの代金は$80b$円。
(3)ある数xの2倍から4をひいた数は$2x-4$，ある数yから7をひいた数は$y-7$。不等号≦を使う。

p.46～47　ぴたトレ2

◆1 **(1)$-2a+6$　(2)$-8x-1$　(3)$4x+11$**
(4)$-\dfrac{a}{6}+11$

解き方

(1)与式$=3a-5a+2+4$
$=-2a+6$
(2)与式$=-7x+3-x-4$
$=-7x-x+3-4$
$=-8x-1$
(3)与式$=5x+4-x+7$
$=5x-x+4+7$
$=4x+11$
(4)与式$=\dfrac{a}{3}+8-\dfrac{a}{2}+3$
$=\dfrac{a}{3}-\dfrac{a}{2}+8+3$
$=\dfrac{2a}{6}-\dfrac{3a}{6}+11=-\dfrac{a}{6}+11$

◆2 **(1)$-40x$　(2)$-4x$　(3)$-12x$　(4)$\dfrac{3}{4}x$**

(5) $-\frac{1}{16}x$　(6) $-\frac{7}{2}x$

解き方

(1)与式 $=5\times x\times(-8)$

$=5\times(-8)\times x=-40x$

(2)与式 $=\frac{2}{3}\times x\times(-6)$

$=\frac{2}{\underset{1}{\cancel{3}}}\times(-\overset{2}{\cancel{6}})\times x$

$=-4x$

(3)与式 $=16\times x\times\left(-\frac{3}{4}\right)$

$=\overset{4}{\cancel{16}}\times\left(-\frac{3}{\underset{1}{\cancel{4}}}\right)\times x=-12x$

(4)与式 $=\frac{\overset{3}{\cancel{15}}x}{\underset{4}{\cancel{20}}}=\frac{3}{4}x$

(5)与式 $=\frac{1}{2}x\times\left(-\frac{1}{8}\right)$

$=\frac{1}{2}\times\left(-\frac{1}{8}\right)\times x=-\frac{1}{16}x$

(6)与式 $=3x\times\left(-\frac{7}{6}\right)$

$=\overset{1}{\cancel{3}}\times\left(-\frac{7}{\underset{2}{\cancel{6}}}\right)\times x=-\frac{7}{2}x$

(4)はわる数の逆数をかける乗法に直して計算してもよい。

3 (1) $6a-4$　(2) $4x-2$　(3) $-25x+21$
(4) $-5x+6$　(5) $8x-4$　(6) $9a-3$
(7) $-2x+8$　(8) $28x-35$

解き方

(1)与式 $=2\times3a-2\times2=6a-4$

(2)与式 $=\overset{4}{\cancel{8}}\times\frac{x}{\underset{1}{\cancel{2}}}-\overset{2}{\cancel{8}}\times\frac{1}{\underset{1}{\cancel{4}}}=4x-2$

(3)与式 $=\frac{5}{\underset{1}{\cancel{7}}}x\times(-\overset{5}{\cancel{35}})-\frac{3}{\underset{1}{\cancel{5}}}\times(-\overset{7}{\cancel{35}})=-25x+21$

(4)与式 $=\frac{25x-30}{-5}$

$=\frac{\overset{5}{\cancel{25}}x}{-\underset{1}{\cancel{5}}}+\frac{\overset{6}{\cancel{30}}}{\underset{1}{\cancel{5}}}=-5x+6$

(5)与式 $=\frac{48x-24}{6}$

$=\frac{\overset{8}{\cancel{48}}x}{\underset{1}{\cancel{6}}}-\frac{\overset{4}{\cancel{24}}}{\underset{1}{\cancel{6}}}=8x-4$

(6)与式 $=\frac{-36a+12}{-4}$

$=\frac{\overset{9}{\cancel{36}}a}{\underset{1}{\cancel{4}}}-\frac{\overset{3}{\cancel{12}}}{\underset{1}{\cancel{4}}}=9a-3$

(7)与式 $=\frac{x-4}{\underset{1}{\cancel{3}}}\times(-\overset{2}{\cancel{6}})$

$=(x-4)\times(-2)=-2x+8$

(8)与式 $=\overset{7}{\cancel{21}}\times\frac{4x-5}{\underset{1}{\cancel{3}}}$

$=7\times(4x-5)=28x-35$

(4), (5), (6)はわる数の逆数をかける乗法に直して計算してもよい。

4 (1) $-2a+21$　(2) $20x-17$　(3) $-11x+1$
(4) $15x-16$　(5) $\frac{1}{12}x-\frac{7}{12}$　(6) 5

解き方

(1)与式 $=9+6a-8a+12$

$=6a-8a+9+12=-2a+21$

(2)与式 $=6x-10-7+14x$

$=6x+14x-10-7=20x-17$

(3)与式 $=16x-2+3-27x$

$=16x-27x-2+3=-11x+1$

(4)与式 $=9x-12-4+6x$

$=9x+6x-12-4=15x-16$

(5)与式 $=\frac{1}{3}x-\frac{1}{3}-\frac{1}{4}x-\frac{1}{4}$

$=\frac{4}{12}x-\frac{3}{12}x-\frac{4}{12}-\frac{3}{12}$

$=\frac{1}{12}x-\frac{7}{12}$

(6)与式 $=2a+2-2a+3$

$=2a-2a+2+3=5$

5 右の図で　のように囲むと，　の中の個数は $(n-1)$ 個と表すことができる。$(n-1)$ 個の碁石が 4 列あるから，碁石全部の個数は $4(n-1)$ 個である。

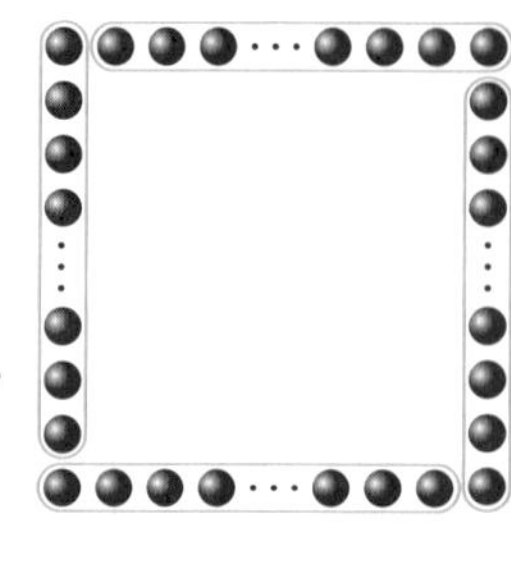

解き方

$4(n-1)$ は $4\times(n-1)$ だから，$(n-1)$ のまとまりが 4 つと考える。

6 (1) $500-85a=b$　(2) $x-4y=10$

解き方

(1) 85 円のお菓子 a 個の代金は $85a$ 円

(2)(道のり)=(速さ)×(時間)
走った道のりは $4y$ km

7 (1) $x+16<3x$　(2) $140x>100y$

解き方

(1)ある数 x に 16 を加えた数は $x+16$，x を 3 倍した数は $3x$ で，$x+16$ は $3x$ 未満になるから，
$x+16<3x$

(2) 1 冊 140 円のノート x 冊の代金は $140x$ 円，1 本 100 円のボールペン y 本の代金は $100y$ 円で，$140x$ 円は $100y$ 円よりも高いから，$140x>100y$

理解のコツ

・式の計算では，符号のミスがないかどうか，計算したあとによく確かめておく。
・数量の関係を等式で表すときは，まず，何と何が等しいか考え，それぞれ式に表す。

p.48〜49 ぴたトレ3

❶ (1)$-5a+b^2$ (2)$\dfrac{a-b}{2}$ (3)$\dfrac{x-4y}{5}$

解き方 ×，÷の記号を使わずに表す。除法は分数の形で表す。(2)は $\dfrac{1}{2}(a-b)$，(3)は $\dfrac{1}{5}(x-4y)$ と表してもよい。

❷ (1)$(1000x-y)$ m (2)$0.7a$円$\left(\dfrac{7}{10}a\text{円}\right)$

解き方 (1) 1 km＝1000 m であるから，
x km＝$1000x$ m
(2)定価 a 円の 3 割引の代金は，
$(1-0.3)a$ 円

❸ (1) 0 (2) 5 (3) −14

解き方 (1)与式$=-(-3)^2+9$
$=-9+9=0$
(2)与式$=\dfrac{1}{2}\times 4-\dfrac{6}{-2}$
$=2+3=5$
(3)与式$=2\times(-1)^2-4^2$
$=2-16=-14$

❹ (1)$-54x$ (2)$-6x$ (3)$-16x-5$
(4)$4y+3$ (5)$8a-1$ (6)$3x-18$

解き方 (1)与式$=6\times x\times(-9)$
$=6\times(-9)\times x=-54x$
(2)与式$=8x\times\left(-\dfrac{3}{4}\right)$
$=8\times\left(-\dfrac{3}{4}\right)\times x=-6x$
(3)与式$=(-20)\times\dfrac{4}{5}x+(-20)\times\dfrac{1}{4}$
$=-16x-5$
(4)与式$=(-1)\times(-4y)+(-1)\times(-3)$
$=4y+3$
(5)与式$=\dfrac{24a-3}{3}$
$=\dfrac{24a}{3}-\dfrac{3}{3}=8a-1$
わる数の逆数をかける乗法に直して計算してもよい。
(6)与式$=\dfrac{x-6}{4}\times 12$
$=(x-6)\times 3=3x-18$

❺ (1)$3x-5$ (2)$-x-4$ (3)$-\dfrac{3}{5}a-2$
(4)$13x-9$ (5)$8a-28$ (6)$-a-1$

解き方 (1)与式$=-3x+6x+4-9$
$=3x-5$
(2)与式$=-3x+1+2x-5$
$=-3x+2x+1-5=-x-4$
(3)与式$=-\dfrac{4}{5}a-6+\dfrac{1}{5}a+4$
$=-\dfrac{4}{5}a+\dfrac{1}{5}a-6+4=-\dfrac{3}{5}a-2$
(4)与式$=3x+6+10x-15$
$=3x+10x+6-15=13x-9$
(5)与式$=12a-20-4a-8$
$=12a-4a-20-8=8a-28$
(6)与式$=-6a+2+5a-3=-6a+5a+2-3$
$=-a-1$

❻ (1) 5 の倍数 (2)奇数

解き方 (1)n が整数のとき，$5n$ は 5×(整数) であるから，5 の倍数を表している。
(2)$2n$ は 2×(整数) だから，2 の倍数，すなわち偶数を表している。(偶数)+1 であるから，$2n+1$ は奇数を表している。

❼ (1)$0.6a=b\left(\dfrac{3}{5}a=b\right)$ (2)$60x+150y=800$

解き方 (1)a 円の 4 割引の代金は，$(1-0.4)a$ 円
(2)(道のり)＝(速さ)×(時間) であるから，歩いた道のりは $60x$ m，走った道のりは $150y$ m である。

❽ (1)$7a\geqq 800$ (2)$x-50y<10$

解き方 (1)ケーキの代金 $7a$ 円が 800 円以上。
(2)(道のり)＝(速さ)×(時間) であるから，走った道のりは $50y$ km である。残りの道のりは $(x-50y)$ km で，この道のりは 10 km 未満であるから，
$x-50y<10$

4章　方程式

p.51　ぴたトレ0

1 (1)分速 80 m　(2)80 km　(3)0.2 時間

解き方
(1)速さ＝道のり÷時間　だから，
$400\div5=80$
(2) 1 時間 20 分＝$\frac{80}{60}$ 時間　だから，
$60\times\frac{80}{60}=80$ (km)
(3) 1 時間は (60×60) 秒　だから，
秒速 75 m を時速になおすと，
$75\times3600=270000$(m)，
270000 m＝270 km
です。時間＝道のり÷速さ　だから，
$54\div270=0.2$(時間)
12 分もしくは 720 秒でも正解です。

2 (1)$\frac{2}{5}$(0.4)　(2)$\frac{8}{5}\left(1\frac{3}{5},\ 1.6\right)$　(3)$\frac{5}{6}$

解き方
$a:b$ の比の値は，$a\div b$ で求められます。
(2)$4\div2.5=40\div25=\frac{40}{25}=\frac{8}{5}$
(3)$\frac{2}{3}\div\frac{4}{5}=\frac{2}{3}\times\frac{5}{4}=\frac{5}{6}$

3 (1)17：19　(2)36：19

解き方
(2)クラス全体の人数は，17＋19＝36(人)です。

p.52〜53　ぴたトレ1

1 ㋒

解き方
方程式 $6x-7=x+3$ の x に，㋐，㋑，㋒のそれぞれの x の値を代入して調べる。
㋐左辺$=6\times(-2)-7=-19$
右辺$=-2+3=1$
㋑左辺$=6\times0-7=-7$
右辺$=0+3=3$
㋒左辺$=6\times2-7=5$
右辺$=2+3=5$
左辺＝右辺となるのは㋒の $x=2$ のときである。

2 ㋑，㋓

解き方
方程式の x に -3 を代入して，左辺の値と右辺の値が等しくなるものを見つける。
㋐左辺$=4\times(-3)+5=-7$
右辺$=17$
㋑左辺$=(-2)\times(-3)+7=13$
右辺$=13$
㋒左辺$=(-3)\times(-3)=9$
右辺$=6+(-3)=3$
㋓左辺$=5\times(-3)+8=-7$
右辺$=2\times(-3)-1=-7$
左辺＝右辺となるのは㋑と㋓である。

3 (1)$x=5$　(2)$x=-2$　(3)$x=12$　(4)$x=-7$

解き方
どの等式の性質を使えば $x=$(数) に変形できるかを考え，式を簡単な形に変形していく。
(1)両辺に 8 を加えると，
$x-8+8=-3+8$
$x=5$
(2)両辺から 6 をひくと，
$x+6-6=4-6$
$x=-2$
(3)両辺に 3 をかけると，
$\frac{x}{3}\times3=4\times3$
$x=12$
(4)両辺を 2 でわると，
$\frac{2x}{2}=\frac{-14}{2}$
$x=-7$

p.54〜55　ぴたトレ1

1 (1)$x=1$　(2)$x=-2$　(3)$x=2$
(4)$x=-4$　(5)$x=-2$　(6)$x=4$

解き方
移項すると項の符号が変わることに注意する。
(1)$-x$ を移項すると，
$2x+x=3$
$3x=3$
$x=1$
(2)$2x$ を移項すると，
$8x-2x=-12$
$6x=-12$
$x=-2$
(3)-9 を移項すると，
$8x=7+9$
$8x=16$
$x=2$
(4) 7 を移項すると，
$3x=-5-7$
$3x=-12$
$x=-4$
(5)x を移項すると，
$-6x-x=14$
$-7x=14$
$x=-2$

(6) 3 を移項すると，

$-5x=-17-3$

$-5x=-20$

$x=4$

2 (1)$\boldsymbol{x=5}$　(2)$\boldsymbol{x=-1}$　(3)$\boldsymbol{x=\frac{2}{3}}$　(4)$\boldsymbol{x=4}$

(5)$\boldsymbol{y=-1}$　(6)$\boldsymbol{x=0}$

解き方

移項すると項の符号が変わることに注意する。

(1)$2x$，-3 を移項すると，

$5x-2x=12+3$

$3x=15$

$x=5$

(2)$2x$，6 を移項すると，

$-4x-2x=12-6$

$-6x=6$

$x=-1$

(3)$2x$，-9 を移項すると，

$5x-2x=-7+9$

$3x=2$

$x=\frac{2}{3}$

(4)$-2x$，4 を移項すると，

$-3x+2x=-4$

$-x=-4$

$x=4$

(5)y，5 を移項すると，

$3y-y=3-5$

$2y=-2$

$y=-1$

(6)$-7x$，8 を移項すると，

$-12x+7x=8-8$

$-5x=0$

$x=0$

p.56〜57　ぴたトレ 1

1 (1)$\boldsymbol{x=-8}$　(2)$\boldsymbol{x=-2}$　(3)$\boldsymbol{x=3}$　(4)$\boldsymbol{x=3}$

解き方

かっこのある式は，まずかっこをはずし，それから移項して解く。

(1)$7x+4=4(x-5)$

かっこをはずすと，

$7x+4=4x-20$

$7x-4x=-20-4$

$3x=-24$

$x=-8$

(2)$-(2x+1)=3(x+3)$

かっこをはずすと，

$-2x-1=3x+9$

$-2x-3x=9+1$

$-5x=10$

$x=-2$

(3)$2(4x-5)=7(x-1)$

かっこをはずすと，

$8x-10=7x-7$

$8x-7x=-7+10$

$x=3$

(4)$x-2(2x-7)=5$

かっこをはずすと，

$x-4x+14=5$

$x-4x=5-14$

$-3x=-9$

$x=3$

2 (1)$\boldsymbol{x=-2}$　(2)$\boldsymbol{x=3}$

解き方

(1)は両辺に 10 を，(2)は両辺に 100 をかけて，それぞれ x の係数を整数にしてから解く。

(1)$1.6x=0.8x-1.6$

両辺に 10 をかけると，

$1.6x\times10=(0.8x-1.6)\times10$

$16x=8x-16$

$16x-8x=-16$

$8x=-16$

$x=-2$

(2)$0.04x+0.48=0.2x$

両辺に 100 をかけると，

$(0.04x+0.48)\times100=0.2x\times100$

$4x+48=20x$

$4x-20x=-48$

$-16x=-48$

$x=3$

3 (1)$\boldsymbol{x=-2}$　(2)$\boldsymbol{x=-30}$　(3)$\boldsymbol{x=16}$　(4)$\boldsymbol{x=7}$

解き方

係数に分数がある方程式は，両辺に分母の公倍数をかけて，係数を整数にしてから解く。

ふつうは計算が簡単にできる最小公倍数をかける。

(1) $\dfrac{x}{4}+1=\dfrac{1}{2}$

両辺に 4 をかけると，

$$\left(\frac{x}{4}+1\right)\times4=\frac{1}{2}\times4$$
$$\frac{x}{4}\times4+1\times4=2$$
$$x+4=2$$
$$x=2-4$$
$$x=-2$$

(2) $\dfrac{1}{2}x-3=\dfrac{2}{3}x+2$

両辺に 6 をかけると，

$$\left(\frac{1}{2}x-3\right)\times6=\left(\frac{2}{3}x+2\right)\times6$$
$$\frac{1}{2}x\times6-3\times6=\frac{2}{3}x\times6+2\times6$$
$$3x-18=4x+12$$
$$3x-4x=12+18$$
$$-x=30$$
$$x=-30$$

(3) $\dfrac{x-2}{3}=\dfrac{x}{6}+2$

両辺に 6 をかけると，

$$\frac{x-2}{3}\times6=\left(\frac{x}{6}+2\right)\times6$$
$$(x-2)\times2=\frac{x}{6}\times6+2\times6$$
$$2x-4=x+12$$
$$2x-x=12+4$$
$$x=16$$

(4) $\dfrac{2x+1}{3}=\dfrac{3x-1}{4}$

両辺に 12 をかけると，

$$\frac{2x+1}{3}\times12=\frac{3x-1}{4}\times12$$
$$(2x+1)\times4=(3x-1)\times3$$
$$8x+4=9x-3$$
$$8x-9x=-3-4$$
$$-x=-7$$
$$x=7$$

p.58～59　ぴたトレ 2

1　㋑

解き方

それぞれの方程式の x に -1 を代入したとき，左辺＝右辺となれば，$x=-1$ はその方程式の解である。

㋐左辺＝$3\times(-1)+4=1$

右辺＝0

㋑左辺＝$-1+3=2$

右辺＝$(-2)\times(-1)=2$

㋒左辺＝$2\times(-1)+5=3$

右辺＝$3\times(-1)+7=4$

左辺＝右辺となるのは㋑である。

2　(1) 1　(2) 4　(3) 3　(4) 2

解き方

(1) $x-4=-3$

両辺に 4 を加えると，

$$x-4+4=-3+4$$
$$x=1$$

(2) $-3x=6$

両辺を -3 でわると，

$$\frac{-3x}{-3}=\frac{6}{-3}$$
$$x=-2$$

(3) $-\dfrac{2}{5}x=4$

両辺に $-\dfrac{5}{2}$ をかけると，

$$\left(-\frac{2}{5}x\right)\times\left(-\frac{5}{2}\right)=4\times\left(-\frac{5}{2}\right)$$
$$x=-10$$

(4) $x+\dfrac{3}{2}=\dfrac{1}{4}$

両辺から $\dfrac{3}{2}$ をひくと，

$$x+\frac{3}{2}-\frac{3}{2}=\frac{1}{4}-\frac{3}{2}$$
$$x=\frac{1}{4}-\frac{6}{4}$$
$$x=-\frac{5}{4}$$

3　**(1) $x=7$　(2) $x=-48$　(3) $x=6$　(4) $x=3$**

解き方

(1) $-3+x=4$

両辺に 3 を加えると，

$$-3+x+3=4+3$$
$$x=7$$

(2) $-\dfrac{1}{4}x=12$

両辺に -4 をかけると，

$$\left(-\frac{1}{4}x\right)\times(-4)=12\times(-4)$$
$$x=-48$$

(3) $8-x=2$

両辺から 8 をひくと，

$$8-x-8=2-8$$
$$-x=-6$$

両辺に -1 をかけると，

$$(-x)\times(-1)=(-6)\times(-1)$$
$$x=6$$

(4) $2-3x=-7$

両辺から 2 をひくと，

$$2-3x-2=-7-2$$

$$-3x=-9$$

両辺を -3 でわると，

$$\frac{-3x}{-3}=\frac{-9}{-3}$$

$$x=3$$

4 (1) $\boldsymbol{x=1}$ (2) $\boldsymbol{x=6}$ (3) $\boldsymbol{x=3}$ (4) $\boldsymbol{y=-3}$
(5) $\boldsymbol{x=3}$ (6) $\boldsymbol{x=-14}$

解き方

(1) $-x+16=x+14$

x，16 を移項すると，

$$-x-x=14-16$$

$$-2x=-2$$

$$x=1$$

(2) $6x+27=81-3x$

$-3x$，27 を移項すると，

$$6x+3x=81-27$$

$$9x=54$$

$$x=6$$

(3) $2x-17=8x-35$

$8x$，-17 を移項すると，

$$2x-8x=-35+17$$

$$-6x=-18$$

$$x=3$$

(4) $-3y-14=y-2$

y，-14 を移項すると，

$$-3y-y=-2+14$$

$$-4y=12$$

$$y=-3$$

(5) $16x-3=18+9x$

$9x$，-3 を移項すると，

$$16x-9x=18+3$$

$$7x=21$$

$$x=3$$

(6) $15x+64=5x-76$

$5x$，64 を移項すると，

$$15x-5x=-76-64$$

$$10x=-140$$

$$x=-14$$

5 (1) $\boldsymbol{x=3}$ (2) $\boldsymbol{x=1}$ (3) $\boldsymbol{x=-0.5}$ (4) $\boldsymbol{x=2}$
(5) $\boldsymbol{x=20}$ (6) $\boldsymbol{x=-49}$ (7) $\boldsymbol{x=4}$ (8) $\boldsymbol{x=180}$

解き方

かっこのある式は，まずかっこをはずす。係数に小数をふくむ方程式は，両辺に 10，100 などをかけて，係数を整数にしてから解く。係数に分数がある方程式は，分母の公倍数をかけて，係数を整数にしてから解く。このように，まず，与えられた方程式を簡単な形にしてから解くことがポイントである。

(1) $2x=12-3(x-1)$

かっこをはずすと，

$$2x=12-3x+3$$

$$2x+3x=12+3$$

$$5x=15$$

$$x=3$$

(2) $5(x-2)-(2x-7)=0$

かっこをはずすと，

$$5x-10-2x+7=0$$

$$3x-3=0$$

$$3x=3$$

$$x=1$$

(3) $2.5-x=3x+4.5$

数の項だけが小数であるから，$3x$，2.5 を移項して，

$$-x-3x=4.5-2.5$$

$$-4x=2$$

$$x=-0.5$$

解は $x=-\frac{1}{2}$ としてもよい。

(4) $0.2x-0.8=0.25x-0.9$

両辺に 100 をかけると，

$$(0.2x-0.8)\times100=(0.25x-0.9)\times100$$

$$20x-80=25x-90$$

$$20x-25x=-90+80$$

$$-5x=-10$$

$$x=2$$

(5) $\frac{x}{2}=\frac{4}{5}x-6$

両辺に 10 をかけると，

$$\frac{x}{2}\times10=\left(\frac{4}{5}x-6\right)\times10$$

$$5x=\frac{4}{5}x\times10+(-6)\times10$$

$$5x=8x-60$$

$$5x-8x=-60$$

$$-3x=-60$$

$$x=20$$

(6) $\frac{5+x}{4}=\frac{x-6}{5}$

両辺に 20 をかけると，

$$\frac{5+x}{4}\times 20=\frac{x-6}{5}\times 20$$
$$(5+x)\times 5=(x-6)\times 4$$
$$25+5x=4x-24$$
$$5x-4x=-24-25$$
$$x=-49$$

(7) $2-\frac{x-1}{3}=\frac{x}{4}$

両辺に 12 をかけると，

$$\left(2-\frac{x-1}{3}\right)\times 12=\frac{x}{4}\times 12$$
$$2\times 12-(x-1)\times 4=3x$$
$$24-4x+4=3x$$
$$-4x-3x=-28$$
$$-7x=-28$$
$$x=4$$

(8) $\frac{x-2}{4}-\frac{x-3}{6}=15$

両辺に 12 をかけると，

$$\left(\frac{x-2}{4}-\frac{x-3}{6}\right)\times 12=15\times 12$$
$$(x-2)\times 3-(x-3)\times 2=180$$
$$3x-6-2x+6=180$$
$$x=180$$

6 **(1) $a=1$　(2) $a=-12$**

解き方

(1)与えられた方程式は $x=1$ のとき成り立つから，この方程式の x に 1 を代入してから a の値を求める。

$$3\times 1+2a=5$$
$$3+2a=5$$
$$a=1$$

(2)与えられた方程式は $x=-4$ のとき成り立つから，この方程式の x に -4 を代入してから a の値を求める。

$$2\times(-4)+a=2a-(-4)$$
$$-8+a=2a+4$$
$$a=-12$$

理解のコツ

・解を求めたらもとの方程式に代入して，方程式が成り立つかどうか検算するとよい。

・係数に小数や分数がある方程式は，両辺を何倍かし，係数を整数に直して簡単な形にしてから解く。

p.60～61 ぴたトレ 1

1 **300円**

解き方

お菓子 1 個の値段を x 円とすると，

$$800-2x=500-x$$
$$-2x+x=500-800$$
$$-x=-300$$
$$x=300$$

お菓子の値段 300 円は，問題の答えに適している。

2 **85 人**

解き方

子どもの人数を x 人として，あめの個数を 2 つの式で表して方程式をつくる。あめの個数は $(4x-40)$ 個，$(3x+45)$ 個と 2 通りで表すことができ，この 2 つの式は等しい。

$$4x-40=3x+45$$
$$4x-3x=45+40$$
$$x=85$$

子どもの人数 85 人は，問題の答えに適している。

3 **(1)①60　②x　③$60x+540$　④$240x$**

(2) 3 分後

解き方

(1)兄が弟に追い着くまでの道のりを 2 通りの式で表して方程式をつくる。兄が弟に追い着くまでに進んだ時間を x 分とする。弟が兄に追い着かれるまでに歩いた道のりは $(60\times 9+60x)$ m，兄が弟に追い着くまでに進んだ道のりは $240x$ m と表すことができる。

(2)(1)で求めた 2 つの式は等しい。

$$60\times 9+60x=240x$$
$$540+60x=240x$$
$$60x-240x=-540$$
$$-180x=-540$$
$$x=3$$

兄が弟に追い着く地点は，$240\times 3=720$ で，720 m。したがって，兄は弟が図書館に着くまでに追い着くから，3 分後は問題の答えに適している。

p.62～63 ぴたトレ 1

1 **3：9＝12：36，20：45＝4：9**

解き方

それぞれの比の値は次の通りである。

㋐ $\frac{1}{3}$　㋑ $\frac{7}{6}$　㋒ $\frac{4}{9}$　㋓ $\frac{6}{7}$　㋔ $\frac{4}{9}$　㋕ $\frac{1}{3}$

2 **(1) $x=8$　(2) $x=25$　(3) $x=\frac{36}{35}$　(4) $x=15$**

解き方

(1) $x：6=4：3$

$$x\times 3=6\times 4$$
$$3x=24$$
$$x=8$$

(2) $5:2=x:10$

$5\times10=2\times x$

$2x=50$

$x=25$

(3) $7:9=4:5x$

$7\times5x=9\times4$

$35x=36$

$x=\dfrac{36}{35}$

(4) $3:8=x:(25+x)$

$3\times(25+x)=8\times x$

$75+3x=8x$

$-5x=-75$

$x=15$

3 **250 mL**

解き方

コーヒーの量を x mL とすると，

$300:x=6:5$

$300\times5=x\times6$

$x=50\times5$

$x=250$

コーヒーの量 250 mL は，問題の答えに適している。

4 **2000 円**

解き方

大人 1 人の入館料を x 円とすると，

$x:1200=5:3$

$x\times3=1200\times5$

$x=400\times5$

$x=2000$

大人 1 人の入館料 2000 円は，問題の答えに適している。

p.64~65 ぴたトレ2

1 **(1)105 円　(2)りんご… 5 個，みかん…10 個**

解き方

(1)カーネーション 1 本の値段を x 円とすると，

$1000-(5x+220\times2)=35$

$1000-5x-440=35$

$560-5x=35$

$-5x=-525$

$x=105$

カーネーション 1 本の値段 105 円は，問題の答えに適している。

(2)りんごを x 個買うとすると，

$160x+100(15-x)+200=2000$

$160x+1500-100x+200=2000$

$60x+1700=2000$

$60x=300$

$x=5$

みかんの個数は，15－5＝10(個)

りんごの個数 5 個とみかんの個数 10 個は，問題の答えに適している。

2 **(1)13 人　(2)180 脚**

解き方

(1)生徒の人数を x 人とすると，

$10x-12=8x+14$

$2x=26$

$x=13$

生徒の人数 13 人は，問題の答えに適している。

(2)長いすの数を x 脚とすると，

$4x+65=5(x-23)$

$4x+65=5x-115$

$-x=-180$

$x=180$

長いすの数 180 脚は，問題の答えに適している。

3 **午後 3 時 11 分**

解き方

まさとさんが家を出てから x 分後になおきさんに追い着くものとする。なおきさんがまさとさんに追い着かれるまでに歩いた道のりは，$60(x+8)$ m である。また，まさとさんがなおきさんに追い着くまでに進んだ道のりは $220x$ m と表すことができ，この 2 つの式は等しい。

$60(x+8)=220x$

$60x+480=220x$

$-160x=-480$

$x=3$

まさとさんが午後 3 時 8 分に家を出てから 3 分後になおきさんに追い着くから，まさとさんがなおきさんに追い着く時刻は午後 3 時 11 分である。

まさとさんがなおきさんに追い着く地点は，$220\times3=660$ で，660 m。したがって，まさとさんはなおきさんが家に着く前に追い着くから，午後 3 時 11 分はこの問題の答えに適している。

4 **2：3＝36：54，9：7＝72：56**

解き方

それぞれの比の値は次の通りである。

㋐ $\dfrac{2}{3}$　㋑ $\dfrac{9}{7}$　㋒ $\dfrac{5}{8}$　㋓ $\dfrac{9}{7}$　㋔ $\dfrac{2}{3}$　㋕ $\dfrac{4}{7}$

5 **(1)$x=12$　(2)$x=21$　(3)$x=32$**

(4) $x=\frac{15}{2}$ (5) $x=6$ (6) $x=36$

解き方

比例式の性質を使って方程式にして解く。

$a:b=c:d$ ならば $ad=bc$

(1) $x:15=4:5$

$x\times5=15\times4$

$5x=60$

$x=12$

(2) $3:7=9:x$

$3\times x=7\times9$

$3x=63$

$x=21$

(3) $2:3=x:48$

$2\times48=3\times x$

$3x=96$

$x=32$

(4) $5:3x=2:9$

$5\times9=3x\times2$

$6x=45$

$x=\frac{15}{2}$

(5) $2:7=x:(27-x)$

$2\times(27-x)=7\times x$

$54-2x=7x$

$-9x=-54$

$x=6$

(6) $x:6=(12+x):8$

$x\times8=6\times(12+x)$

$8x=72+6x$

$2x=72$

$x=36$

6 (1)42 歳 (2)18 人 (3)300 円

解き方

(1)父の年齢を x 歳とすると,

$x:12=7:2$

$x\times2=12\times7$

$x=6\times7$

$x=42$

父の年齢 42 歳は，問題に適している。

(2)男子の人数を x 人とすると,

$x:15=6:5$

$x\times5=15\times6$

$x=3\times6$

$x=18$

男子の人数 18 人は，問題に適している。

(3)値上がりした金額を x 円とすると,

$(1200+x):(900+x)=5:4$

$(1200+x)\times4=(900+x)\times5$

$4800+4x=4500+5x$

$4x-5x=4500-4800$

$-x=-300$

$x=300$

値上がりした金額 300 円は，問題の答えに適している。

理解のコツ

・方程式をつくるときは，図や表を活用するとよい。

・解が問題に適しているかどうか必ず確認する。

p.66〜67 ぴたトレ3

1 ㋒

解き方

それぞれの方程式の x に -4 を代入して確かめる。左辺＝右辺となれば，$x=-4$ はその方程式の解である。

㋐左辺 $=2\times(-4)+6=-2$

右辺 $=-1$

㋑左辺 $=3\times(-4)+1=-11$

右辺 $=-(-4)-7=-3$

㋒左辺 $=-4\times(-4)-1=15$

右辺 $=-3\times\{(-4)-1\}=15$

左辺＝右辺となるのは㋒である。

2 (1) $x=-3$ (2) $x=4$ (3) $x=5$ (4) $x=-5$ (5) $x=2$ (6) $x=13$ (7) $x=-2$ (8) $x=1$

解き方

(1) $x+9=6$

9 を移項すると,

$x=6-9$

$x=-3$

(2) $4x-6=10$

-6 を移項すると,

$4x=10+6$

$4x=16$

$x=4$

(3) $2x-3=7$

-3 を移項すると,

$2x=7+3$

$2x=10$

$x=5$

(4) $8=5x+33$

8，$5x$ を移項すると,

$-5x=33-8$

$-5x=25$

$x=-5$

(5) $7x-5=5x-1$

-5，$5x$ を移項すると，

$7x-5x=-1+5$

$2x=4$

$x=2$

(6) $3x+6=4x-7$

6，$4x$ を移項すると，

$3x-4x=-7-6$

$-x=-13$

$x=13$

(7) $4x+12=8x+20$

12，$8x$ を移項すると，

$4x-8x=20-12$

$-4x=8$

$x=-2$

(8) $16-5x=5x+6$

16，$5x$ を移項すると，

$-5x-5x=6-16$

$-10x=-10$

$x=1$

3 (1) $\boldsymbol{x=2}$ (2) $\boldsymbol{x=-7}$ (3) $\boldsymbol{x=-3}$

(4) $\boldsymbol{x=0.6\left(\frac{3}{5}\right)}$ (5) $\boldsymbol{x=-5}$ (6) $\boldsymbol{x=-2}$

解き方

(1) $4(x+1)=12$

かっこをはずすと，

$4x+4=12$

$4x=12-4$

$4x=8$

$x=2$

(2) $2x-5(x+4)=1$

かっこをはずすと，

$2x-5x-20=1$

$2x-5x=1+20$

$-3x=21$

$x=-7$

(3) $0.4x-0.9=2.7x+6$

両辺に 10 をかけると，

$(0.4x-0.9)\times 10=(2.7x+6)\times 10$

$4x-9=27x+60$

$4x-27x=60+9$

$-23x=69$

$x=-3$

(4) $1.3x+0.64=0.7x+1$

両辺に 100 をかけると，

$(1.3x+0.64)\times 100=(0.7x+1)\times 100$

$130x+64=70x+100$

$130x-70x=100-64$

$60x=36$

$x=0.6\left(\text{または } x=\frac{3}{5}\right)$

(5) $\frac{5}{4}x-\frac{1}{2}=\frac{3}{2}x+\frac{3}{4}$

両辺に 4 をかけると，

$\left(\frac{5}{4}x-\frac{1}{2}\right)\times 4=\left(\frac{3}{2}x+\frac{3}{4}\right)\times 4$

$\frac{5}{4}x\times 4-\frac{1}{2}\times 4=\frac{3}{2}x\times 4+\frac{3}{4}\times 4$

$5x-2=6x+3$

$5x-6x=3+2$

$-x=5$

$x=-5$

(6) $\frac{x+2}{3}=\frac{3x+6}{2}$

両辺に 6 をかけると，

$\frac{x+2}{3}\times 6=\frac{3x+6}{2}\times 6$

$(x+2)\times 2=(3x+6)\times 3$

$2x+4=9x+18$

$2x-9x=18-4$

$-7x=14$

$x=-2$

4 $\boldsymbol{a=-1}$

解き方

与えられた方程式は $x=4$ のとき成り立つから，x に 4 を代入してから a の値を求める。

$2\times 4-(a\times 4+7)=5$

$8-4a-7=5$

$-4a+1=5$

$-4a=4$

$a=-1$

5 (1) $\boldsymbol{x+2x-5=37}$ (2) **23 人**

解き方

(1)科学館に行く人数を x 人とすると，美術館に行く人数は，「x 人の 2 倍より 5 人少ない」のだから，$(2x-5)$ 人である。その合計人数が 37 人であるから，

$x+(2x-5)=37$

かっこはつけたままでもよい。

(2) $x+2x-5=37$

これを解くと,

$3x=42$

$x=14$

美術館に行く人数は, $2x-5$ の x に 14 を代入して,

$2\times14-5=23$(人)

美術館に行く人数 23 人は, 問題の答えに適している。

❻ **800 円**

解き方

大人の値上がりした金額を x 円とすると,

$(1200+x):(1000-x)=7:4$

$$(1200+x)\times4=(1000-x)\times7$$
$$4800+4x=7000-7x$$
$$4x+7x=7000-4800$$
$$11x=2200$$
$$x=200$$

したがって, 中学生 1 人の入館料は,

$1000-200=800$(円)

中学生 1 人の入館料 800 円は, 問題の答えに適している。

❼ **りょうた…2700 円　弟…900 円**

解き方

弟の出した金額を x 円とすると, りょうたさんの出した金額は $3x$ 円である。りょうたさんと弟の残金の比が 5 : 3 であるから,

$(3200-3x):(1200-x)=5:3$

$$(3200-3x)\times3=(1200-x)\times5$$
$$9600-9x=6000-5x$$
$$-9x+5x=6000-9600$$
$$-4x=-3600$$
$$x=900$$

弟の出した金額は 900 円で, りょうたさんの出した金額は $900\times3=2700$ より, 2700 円である。これは, 問題の答えに適している。

5章　比例と反比例

p.69　ぴたトレ 0

1 (1)$\boldsymbol{y=1000-x}$，×

(2)$\boldsymbol{y=90x}$，○

(3)$\boldsymbol{y=\dfrac{100}{x}}$，△

解き方

式は上の表し方以外でも，意味があっていれば正解です。

(2)x の値が2倍，3倍，…になると，y の値も2倍，3倍，…になります。

(3)x の値が2倍，3倍，…になると，y の値は $\dfrac{1}{2}$ 倍，$\dfrac{1}{3}$ 倍，…になります。

2

x (cm)	1	2	3	4	5	6	7	
y (cm^2)	3	6	9	12	15	18	21	

解き方

表から［きまった数］を求めます。

$y=$［きまった数］$\times x$　だから，

$12\div4=3$　で，［きまった数］は3になります。

3

x (cm)	1	2	3	4	5	6	
y (cm)	48	24	16	12	9.6	8	

解き方

表から［きまった数］を求めます。

$y=$［きまった数］$\div x$　だから，

$3\times16=48$　で，［きまった数］は48になります。

p.70～71　ぴたトレ 1

1 ㋐，㋒

解き方

㋐，㋒について，y を x の式で表すと，次のようになる。

㋐$y=20-x$

㋒$y=3x$

㋑については，体重が50 kgで身長が160 cmの人がいれば165 cmの人もいる，というように，x の値を決めても y の値は1つに決まらない。したがって，y は x の関数とはいえない。

2 $\boldsymbol{-2<x<6}$

−6　−5　−4　−3　−2　−1　0　1　2　3　4　5　6　7

解き方

変域を数直線を使って表すときは，端の点に注意する。•は端の点をふくみ，∘は端の点をふくまないことを表す。

3 $\boldsymbol{0\leqq x\leqq8}$　$\boldsymbol{0\leqq y\leqq8}$

解き方

式に表すと，次のようになる。

$y=8-x$

水を使わない場合もあるから，それぞれの変域に0をふくむ。0をふくむため，8もふくむ。

4 (1)$\boldsymbol{y=40x}$　○　40

(2)$\boldsymbol{y=6-x}$　×

解き方

式を $y=ax$ の形に表すことができれば，y は x に比例するといえる。

(1)(道のり)＝(速さ)×(時間)であるから，

$y=40x$

(2)(針金全体の長さ)−(切りとった長さ)＝(残りの長さ)であるから，

$6-x=y$

$y=6-x$

5 (1)① 3　② −6　(2) −3

解き方

(1)$y=-3x$ の x に -1，2をそれぞれ代入する。

①$y=-3\times(-1)=3$

②$y=-3\times2=-6$

(2)$x=-2$ のとき，$\dfrac{y}{x}=\dfrac{6}{-2}=-3$

これは $y=-3x$ の比例定数である。

p.72～73　ぴたトレ 1

1 (1)$\boldsymbol{y=-7x}$　(2)$\boldsymbol{y=-\dfrac{1}{3}x}$

解き方

(1)$y=ax$ で，$x=4$ のとき $y=-28$ であるから，

$-28=a\times4$

$4a=-28$

$a=-7$

したがって，$y=-7x$

(2)$y=ax$ で，$x=-6$ のとき $y=2$ であるから，

$2=a\times(-6)$

$-6a=2$

$a=-\dfrac{1}{3}$

したがって，$y=-\dfrac{1}{3}x$

2 A (1，5)，B (3，−3)，C (−2，−4)

D (−3，0)，E (−5，4)

解き方

点Aの座標を表すときは，A (x 座標，y 座標) のように表す。点の座標を読むときは，右の図の矢印のようにたどって，x 座標，y 座標を読みとる。

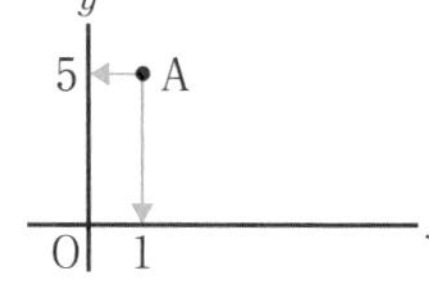

3

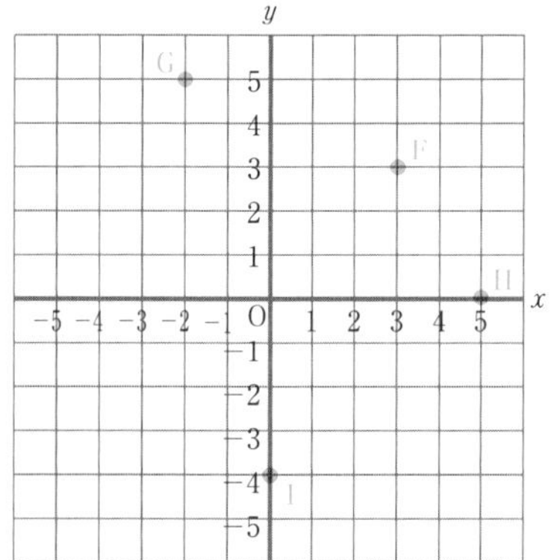

解き方 y 座標が 0 のとき，点は x 軸上にある。
x 座標が 0 のとき，点は y 軸上にある。

p.74〜75 ぴたトレ 1

1 (1)①-3　② 6

(2)

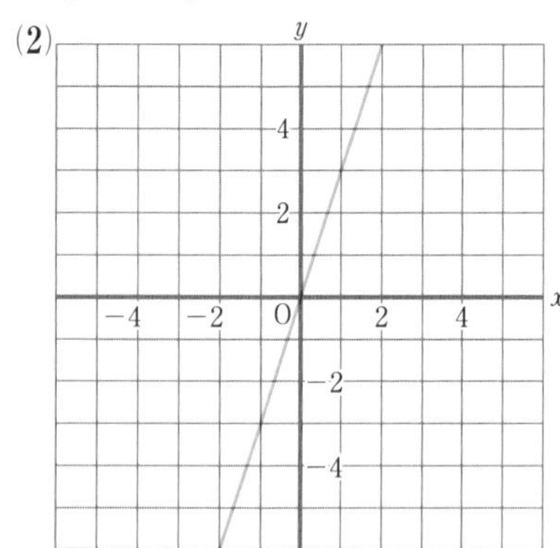

解き方 (1)$x=1$ のとき $y=3$ であるから，x の値が 1 ずつ増加すると，y の値は 3 ずつ増加する。
(2)$y=3x$ のグラフは，$3>0$ であるから，原点を通る右上がりの直線になる。

2

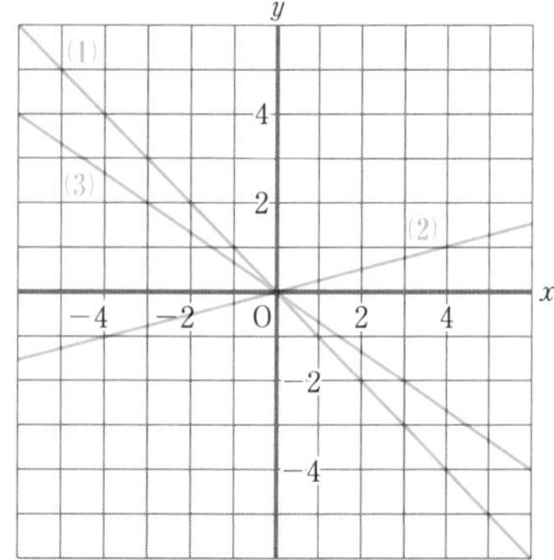

解き方 比例のグラフは，原点を通る直線であるから，原点のほかの 1 点を見つけ，2 点を通る直線をかく。x 座標，y 座標ともに整数になる点を見つける。
(1)$x=1$ のとき $y=-1$ であるから，点 (1, -1) を通る。
(2)$x=4$ のとき $y=1$ であるから，点 (4, 1) を通る。
(3)$x=3$ のとき $y=-2$ であるから，点 (3, -2) を通る。

3 (1)$\boldsymbol{y=4x}$　(2)$\boldsymbol{y=-\frac{1}{3}x}$

解き方 グラフから式を求めるときは，まず求める式を $y=ax$ とおき，原点のほかにグラフ上の点を 1 つとり，その点の x 座標，y 座標の値を $y=ax$ に代入して，a の値を求める。
(1)点 (1, 4) を通るから，$y=ax$ に $x=1$, $y=4$ を代入すると，
$4=a\times 1$
$a=4$
したがって，$y=4x$
(2)点 (3, -1) を通るから，$y=ax$ に $x=3$, $y=-1$ を代入すると，
$-1=a\times 3$
$3a=-1$
$a=-\frac{1}{3}$
したがって，$y=-\frac{1}{3}x$

p.76〜77 ぴたトレ 2

1 (1)**左から，-48，-36，-24，-12，36，48**
(2)$\boldsymbol{y=12x}$　(3)**東へ 72 m の地点**
(4)$\boldsymbol{-60\leqq y\leqq 96}$

解き方 (3)$y=12x$ に $x=6$ を代入すると，
$y=12\times 6$
$=72$
(4)$y=12x$ で，$x=-5$ のとき，$y=-60$
$x=8$ のとき，$y=96$
したがって，y の変域は，$-60\leqq y\leqq 96$

2 (1)$\boldsymbol{y=x^2}$　×　(2)$\boldsymbol{y=200-x}$　×
(3)$\boldsymbol{y=980x}$　○　**比例定数　980**

解き方 式を $y=ax$ の形に表すことができれば，y は x に比例するといえる。
(1)正方形の面積は，(1 辺)×(1 辺) で求められるから，$y=x^2$

3 ㋑，㋓　**比例定数…㋑ 7　㋓ $\boldsymbol{\frac{1}{6}}$**

解き方 $y=ax$ の形で表される式を見つける。
㋓$y=\frac{x}{6}$ は $y=\frac{1}{6}x$ で，$y=ax$ の形であるから，比例の式である。

4 (1)$\boldsymbol{y=-5x}$　(2)$\boldsymbol{y=-40}$　(3)$\boldsymbol{x=6}$

解き方

(1)$y=ax$ で，$x=-4$ のとき $y=20$ であるから，

$20=a\times(-4)$

$-4a=20$

$a=-5$

したがって，$y=-5x$

(2)$y=-5x$ に $x=8$ を代入すると，$y=-40$

(3)$y=-5x$ に $y=-30$ を代入すると，$x=6$

◆5 (1)$(-2,\ 4)$

(2)

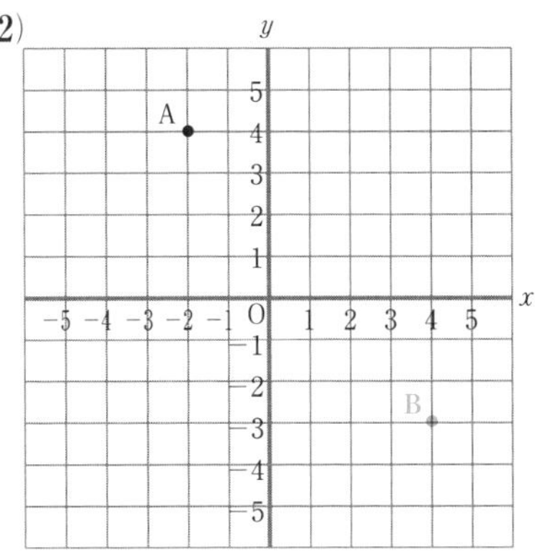

解き方

(2)原点 O から，x 軸の正の方向に 4，y 軸の負の方向に 3 進んだ点が B である。

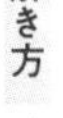

◆6

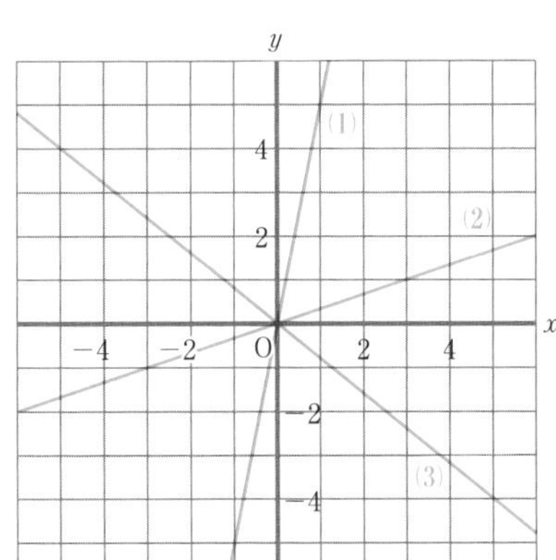

解き方

原点のほかに，x 座標，y 座標ともに整数になる点を見つけて，2 点を通る直線をかく。

(1)$x=1$ のとき $y=5$ であるから，点 $(1,\ 5)$ を通る。

(2)$x=3$ のとき $y=1$ であるから，点 $(3,\ 1)$ を通る。

(3)$x=5$ のとき $y=-4$ であるから，点 $(5,\ -4)$ を通る。

◆7 (1)$\boldsymbol{y=6x}$ (2)$\boldsymbol{y=-\frac{2}{3}x}$

解き方

(1)点 $(1,\ 6)$ を通るから，$y=ax$ に $x=1$，$y=6$ を代入すると，

$a=6$

したがって，$y=6x$

(2)点 $(3,\ -2)$ を通るから，$y=ax$ に $x=3$，$y=-2$ を代入すると，

$-2=a\times3$

$3a=-2$

$a=-\frac{2}{3}$

したがって，$y=-\frac{2}{3}x$

理解のコツ

・$y=ax$ という形で表すことができれば，y は x に比例する。

・1 組の x，y の値やグラフから，比例の式を求めるときは，まず求める式を $y=ax$ とおく。

p.78～79 ぴたトレ 1

1 (1)$\boldsymbol{y=90-x}$ × (2)$\boldsymbol{y=\frac{18}{x}}$ ○ 18

(3)$\boldsymbol{y=\frac{50}{x}}$ ○ 50

解き方

式を $y=\frac{a}{x}$ の形に表すことができれば反比例するといえる。

(1)使ったときの残りは差を表すので $y=90-x$ となる。

(2)平行四辺形の面積は，(底辺)×(高さ)で求められるから，(高さ)$=\frac{(面積)}{(底辺)}$ で，$y=\frac{18}{x}$

(3)50 cm のリボンを x 等分するから，$y=\frac{50}{x}$

2 (1)㋐ 9 ㋑36 ㋒−18 ㋓−9

(2)$\frac{1}{2}$ 倍，$\frac{1}{3}$ 倍，$\frac{1}{4}$ 倍，……になる

(3)比例定数

解き方

(1)$y=-\frac{36}{x}$ に x の値を代入して y の値を求める。

3 (1)$\boldsymbol{y=\frac{48}{x}}$ (2)$\boldsymbol{y=\frac{30}{x}}$

解き方

(1)$y=\frac{a}{x}$ で，$x=6$ のとき $y=8$ であるから，

$8=\frac{a}{6}$

$a=48$

したがって，$y=\frac{48}{x}$

(2)$y=\frac{a}{x}$ で，$x=-2$ のとき $y=-15$ であるから，

$-15=\frac{a}{-2}$

$a=30$

したがって，$y=\frac{30}{x}$

p.80〜81 ぴたトレ 1

1 (1)①-2　②-4　③-16　④$8$　⑤$4$　⑥$1$

(2)右の図

(3)減少する

(4)減少する

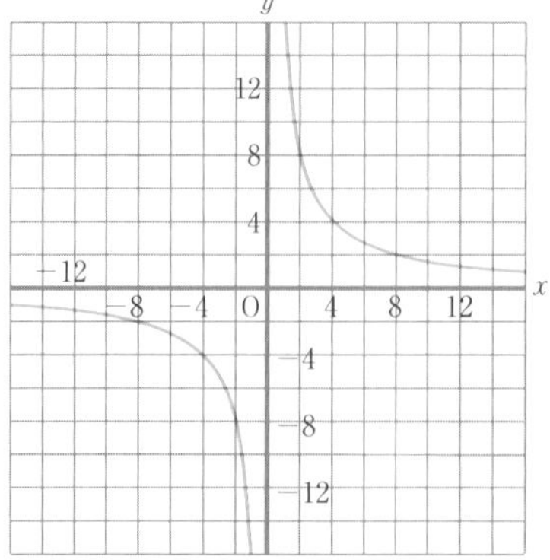

解き方

(1)x にそれぞれの値を代入して，y の値を求める。

(2)(1)でつくった表をもとにして点をとり，点をなめらかな曲線で結ぶ。

(3)$a>0$ のとき，$x>0$，$x<0$ のそれぞれの変域で，x の値が増加すると，y の値は減少する。

2 (1)

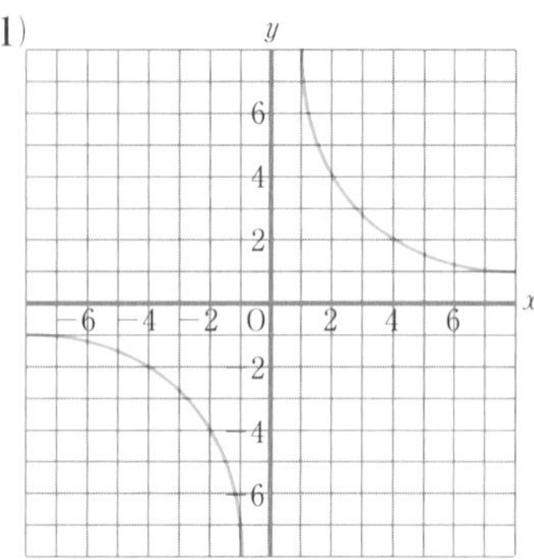

(2)

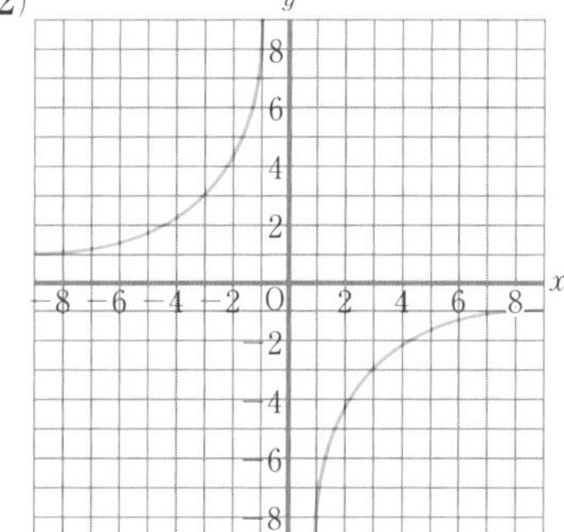

解き方

対応する x と y の値を表にまとめると次のようになる。

(1)

x	…	-8	-5	-4	-2	-1	…
y	…	-1	-1.6	-2	-4	-8	…

x	…	1	2	4	5	8	…
y	…	8	4	2	1.6	1	…

(2)

x	…	-9	-6	-3	-2	-1	…
y	…	1	1.5	3	4.5	9	…

x	…	1	2	3	6	9	…
y	…	-9	-4.5	-3	-1.5	-1	…

p.82〜83 ぴたトレ 1

1 (1)下の図　(2)$y=\frac{5}{2}x$　(3)500 g

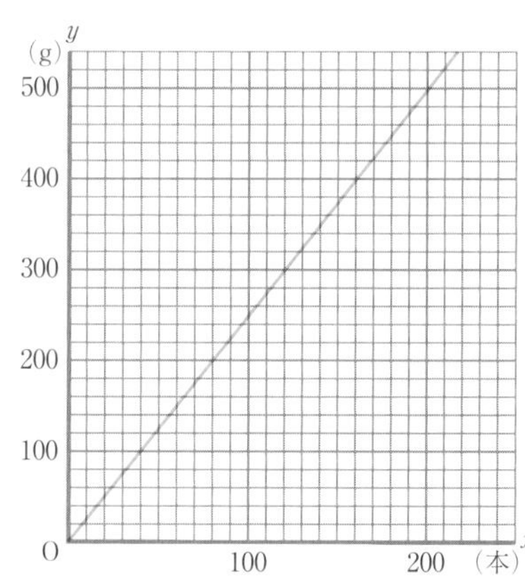

解き方

(1)y は x に比例しているから，原点を通る直線で，点 (80，200) を通る直線である。

(2)くぎの重さは本数に比例するから，求める式を $y=ax$ とする。$x=80$，$y=200$ を代入すると，

$$200=a\times 80$$

$$a=\frac{5}{2}$$

したがって，$y=\frac{5}{2}x$

(3)(2)の $y=\frac{5}{2}x$ に，$x=200$ を代入すると，

$$y=\frac{5}{2}\times 200$$

$$=500$$

したがって，くぎ 200 本の重さは 500 g

または，(1)でかいたグラフから $x=200$ の点の y 座標を読みとり，$y=500$ より，500 g

2 10 分後

解き方

2 本の直線の y 座標の値の差が 3 になる点の x 座標を読みとる。

$x=10$ のとき，列車 A のグラフでは，$y=15$

$x=10$ のとき，列車 B のグラフでは，$y=12$

となり，列車 A と B が 3 km 離れていることを読みとることができる。

3 $y=\frac{240}{x}$，函数 20

解き方

2 つの歯車が 1 秒間にかみ合う歯の数は等しいので，

$60\times4=x\times y$，$y=\dfrac{240}{x}$

$y=\dfrac{240}{x}$ に $y=12$ を代入すると，

$12=\dfrac{240}{x}$

$x=20$

したがって，歯車 B の歯数は 20。

p.84～85　ぴたトレ 2

❶ (1) $\boldsymbol{y=\dfrac{48}{x}}$　48

(2) $\boldsymbol{y=\dfrac{8}{x}}$　8

(3) $\boldsymbol{y=\dfrac{108}{x}}$　108

解き方

(1) $(\text{時間})=\dfrac{(\text{道のり})}{(\text{速さ})}$ であるから，$y=\dfrac{48}{x}$

(2) $(\text{1 本分の長さ})=\dfrac{(\text{リボン全体の長さ})}{(\text{等分する数})}$ であるから，$y=\dfrac{8}{x}$

(3) 三角形の面積は，(底辺)×(高さ)÷2 で求められるから，

$x\times y\div2=54$

$xy=108$

$y=\dfrac{108}{x}$

❷ (1) $\boldsymbol{y=-\dfrac{6}{x}}$　(2) $\boldsymbol{y=-\dfrac{1}{2}}$　(3) $\boldsymbol{x=-\dfrac{3}{4}}$

解き方

(1) $y=\dfrac{a}{x}$ で，$x=2$ のとき $y=-3$ であるから，

$-3=\dfrac{a}{2}$

$a=-6$

したがって，$y=-\dfrac{6}{x}$

(2) $y=-\dfrac{6}{x}$ に $x=12$ を代入すると，

$y=-\dfrac{6}{12}$

$=-\dfrac{1}{2}$

(3) $y=-\dfrac{6}{x}$ に $y=8$ を代入すると，

$8=-\dfrac{6}{x}$

$8x=-6$

$x=-\dfrac{6}{8}$

$=-\dfrac{3}{4}$

❸ **グラフは下の図**

㋐ $\boldsymbol{y=-\dfrac{6}{x}}$

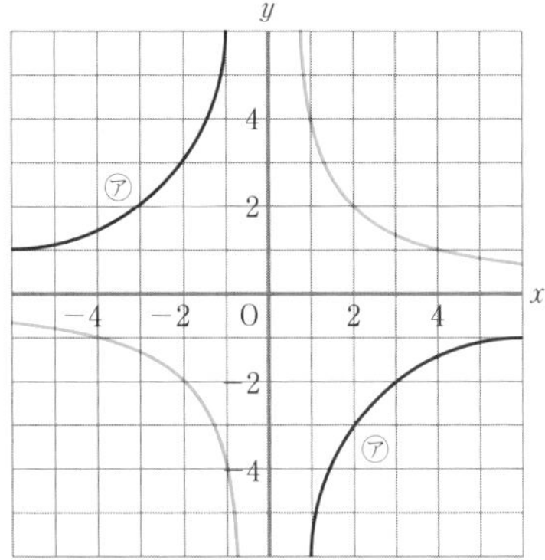

解き方

$y=\dfrac{4}{x}$ で，対応する x と y の値を表にまとめると次のようになる。

x	…	−4	−2	−1	…	1	2	4	…
y	…	−1	−2	−4	…	4	2	1	…

また，㋐のグラフの式は，$y=\dfrac{a}{x}$ にグラフが通る点の座標の値を代入して求める。点 (2，−3) を通るから，$y=\dfrac{a}{x}$ に $x=2$，$y=-3$ を代入すると，

$-3=\dfrac{a}{2}$

$a=-6$

したがって，$y=-\dfrac{6}{x}$

❹ **12 cm^2**

解き方

重さ x(g)	120	90
面積 y(cm^2)	16	■

1 辺が 4 cm の鉄板の面積は

$4\times4=16$ より，

16 cm^2 である。重さ x g の鉄板の面積を y cm^2 とすると，鉄板の面積は重さに比例するから，求める式は $y=ax$ となる。

$x=120$，$y=16$ を代入すると，

$16=a\times120$

$a=\dfrac{16}{120}$

$=\dfrac{2}{15}$

したがって，$y=\dfrac{2}{15}x$

花の形の面積は，重さが 90 g より，$y=\dfrac{2}{15}x$ に $x=90$ を代入すると，

$y=\dfrac{2}{15}\times90$

$=12$

したがって，12 cm^2

5 (1)$y=\dfrac{3}{4}x$　(2)8 回転

解き方

2 つの歯車はかみ合っているから，1 秒間にかみ合う歯車 A と歯車 B の歯の数は同じである。歯車 A が歯車 B とかみ合う歯数は毎秒 $15x$，同じように歯車 B が歯車 A とかみ合う歯数は毎秒 $20y$ で，この 2 つの数量は等しい。

(1)$15x=20y$ であるから，$y=\dfrac{3}{4}x$

(2)$y=\dfrac{3}{4}x$ に $y=6$ を代入すると，

$$6=\frac{3}{4}x$$
$$x=6\times\frac{4}{3}$$
$$=8$$

6 (1)$y=\dfrac{120}{x}$　(2)6 回転

解き方

歯車 A が歯車 B とかみ合う歯数は，$24\times5=120$ より，毎秒 120 である。歯車 B が歯車 A とかみ合う歯数は毎秒 xy である。

(1)$120=xy$ より，$y=\dfrac{120}{x}$

(2)$y=\dfrac{120}{x}$ に $x=20$ を代入すると，

$$y=\frac{120}{20}$$
$$=6$$

7 8 cm

解き方

支点から x cm の距離につるしたおもり B の重さを y g とすると，y は x に反比例するから，

$y=\dfrac{a}{x}$ と表すことができる。

$x=2$，$y=160$ を代入すると，

$$160=\frac{a}{2}$$
$$a=320$$

したがって，$y=\dfrac{320}{x}$

$y=\dfrac{320}{x}$ に $y=40$ を代入すると，

$$40=\frac{320}{x}$$
$$x=8$$

したがって，支点から 8 cm のところにつるせばよい。

8 (1)下の図　(2)8 m

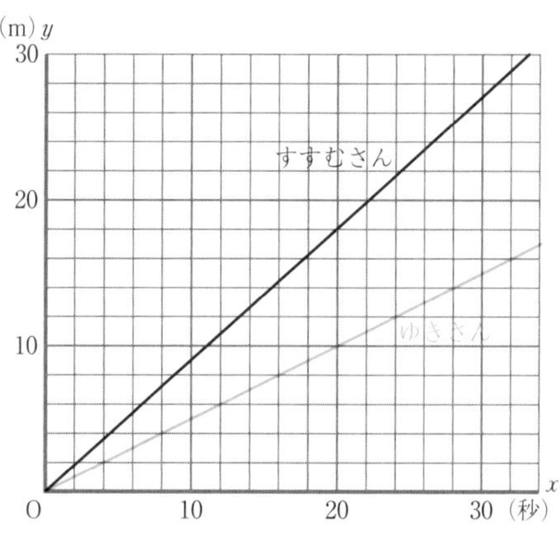

解き方

(1)出発してから 20 秒後には，$0.5\times20=10$ より，10 m 進んでいるから，原点と，点 (20，10) を通る直線である。

(2)2 人が出発してから 20 秒後のすすむさんの位置は，グラフ上で点 (20，18) である。ゆきさんは点 (20，10) の位置にいるから，$18-10=8$ より，8 m

理解のコツ

・$y=\dfrac{a}{x}$ の形で表すことができれば，y は x に反比例する。

・比例，反比例の活用の問題は，速さ，図形，歯車，天びんなど，それぞれのパターンについて，解き方に慣れておく。

p.86～87　ぴたトレ 3

1 (1)式…$y=8x$　○

(2)式…$y=\dfrac{30}{x}$　△

(3)式…$y=1000-140x$　×

解き方

$y=ax$ の形に表すことができれば比例，$y=\dfrac{a}{x}$ の形に表すことができれば反比例である。

(1)長方形の面積は，(縦)×(横) で求められるから，

$y=8x$

(2)(満水になるまでの時間)$=\dfrac{\text{(水そうに入る水の量)}}{\text{(1 分間に入る水の量)}}$

だから，$y=\dfrac{30}{x}$

(3)$y=1000-140x$ になる。どちらの形でもないから，比例でも反比例でもない。

2 (1)$y=-3x$　(2)$y=9$

解き方

(1)$y=ax$ で，$x=4$ のとき $y=-12$ であるから，

$$-12=a\times4$$
$$a=-3$$

したがって，$y=-3x$

(2) $y=-3x$ に $x=-3$ を代入すると,

$y=-3\times(-3)$

$=9$

❸ (1) $\boldsymbol{y=\frac{36}{x}}$ (2) $\boldsymbol{y=4}$

解き方

(1) $y=\frac{a}{x}$ で, $x=-3$ のとき $y=-12$ であるから,

$-12=\frac{a}{-3}$

$a=36$

したがって, $y=\frac{36}{x}$

(2) $y=\frac{36}{x}$ に $x=9$ を代入すると,

$y=\frac{36}{9}$

$=4$

❹

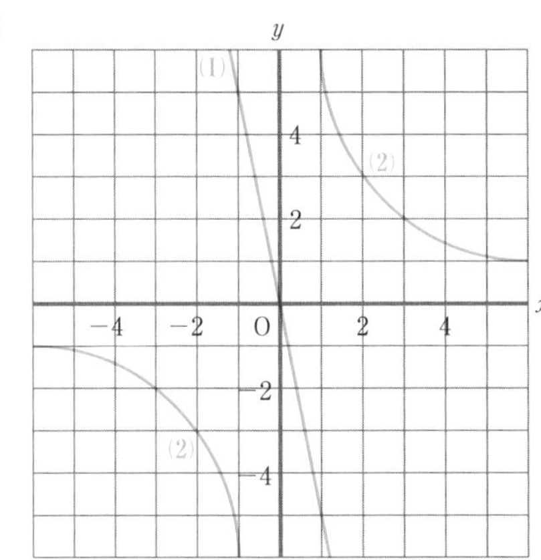

解き方

(1) $x=1$ のとき $y=-5$ であるから,
点 $(1,\ -5)$ を通る。

(2)対応する x と y の値を表にまとめると次のようになる。

x	…	-6	-4	-3	-2	-1	…
y	…	-1	-1.5	-2	-3	-6	…

x	…	1	2	3	4	6	…
y	…	6	3	2	1.5	1	…

❺ (1) $\boldsymbol{y=\frac{3}{2}x}$ (2) $\boldsymbol{y=-\frac{20}{x}}$

解き方

(1)点 $(4,\ 6)$ を通るから, $y=ax$ に
$x=4$, $y=6$ を代入すると,

$6=a\times4$

$a=\frac{3}{2}$

したがって, $y=\frac{3}{2}x$

(2)点 $(10,\ -2)$ を通るから, $y=\frac{a}{x}$ に
$x=10$, $y=-2$ を代入すると,

$-2=\frac{a}{10}$

$a=-20$

したがって, $y=-\frac{20}{x}$

❻ (1) $\boldsymbol{y=\frac{1}{12}x}$ (2) **60 m** (3) **180 g**

解き方

針金の長さは重さに比例する。

(1)求める式を $y=ax$ とする。$x=24$, $y=2$ を代入すると,

$2=a\times24$

$a=\frac{1}{12}$

したがって, $y=\frac{1}{12}x$

(2) $y=\frac{1}{12}x$ に $x=720$ を代入すると,

$y=\frac{1}{12}\times720$

$=60$

したがって, 60 m

(3) $y=\frac{1}{12}x$ に $y=15$ を代入すると,

$15=\frac{1}{12}x$

$x=15\times12$

$=180$

したがって, 180 g

❼ (1) $\boldsymbol{y=16x}$

(2) $\boldsymbol{x}$ **の変域…** $\boldsymbol{0\leqq x\leqq10}$

$\boldsymbol{y}$ **の変域…** $\boldsymbol{0\leqq y\leqq160}$

(3) **6 秒後**

解き方

(1)点 P は辺 BC 上を秒速 2 cm で動くから, 点 B を出発してから x 秒後の BP の長さは
$2x$ cm である。
三角形の面積は (底辺)×(高さ)÷2 で求められるから,

$y=\frac{1}{2}\times2x\times16$

$y=16x$

(2)点Pは BC 上を動く。辺 BC は 20 cm で，点Pは秒速 2 cm で動くから，点Pが点Cに到着するのは，$20 \div 2 = 10$ で，出発してから 10 秒後である。

したがって，x の変域は，

$0 \leqq x \leqq 10$

また，$x = 10$ のときの y の値は，$y = 16x$ に $x = 10$ を代入すると，

$y = 16 \times 10$

$= 160$

したがって，y の変域は，

$0 \leqq y \leqq 160$

(3)$y = 16x$ に $y = 96$ を代入すると，

$96 = 16x$

$x = \dfrac{96}{16}$

$= 6$

したがって，6 秒後

6章　平面図形

p.89　ぴたトレ0

1 (1)

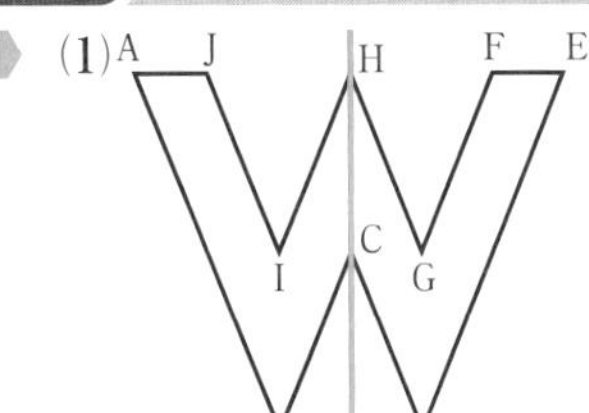

(2)垂直に交わる。　(3)3 cm

解き方 線対称(たいしょう)な図形は，対称の軸(じく)を折り目にして折ると，ぴったりと重なります。対応する2点を結ぶと対称の軸と垂直に交わり，軸からその2点までの長さは等しくなります。
(3)点Hは，対称の軸上にあるので，
AHとEHは同じ長さです。

2 (1)下の図の点O　(2)点H　(3)下の図の点Q

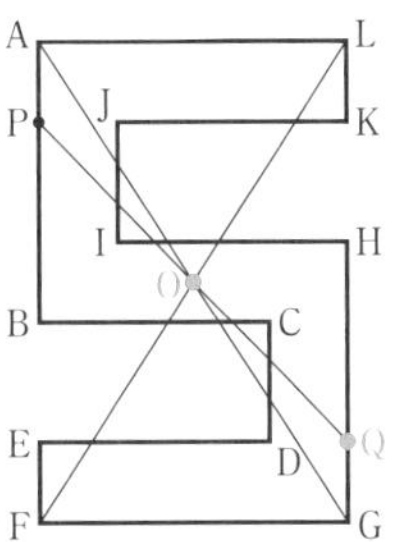

解き方 (1)例えば，点Aと点G，点Fと点Lを直線で結び，それらの線の交わった点が対称の中心Oです。
(3)点Pと点Oを結ぶ直線をのばし，辺GHと交わる点がQとなります。

p.90～91　ぴたトレ1

1

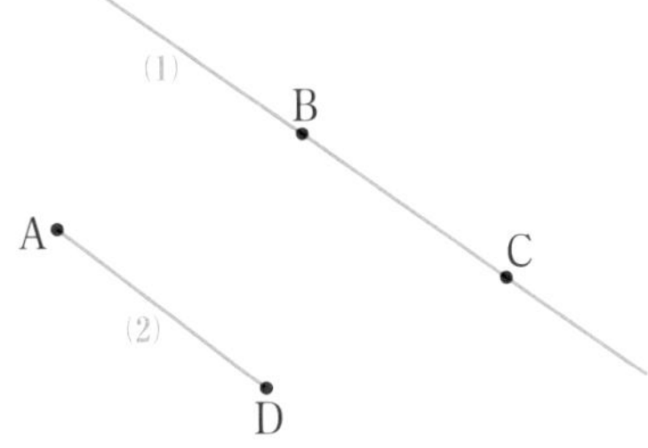

解き方 (2)線分ADは，点Aから点Dまでの，直線の一部分である。

2 (1)AD＝2AB　(2)∠ACB　(3)AB⊥BC
(4)AD∥BC

解き方 等しい関係は＝，垂直の関係は⊥，平行の関係は∥を使って表す。長方形の角は直角，向かい合う辺は平行である。
(2)角の表し方の約束にしたがって，∠を使って表す。

3 (1)5 cm　(2)4 cm　(3)4 cm

解き方 (1)2点C，Dを結ぶ線分の長さが点Cと点Dとの距離である。平行四辺形の向かい合う辺の長さは等しく，AB＝CDだから5 cmである。
(2)点Aから直線BCにひいた垂線AHの長さを点Aと辺BCとの距離という。
(3)AD∥BCであるから，AHの長さが辺ADと辺BCとの距離である。

4 290°

解き方 点Cをふくまない$\overset{\frown}{AB}$に対する中心角の大きさは70°であるから，点Cをふくむ$\overset{\frown}{AB}$に対する中心角の大きさは，
360°－70°＝290°

p.92～93　ぴたトレ1

1

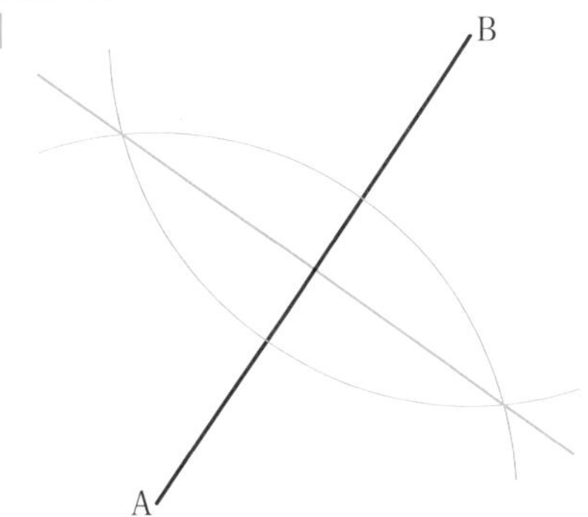

解き方 点A，Bを中心とする等しい半径の円をかき，その交点を通る直線をひく。

2

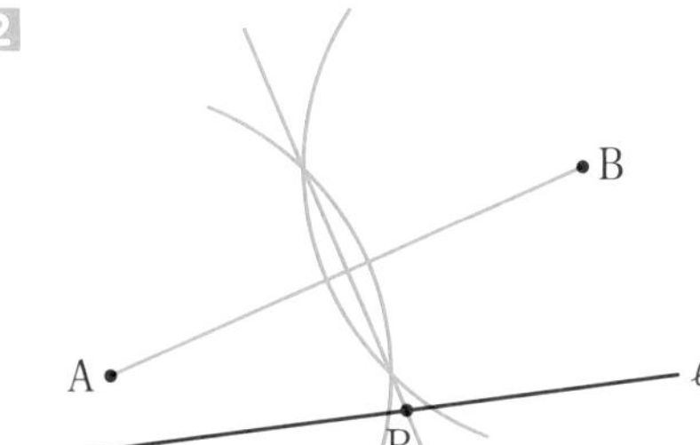

解き方 線分ABの垂直二等分線と直線ℓとの交点をPとする。

3 (1)

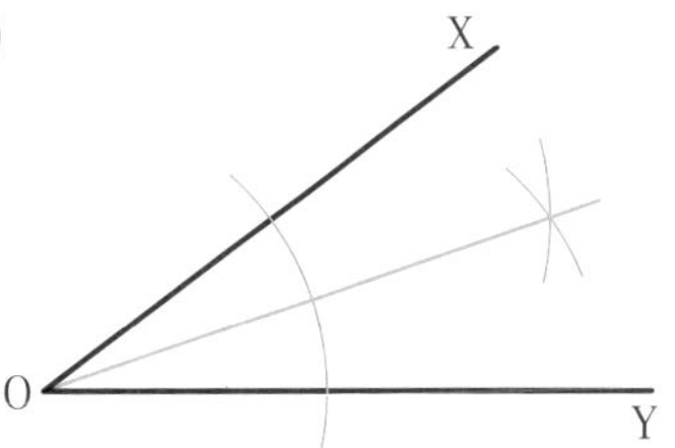

(2)

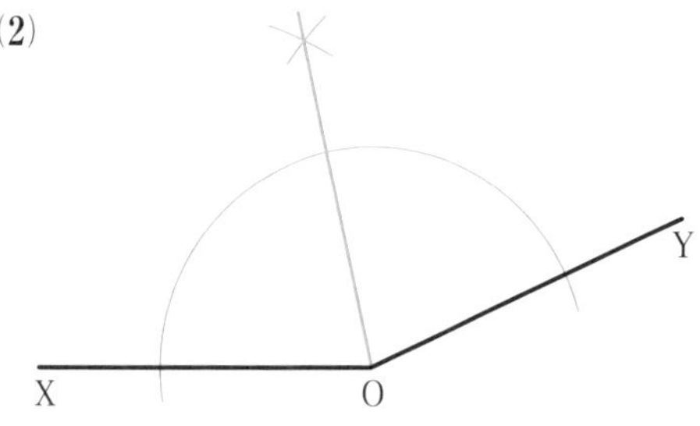

解き方 点 O を中心とする円をかき，次にその円と OX，OY との交点をそれぞれ中心とする等しい半径の円をかく。2 つの円の交点と点 O を通る直線をひく。

4

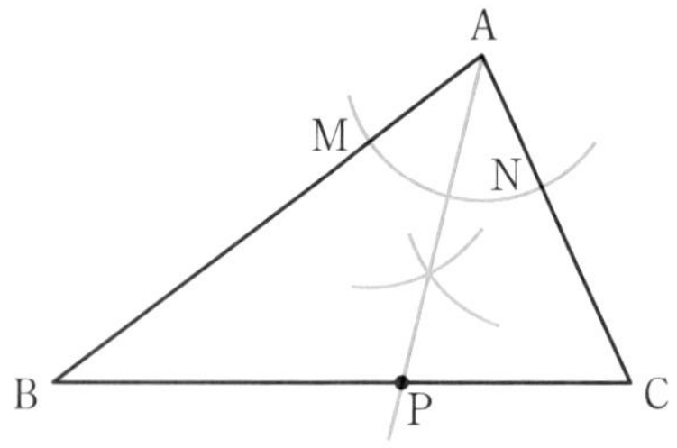

解き方 ∠BAC の二等分線と線分 BC との交点を点 P とする。

p.94～95 ぴたトレ 1

1 (1)

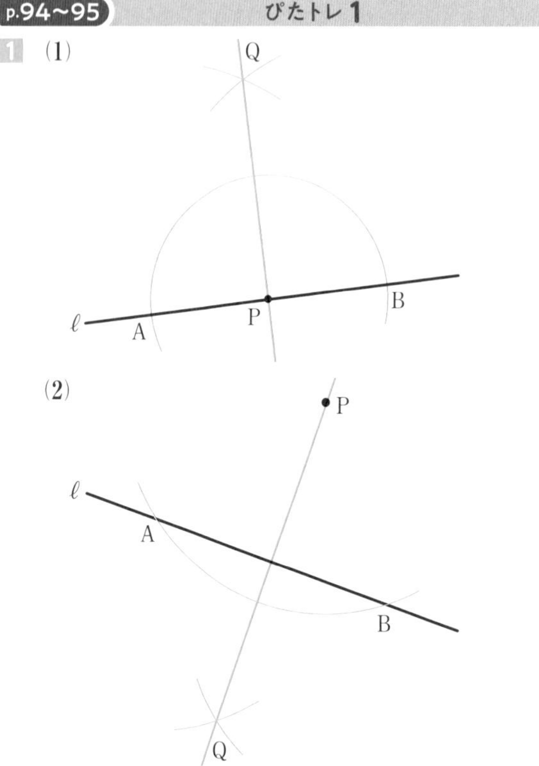

解き方 (1)点 P を中心とする円をかき，直線 ℓ との交点を A，B とする。点 A，B をそれぞれ中心とする等しい半径の円をかき，その交点を Q とする。直線 PQ をひく。

(2)点 P が直線 ℓ 上にない場合でも，(1)と同様に作図できる。

2

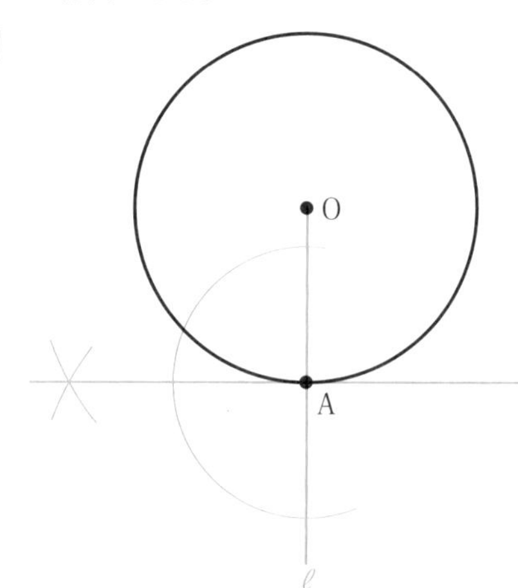

解き方 2 点 O，A を通る直線 ℓ をひき，点 A を通る直線 ℓ の垂線を作図する。

3 (1)

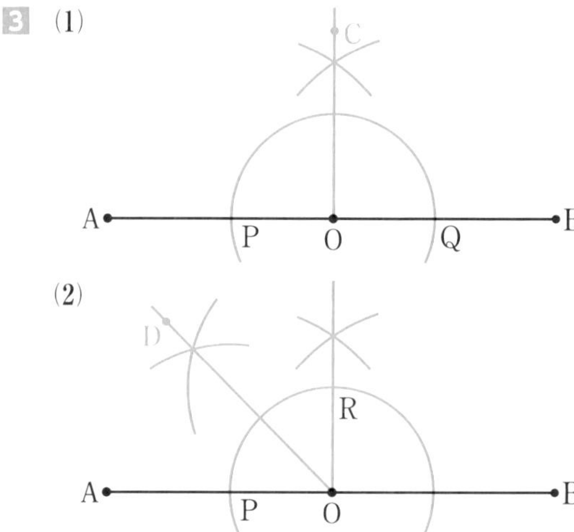

解き方 (1)点 O を通る，線分 AB の垂線上に点 C をとる。
(2)(1)の ∠AOC の二等分線上に点 D をとる。

p.96～97 ぴたトレ 2

1 **ア…∠CBD　イ…∠BCD　ウ…∠ADB　エ…∠ABE**

解き方 それぞれ次のように表してもよい。
ア…∠DBC　イ…∠DCB，∠DCE，∠ECD
ウ…∠BDA　エ…∠EBA
また，イの角を ∠C と表すこともある。

2 **(1)AD＝BC　(2)AP⊥BC　(3)AB∥DC**

解き方 等しい関係は＝，垂直の関係は⊥，平行の関係は∥を使って表す。

3 **130°**

解き方

$\overset{\frown}{AB}$ に対する中心角を，四角形 AOBP の角のひとつとみて考える。直線 PA，PB はそれぞれ円 O の接線であるから，円 O の半径に垂直である。つまり，∠OAP，∠OBP は 90° である。
∠APB は 50° であるから，
90°＋90°＋50°＝230°
四角形の 4 つの角の大きさの合計は 360° であるから，
360°－230°＝130°
したがって，$\overset{\frown}{AB}$ に対する中心角の大きさは 130° である。

4

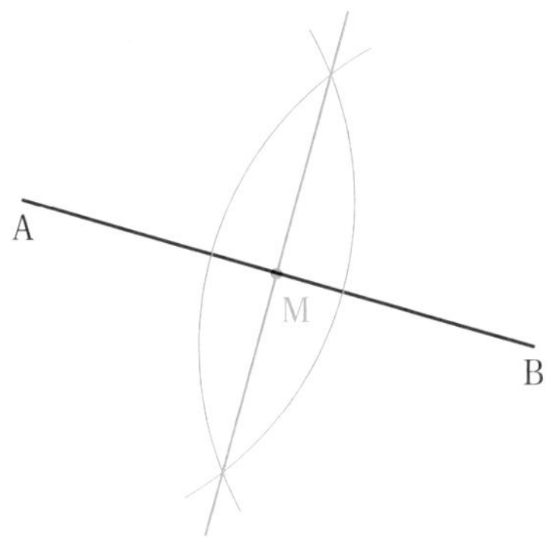

解き方

線分 AB の垂直二等分線をひき，線分 AB との交点を M とする。

5

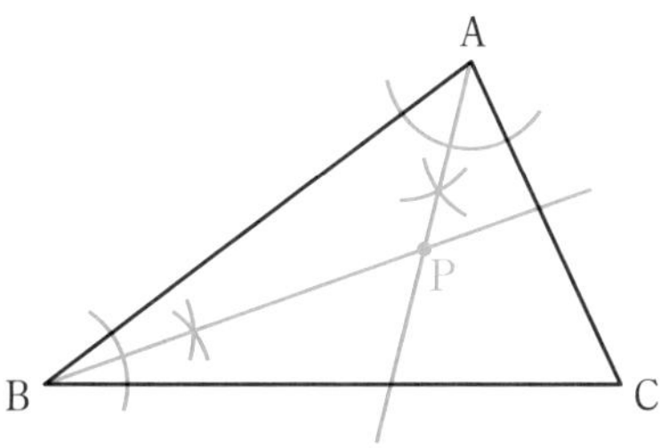

解き方

2 辺までの距離が等しい点は，その 2 辺がつくる角の二等分線上にある。∠BAC の二等分線と ∠ABC の二等分線との交点を点 P とする。

6

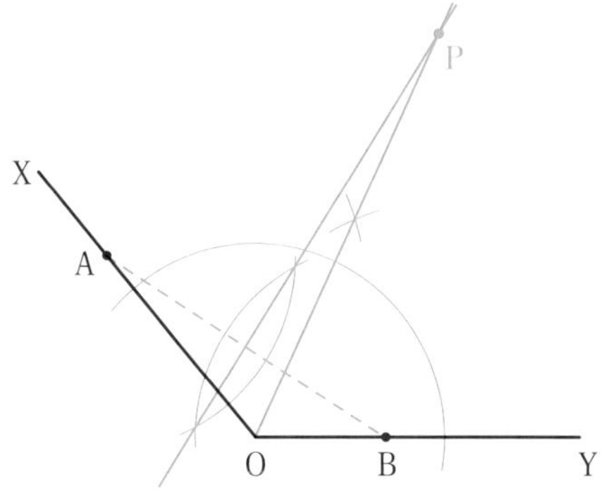

解き方

交点の位置に文字 P も書き入れる。
なるべくコンパスの線が重ならないようにする。

7

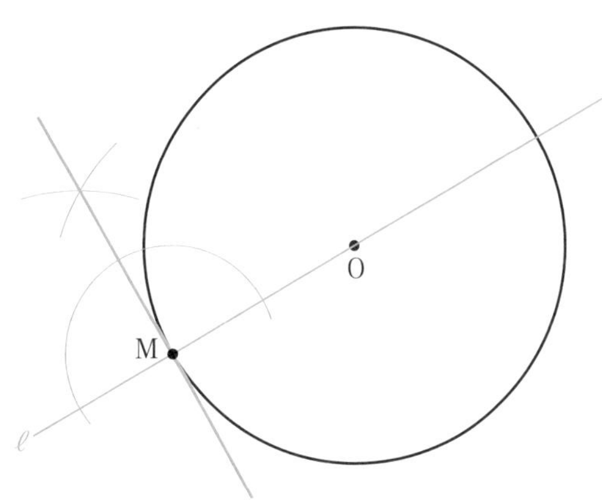

解き方

2 点 O，M を通る直線 ℓ をひき，点 M を通る直線 ℓ の垂線を作図する。

8

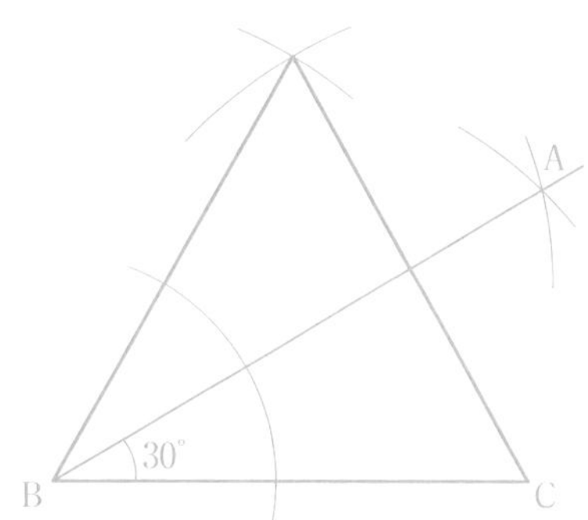

解き方

正三角形の 1 つの角の大きさが 60° であることを利用する。上の図で，線分 BC を 1 辺とする正三角形を作図する。∠B＝60° になる。次に ∠B の二等分線を作図する。∠ABC＝30° となる。

理解のコツ

・作図をするときに，図形の性質を利用することがあるため，基礎をしっかり身につけておく。
・基本の作図を組み合わせて解く問題は，どのように作図したかがわかるように作図する。

p.98～99 ぴたトレ 1

1

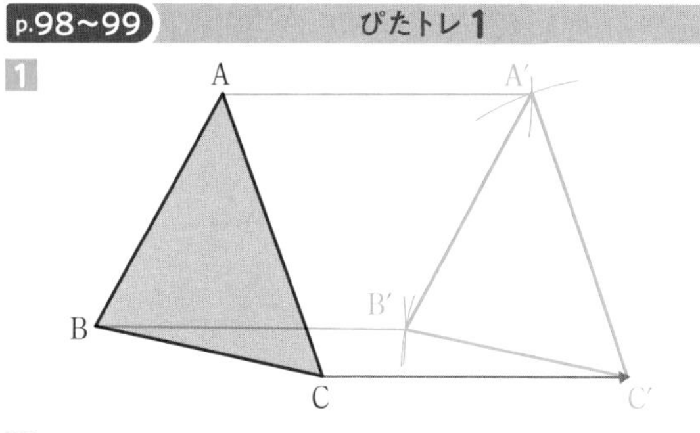

解き方

定規とコンパスを使ってかく。
AA′∥BB′∥CC′，AA′＝BB′＝CC′ となるように点 A′，B′ を定める。三角定規を使ってもよい。

2

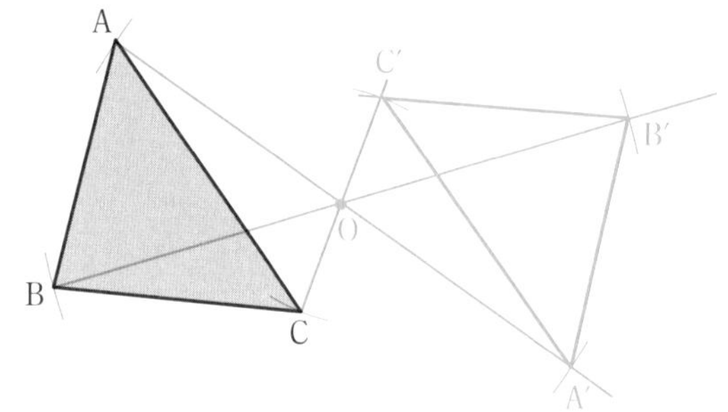

解き方　180°回転移動すると，△ABC と △A′B′C′ は点対称になる。したがって，直線 OA，OB，OC 上にそれぞれ OA＝OA′，OB＝OB′，OC＝OC′ となる点 A′，B′，C′ をとって線で結べばよい。

3

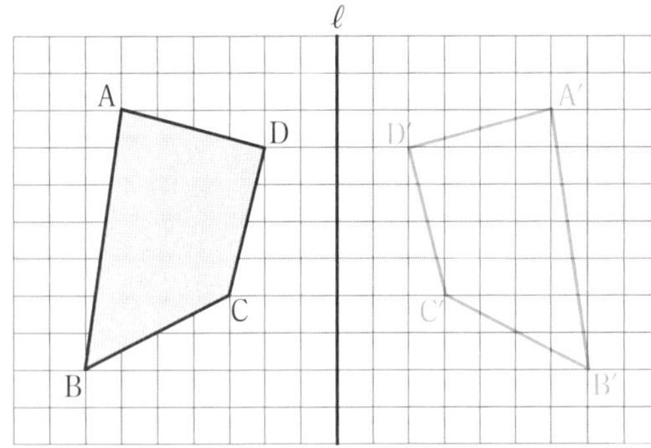

解き方　直線 ℓ が線分 AA′，BB′，CC′，DD′ の垂直二等分線になるように，点 A′，B′，C′，D′ をとって線で結ぶ。

4　**平行移動，対称移動**

解き方　△ABC を平行移動し，直線 ℓ を対称の軸として対称移動すると，△PQR の位置になる。

p.100～101　ぴたトレ 1

1　**(1)円の周の長さ…10π cm　面積…25π cm^2**

(2)円の周の長さ…9π cm　面積…$\frac{81}{4}\pi$ cm^2

解き方　次の公式を使って求める。

円の周の長さ　$\ell=2\pi r$，

面積　$S=\pi r^2$

(1)$\ell=2\pi\times5$

$=10\pi$(cm)

$S=\pi\times5^2$

$=25\pi$(cm^2)

(2)$\ell=2\pi\times\frac{9}{2}$

$=9\pi$(cm)

$S=\pi\times\left(\frac{9}{2}\right)^2$

$=\frac{81}{4}\pi$(cm^2)

2　**(1)弧の長さ…4π cm　面積…20π cm^2**

(2)弧の長さ…7π cm　面積…21π cm^2

解き方　次の公式を使って求める。

弧の長さ　$\ell=2\pi r\times\frac{a}{360}$，

面積　$S=\pi r^2\times\frac{a}{360}$

(1)$\ell=2\pi\times10\times\frac{72}{360}$

$=4\pi$(cm)

$S=\pi\times10^2\times\frac{72}{360}$

$=20\pi$(cm^2)

(2)$\ell=2\pi\times6\times\frac{210}{360}$

$=7\pi$(cm)

$S=\pi\times6^2\times\frac{210}{360}$

$=21\pi$(cm^2)

3　**(1)144°　(2)240°**

解き方　中心角を a° として，おうぎ形の弧の長さを求める公式 $\ell=2\pi r\times\frac{a}{360}$ に ℓ，r の値をそれぞれ代入して a の値を求める。

(1)$4\pi=2\pi\times5\times\frac{a}{360}$

$a=144$

(2)$16\pi=2\pi\times12\times\frac{a}{360}$

$a=240$

4　**6π cm^2**

解き方　おうぎ形の中心角を求めてから，面積を求める。

$3\pi=2\pi\times4\times\frac{a}{360}$

$a=135$

$S=\pi\times4^2\times\frac{135}{360}$

$=6\pi$(cm^2)

p.102～103　ぴたトレ 2

1　**(1)平行四辺形 BCDI　(2)平行四辺形 GFIH**

解き方
(1)平行四辺形 ABIH を，線分 AB の長さだけ下に平行移動すると，平行四辺形 BCDI になる。
(2)平行四辺形 ABIH を，直線 HI を軸として対称移動すると，平行四辺形 GFIH になる。対応する頂点を合わせて書くこと。

2

解き方　点 O と A を線で結び，点 O を中心に OA を半径とした円をかく。点 O を通り，OA に垂直な直線をかき，円との交点を点 A′ とする。同じように点 B′，C′ をとって線で結ぶ。

3

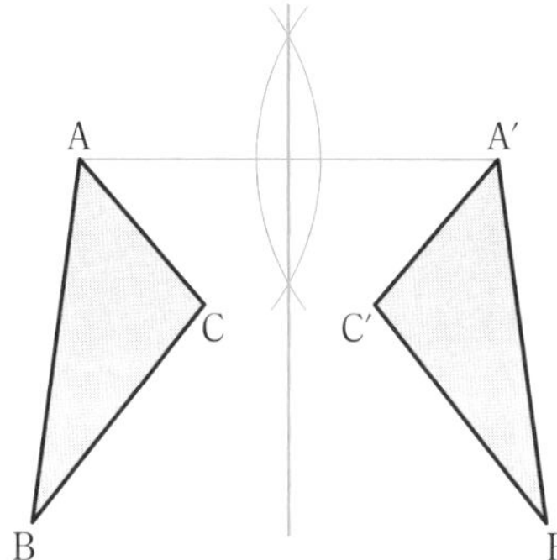

解き方　対称の軸は，対応する 2 点を結ぶ線分の垂直二等分線であるから，上の図のように，線分 AA′ の垂直二等分線を作図する。

4 **(1)円の周の長さ…14π cm　面積…49π cm²**
(2)円の周の長さ…16π cm　面積…64π cm²

解き方　$\ell=2\pi r$，$S=\pi r^2$ の公式を使って求める。

(1)$\ell = 2\pi\times 7$
$= 14\pi$ (cm)
$S = \pi\times 7^2$
$= 49\pi$ (cm²)

(2)直径が 16 cm であるから，半径は 8 cm
$\ell = 2\pi\times 8$
$= 16\pi$ (cm)
$S = \pi\times 8^2$
$= 64\pi$ (cm²)

5 **(1)弧の長さ…2π cm　面積…3π cm²**
(2)弧の長さ…14π cm　面積…84π cm²

解き方　$\ell = 2\pi r\times\frac{a}{360}$，$S=\pi r^2\times\frac{a}{360}$ の公式を使って求める。

(1)$\ell = 2\pi\times 3\times\frac{120}{360}$
$= 2\pi$ (cm)
$S = \pi\times 3^2\times\frac{120}{360}$
$= 3\pi$ (cm²)

(2)$\ell = 2\pi\times 12\times\frac{210}{360}$
$= 14\pi$ (cm)
$S = \pi\times 12^2\times\frac{210}{360}$
$= 84\pi$ (cm²)

6 **(1)40°　(2)72°　(3)120°　(4)240°**

解き方　中心角を a° とする。

(1)$4\pi = 2\pi\times 18\times\frac{a}{360}$
$a = 40$

(2)$2\pi = 2\pi\times 5\times\frac{a}{360}$
$a = 72$

(3)$12\pi = \pi\times 6^2\times\frac{a}{360}$
$a = 120$

(4)$54\pi = \pi\times 9^2\times\frac{a}{360}$
$a = 240$

7 **4π cm**

解き方　頂点 A がえがく線は下の図のように，中心角が 120° のおうぎ形の弧になる。
したがって，おうぎ形の弧の長さは，

$2\pi\times 6\times\frac{120}{360} = 4\pi$ (cm)

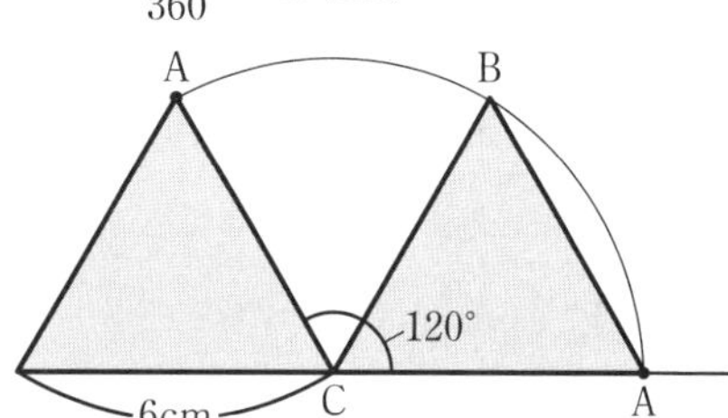

理解のコツ

・3つの移動(平行移動，回転移動，対称移動)について，意味を理解し，図をかけるようにしておく。
・おうぎ形の弧の長さ，面積，中心角の大きさの求め方について，公式をミスなく十分使いこなせるようにしておく。

p.104~105　ぴたトレ3

1 **(1) 1 cm　(2)1.5 cm**

解き方　(1)右の図のように，
AM＝4 cm，
CB＝3 cm だから，
線分 MC は
8−(4＋3)＝1 より 1 cm である。

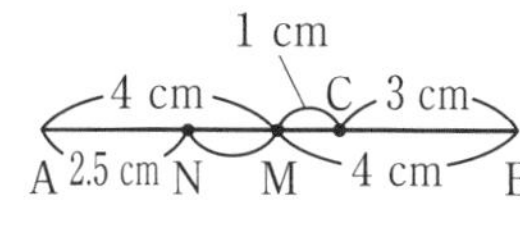

(2)AC＝5 cm だから，AN＝2.5 cm で，
MN＝4−2.5＝1.5 より 1.5 cm

2 **(1)AB // DC　(2)AB⊥BC**

(3)∠ABE＝∠CBE

解き方　平行の関係は∥，垂直の関係は⊥，等しい関係は＝を使って表す。

❸

解き方　線分 AB と線分 BC のそれぞれの垂直二等分線の交点を O とし，点 O を中心に半径が OA の円をかく。OA＝OB，OB＝OC より，
OA＝OB＝OC となる。したがって，この円 O は点 B，C も通るから，線分 AB，線分 BC はこの円の弦である。

❹

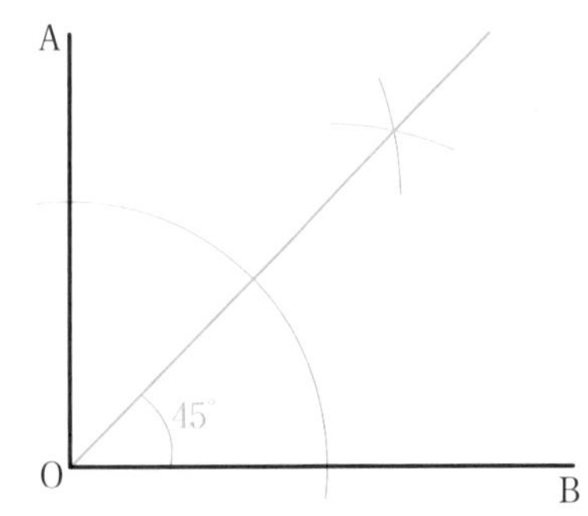

解き方　45° は 90° の半分の角であるから，∠AOB の二等分線を作図すればよい。

❺

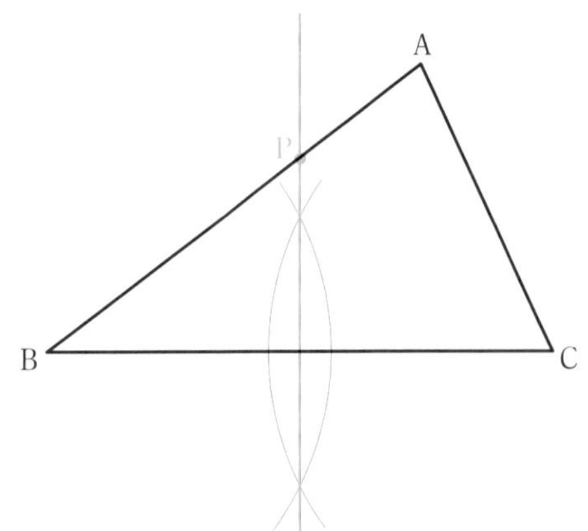

解き方　頂点 B，C までの距離が等しい点は線分 BC の垂直二等分線上にある。この点が辺 AB 上にあるから，辺 AB との交点を P とすればよい。

❻

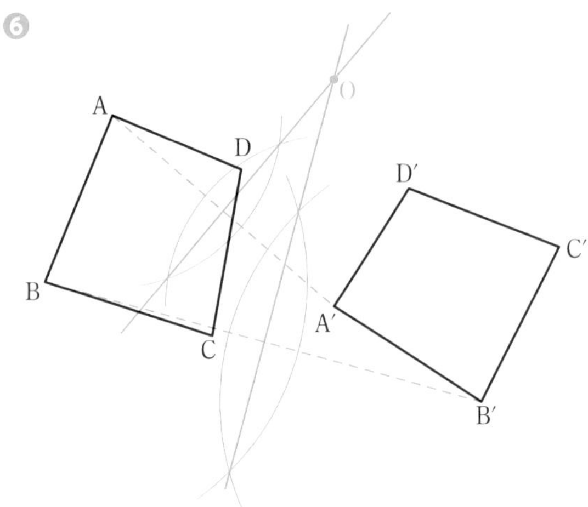

解き方　四角形 ABCD と回転移動した四角形 A′B′C′D′ で，OA＝OA′，OB＝OB′，OC＝OC′，OD＝OD′ であることを利用して作図する。線分 AA′ と線分 BB′ のそれぞれの垂直二等分線の交点を O とする。

❼ **(1)3π cm　(2)$\dfrac{15}{2}\pi$ cm^2**

解き方

(1)$\ell=2\pi\times5\times\dfrac{108}{360}$

$=3\pi$(cm)

(2)$S=\pi\times5^2\times\dfrac{108}{360}$

$=\dfrac{15}{2}\pi$(cm^2)

❽ **120°**

解き方　おうぎ形 OAB で，∠AOB＝a° とすると，

$2\pi\times9\times\dfrac{a}{360}=3\pi$

$a=60$

したがって，

∠COD＝180°−60°＝120°

7章　空間図形

p.107　ぴたトレ0

1 (1)四角柱　(2)三角柱

解き方　それぞれの展開図を，点線にそって折りまげ，組み立てた図を考えます。
見取図をかくと，次のようになります。

(1) 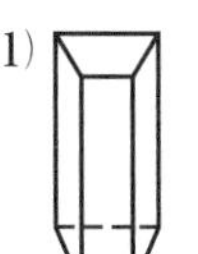 (2) 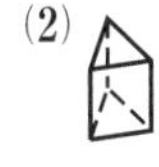

2 (1)辺IH　(2)頂点A，頂点I

解き方　わかりにくいときは，見取図をかき，頂点をかき入れてみます。

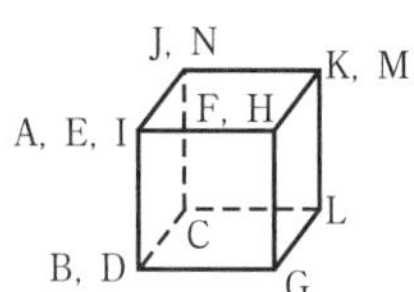

(1)辺HIとしても正解です。

3 (1)120 cm^3　(2)180 cm^3
(3)2198 cm^3　(4)401.92 cm^3

解き方　それぞれ，底面積×高さ　で求めます。
(1)$(5\times3)\times8=120(cm^3)$
(2)$(6\times10\div2)\times6=180(cm^3)$
(3)$(10\times10\times3.14)\times7=2198(cm^3)$
(4)底面は，半径が4 cmの円です。
$(4\times4\times3.14)\times8=401.92(cm^3)$

p.108〜109　ぴたトレ1

1 (1)円錐　(2)円柱　(3)球

解き方　底面の形が円で，底面が1つあるのは円錐，2つあるのは円柱である。

2 頂点の数…20　辺の数…30

解き方　すべての面には，頂点も辺も5ずつあるが，1つの頂点には面が3つ，1つの辺には面が2つ集まっている。よって，
頂点…$5\times12\div3=20$
辺…$5\times12\div2=30$

3 ㋓

解き方　㋐，㋑，㋒はどれも1直線上にない3点が決まるから，平面が1つに決まる。しかし1直線上にある3点では，3点を通る平面がいくつでも考えられる。

4 (1)辺AD，辺BC，辺CF
(2)辺ACは辺BC，辺CFとそれぞれ垂直なので，辺AC⊥面BEFCである。

解き方　(2)面BEFC上の2つの辺と辺ACが垂直であることを示す。

p.110〜111　ぴたトレ1

1 (1)面EFGH
(2)面ABFE，面BCGF，面CDHG，面DAEH

解き方　(1)面ABCDと面EFGHは交わらないので，平行である。
(2)面ABCDに垂直な辺は，辺AE，辺BF，辺CG，辺DHである。これらの辺をふくむ平面はどれも面ABCDに垂直である。

2 下の図

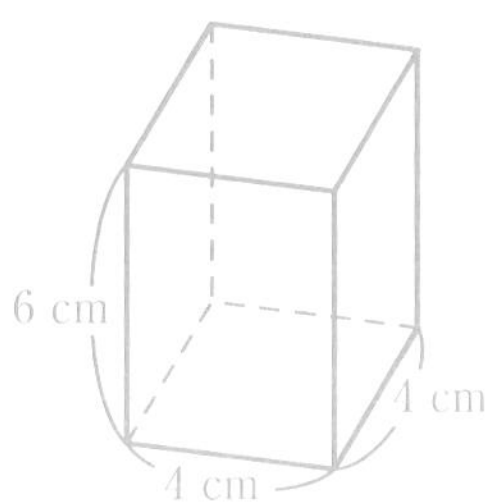

解き方　上の図のような高さが6 cmの正四角柱になる。

3 (1)下の図

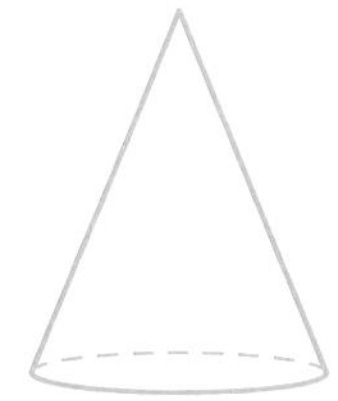

(2)13 cm
(3)二等辺三角形
(4)円

解き方　(1)底面の半径が5 cm，高さが12 cmの円錐になる。
(2)母線の長さは13 cmである。
(3)回転体を，回転の軸をふくむ平面で切ると，その切り口は回転の軸について線対称な図形になるので，二等辺三角形になる。
(4)回転体を，回転の軸と垂直な平面で切ると，切り口は円になる。

p.112〜113　ぴたトレ1

1 (1)辺OB，辺AB，辺BC
(2)点B，点E

解き方　展開図の辺 AB と辺 BC は切りはなされていることが分かる。また，点 B は他の面と接していないので辺 OB を切ったことが分かる。

2　(1) 8 cm　(2) 4π cm

解き方　(1)おうぎ形の半径の長さは，円錐の母線の長さと等しいので，8 cm

(2)展開図のおうぎ形の弧の長さは，底面の円の周の長さに等しい。公式 $\ell=2\pi r$ を使って求める。

$\ell=2\pi\times2$

$=4\pi$(cm)

3　**正四角錐，下の図**

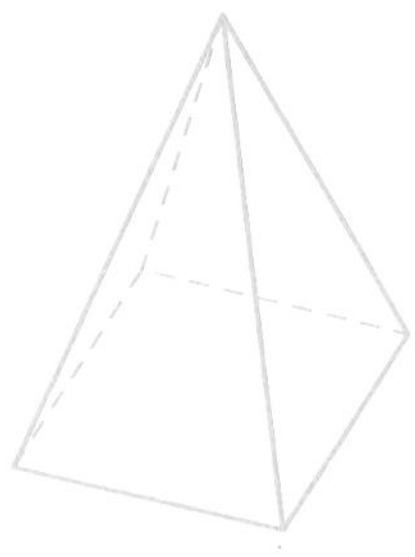

解き方　底面が正方形で，側面が二等辺三角形であるから，正四角錐である。

4　**下の図**

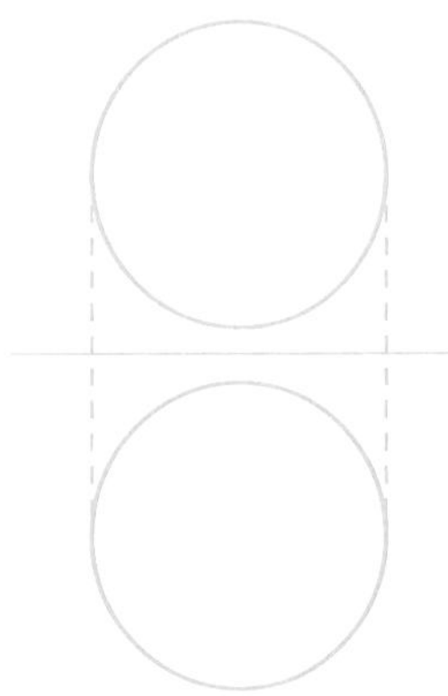

解き方　球はどの方向から見ても円に見える。立面図も平面図も円をかく。

p.114～115　ぴたトレ2

1　**(1)正四角錐**

(2)円錐

(3)正十二面体

解き方　(1)底面が正方形で，側面がすべて合同な二等辺三角形であるから，「四角錐」としないで，「正」をつけて「正四角錐」とする。

(2)底面が円で頂点が1つであることから，円錐とわかる。

(3) 5種類の正多面体のうち，面の形が正五角形なのは，正十二面体である。

2　**(1)①AD∥FG　②DH⊥HG**

(2)辺 AE，辺 DH，辺 EF，辺 HG

(3)面 EFGH

(4)辺 DH

(5)辺 AE，辺 BF，辺 CG，辺 DH

(6) 2組

(7)辺 CG は辺 BC，辺 CD とそれぞれ垂直なので，辺 CG⊥面 ABCD である。

解き方　(1)①辺 AD と辺 FG は面 AFGD 上の辺で，交わらないから，平行である。

②辺 DH と辺 HG は長方形のとなり合う辺であるから，垂直である。

(2)辺 BC と交わらず，平行でもない辺である。

(3)辺 CD と面 EFGH は交わらないから，平行である。底面は台形であるから，辺 CD と面 ABFE は平行ではない。

(4)DH⊥面 EFGH であるから，DH は頂点 D と面 EFGH の距離である。

(5)角柱や円柱の底面上の点と，もう一方の底面との距離はすべて等しく，この距離を高さという。

(6)面 ABCD∥面 EFGH，面 AEHD∥面 BFGC

(7)面上の2つの辺と辺 CG が垂直であることを示す。

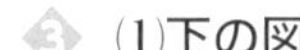

3　**(1)下の図**

(2)下の図

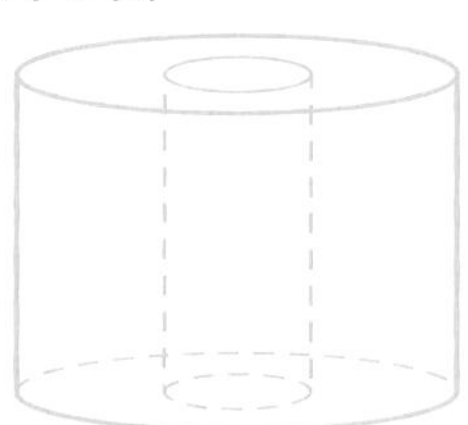

解き方　(1)円錐をかく。

(2)底面の円の中心が同じで高さが等しい，大きい円柱から小さい円柱を切りとった形をかく。

4 (1)下の図　(2)下の図

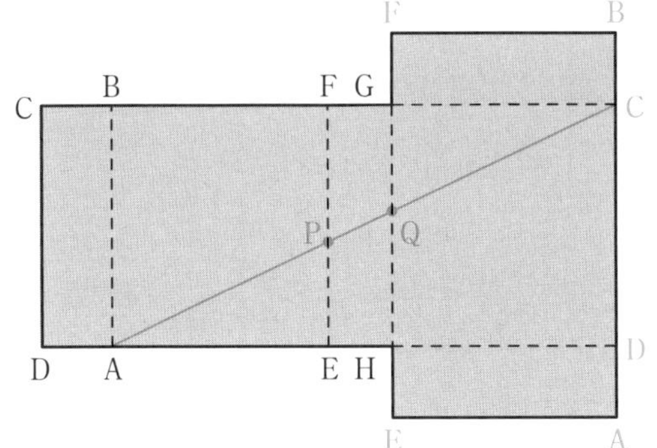

解き方
(1)組み立てると重なる点は同じ記号を書く。
(2)糸の長さが最も短くなるのは，点Aと点Cを結ぶ線が直線になる場合である。辺EF，辺HGを通る線分ACをひく。もう一方の線分ACは，辺DH，HG，EF，ABと交わる線分で，上の図の線分ACより長くなる。

5 (1)下の図

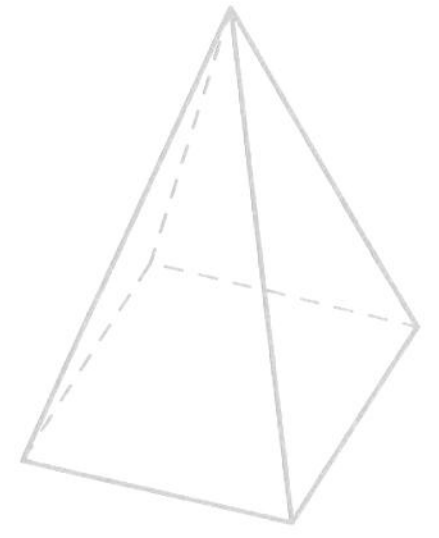

(2)下の図

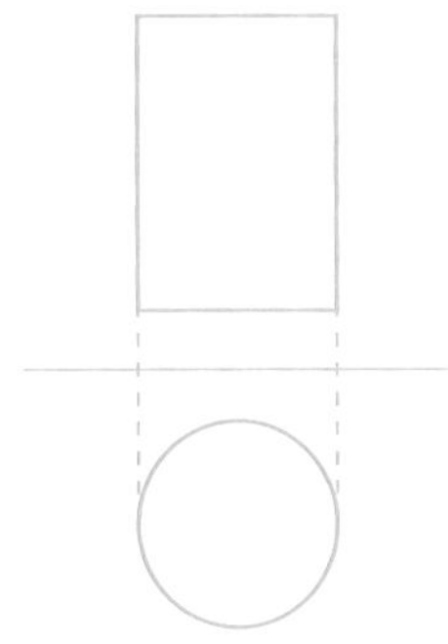

解き方
(1)正四角錐をかく。
(2)立面図は長方形，平面図は円になる。

理解のコツ
・机の面や下じき，鉛筆などを使って，辺と辺，辺と面，面と面の位置関係を確かめておく。
・立体の見取図を，できるだけ正確にきれいにかけるようにしておく。

p.116～117　ぴたトレ1

1 (1)225 cm^3　(2)20π cm^3

解き方
角柱，円柱の体積の公式 $V=Sh$ を使って求める。

(1)$\frac{1}{2}\times9\times10\times5=225$

(2)$\pi\times2^2\times5=4\pi\times5$
$=20\pi$

2 (1)40 cm^3　(2)96π cm^3

解き方
角錐，円錐の体積の公式 $V=\frac{1}{3}Sh$ を使って求める。

(1)$\frac{1}{3}\times\frac{1}{2}\times5\times6\times8=\frac{1}{3}\times15\times8$
$=40$

(2)$\frac{1}{3}\times\pi\times6^2\times8=\frac{1}{3}\times36\pi\times8$
$=96\pi$

3 288π cm^3

解き方
球の体積の公式 $V=\frac{4}{3}\pi r^3$ を使って求める。

$\frac{4}{3}\times\pi\times6^3=\frac{4}{3}\times216\pi$
$=288\pi$

4 486π cm^3

解き方
下の図のような，球の中心を通る平面で切った立体になるから，球の半分の体積を求めればよい。

$\frac{4}{3}\times\pi\times9^3\times\frac{1}{2}=\frac{4}{3}\times729\pi\times\frac{1}{2}$
$=486\pi$

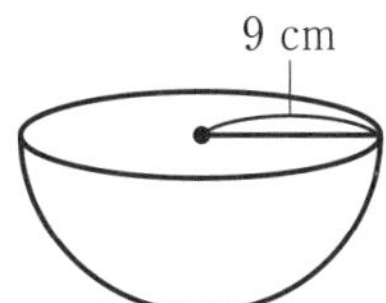

p.118～119　ぴたトレ1

1 (1)84 cm^2　(2)168π cm^2

解き方
(角柱，円柱の表面積)=(底面積)×2+(側面積)より求める。

(1)底面積は，$\frac{1}{2}\times4\times3=\frac{1}{2}\times12$
$=6$

側面積は，$6\times(3+4+5)=6\times12$
$=72$

したがって，表面積は，
$6\times2+72=84$

(2)底面積は，$\pi\times6^2=36\pi$

側面積は，$8\times(2\pi\times6)=8\times12\pi$
$=96\pi$

したがって，表面積は，
$36\pi\times2+96\pi=168\pi$

2 (1)$85\ \text{cm}^2$ (2)$48\pi\ \text{cm}^2$

解き方

(角錐，円錐の表面積)＝(底面積)＋(側面積)より求める。

(1)底面積は，$5\times5=25$

側面積は，$\frac{1}{2}\times5\times6\times4=15\times4$

$=60$

したがって，表面積は，

$25+60=85$

(2)展開図は下の図のようになる。

底面積は，$\pi\times4^2=16\pi$

$\overset{\frown}{BC}$ の長さは，底面の円の周の長さに等しいから，

$\overset{\frown}{BC}=2\pi\times4=8\pi$

おうぎ形の中心角を $a°$ とすると，

$8\pi=2\pi\times8\times\frac{a}{360}$

$a=180$

よって，おうぎ形の面積は，

$\pi\times8^2\times\frac{180}{360}=32\pi$

したがって，表面積は，$16\pi+32\pi=48\pi$

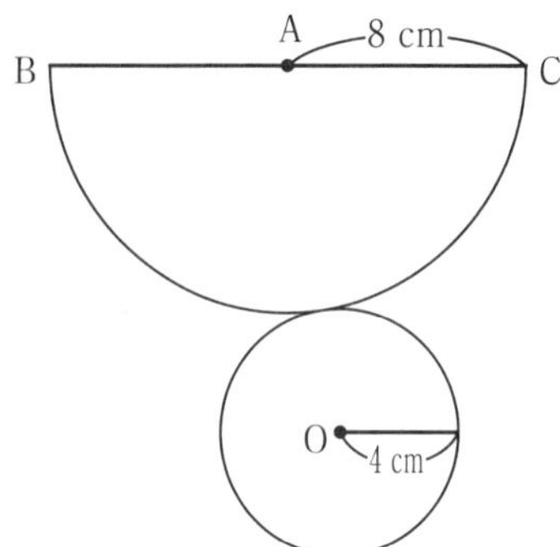

3 $400\pi\ \text{cm}^2$

解き方

球の表面積の公式 $S=4\pi r^2$ を使って求める。

$4\pi\times10^2=400\pi$

4 $108\pi\ \text{cm}^2$

解き方

下の図のような，球の中心を通る平面で切った立体(半球)になるから，球の半分の表面積を求める。断面部分の表面積を求めるのを忘れないように。

$4\pi\times6^2\times\frac{1}{2}+\pi\times6^2=72\pi+36\pi$

$=108\pi$

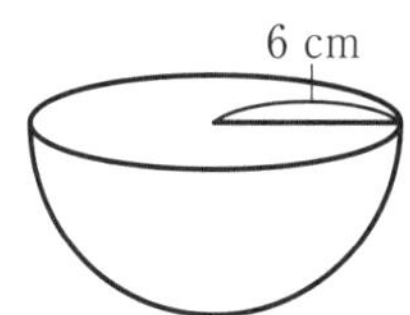

1 (1)$324\pi\ \text{cm}^3$ (2)$4500\pi\ \text{cm}^3$

解き方

円錐の体積は，$V=\frac{1}{3}Sh$，球の体積は，

$V=\frac{4}{3}\pi r^3$ で求められる。

(1)$V=\frac{1}{3}Sh$ より，

$\frac{1}{3}\times\pi\times9^2\times12=\frac{1}{3}\times81\pi\times12$

$=324\pi$

(2)$V=\frac{4}{3}\pi r^3$ より，

$\frac{4}{3}\times\pi\times15^3=\frac{4}{3}\times3375\pi$

$=4500\pi$

2 (1)$240\ \text{cm}^3$ (2)$300\ \text{cm}^2$

解き方

(1)角柱の体積は，$V=Sh$ で求められる。

$V=Sh$ より，

$\frac{1}{2}\times5\times12\times8=\frac{1}{2}\times60\times8$

$=240$

(2)底面積は，

$\frac{1}{2}\times5\times12=30$

側面積は，

$8\times(5+12+13)=8\times30$

$=240$

したがって，表面積は，

$30\times2+240=300$

3 (1)$60\ \text{cm}^2$ (2)$96\ \text{cm}^2$

解き方

(1)側面は，底辺 6 cm，高さ 5 cm の三角形 4 つである。

$\frac{1}{2}\times6\times5\times4=60$

(2)底面積は，

$6\times6=36$

したがって，表面積は，

$36+60=96$

4 (1)$288\pi\ \text{cm}^3$ (2)$224\pi\ \text{cm}^2$

解き方

(1)底面の円の半径が 6 cm，高さが 8 cm の円柱になる。

$V=Sh$ より，

$\pi\times6^2\times8=36\pi\times8$

$=288\pi$

(2)底面の円の半径が 8 cm，高さが 6 cm の円柱になる。
底面積は，
$\pi\times8^2=64\pi$
側面積は，
$6\times(2\pi\times8)=96\pi$
したがって，表面積は，
$64\pi\times2+96\pi=224\pi$

5 **(1)135°　(2)33π cm^2**

解き方
(1)おうぎ形の弧の長さは，底面の円の周の長さに等しいから，
$2\pi\times3=6\pi$
おうぎ形の中心角を $a°$ とすると，
$$6\pi=2\pi\times8\times\frac{a}{360}$$
$$a=135$$
(2)おうぎ形の面積は，
$$\pi\times8^2\times\frac{135}{360}=24\pi$$
円の面積は，
$\pi\times3^2=9\pi$
したがって，この立体の表面積は，
$24\pi+9\pi=33\pi$

6 **(1)196π cm^2　(2)192π cm^2**

解き方
(1)直径が 14 cm の球になる。この球の半径は 7 cm であるから，$S=4\pi r^2$ より，
$4\pi\times7^2=196\pi$
(2)球の中心を通る平面で切った立体(半球)になる。
$$4\pi\times8^2\times\frac{1}{2}+\pi\times8^2=128\pi+64\pi$$
$$=192\pi$$

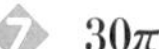
7 **30π cm^3**

解き方
容器㋐の容積は，
$$\pi\times4^2\times5=16\pi\times5$$
$$=80\pi$$
容器㋑の容積は，
$$\frac{1}{3}\times\pi\times5^2\times6=\frac{1}{3}\times25\pi\times6$$
$$=50\pi$$
容器㋐の容積から容器㋑の容積をひくと，
$80\pi-50\pi=30\pi$
したがって，容器㋐は容器㋑よりも 30π cm^3 多く水を入れることができる。

理解のコツ
・基本となる角柱，円柱，角錐，円錐の体積，表面積を求める公式を使いこなせるようにしておく。
・基本の立体を組み合わせた立体は，それぞれに分けて計算できるようにする。

p.122～123　ぴたトレ3

1 **(1)辺 BF，辺 CG，辺 DH　(2)4 つ**
(3)面 BFGC，面 CGHD
(4)面 ABCD，面 EFGH　(5)面 DHGC
(6)面 AEFB は辺 BC，辺 FG とそれぞれ垂直なので，面 AEFB⊥面 BCGF である。

解き方
(1)同じ平面上にあり，辺 AE と交わらない辺である。辺 CG が平行であることは，面 AEGC 上で考える。
(2)辺 AE と交わらず，平行でもない辺で，辺 BC，辺 DC，辺 FG，辺 HG の 4 つ。
(3)面 AEFB，面 AEHD は，辺 AE をふくむから，辺 AE と平行であるとはいえない。
(4)辺 AE は，面 ABCD の辺 AB，辺 AD に垂直であるから，辺 AE と面 ABCD は垂直である。同じように，辺 AE と面 EFGH は垂直である。
(5)面 AEFB と交わらない面は，面 DHGC の 1 つだけである。
(6)面 AEFB に垂直な辺は，辺 DA，辺 CB，辺 HE，辺 GF である。この辺をふくむ平面はどれも面 AEFB に垂直であるから，
面 AEFB⊥面 BCGF である。

2 **㋑，㋒**

解き方
㋐，㋓は下の図のような場合が考えられるので，いつでも正しいとはいえない。

㋐

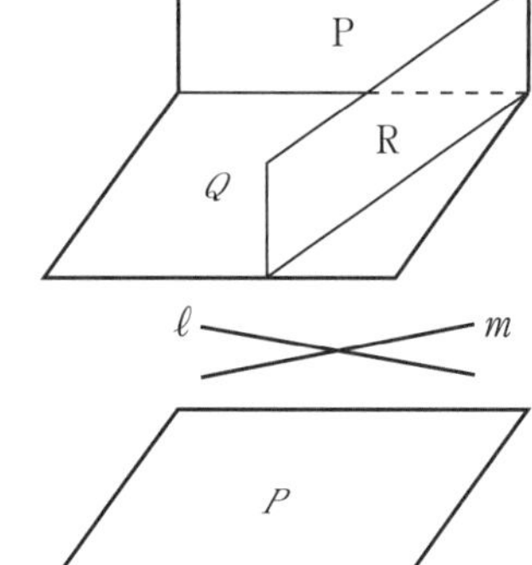

㋓

3 (1)下の図
(2)5 つ

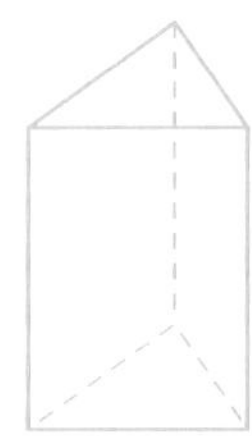

解き方 上が立面図(正面から見た図)，下が平面図(上から見た図)である。

4 (1)体積…640π cm^3　表面積…288π cm^2
(2)体積…2304π cm^3　表面積…576π cm^2

解き方 (1)体積は，$V=Sh$ より，

$\pi\times8^2\times10=64\pi\times10$
$=640\pi$

底面積は，
$\pi\times8^2=64\pi$
側面積は，
$10\times(2\pi\times8)=160\pi$
したがって，表面積は，
$64\pi\times2+160\pi=288\pi$

(2)体積は，$V=\dfrac{4}{3}\pi r^3$ より，

$\dfrac{4}{3}\times\pi\times12^3=\dfrac{4}{3}\times1728\pi$
$=2304\pi$

表面積は，$S=4\pi r^2$ より，
$4\pi\times12^2=576\pi$

5 (1)12π cm^3　(2)24π cm^2

解き方 (1)$V=\dfrac{1}{3}Sh$ より，

$\dfrac{1}{3}\times\pi\times3^2\times4=\dfrac{1}{3}\times9\pi\times4$
$=12\pi$

(2)展開図は下の図のようになる。

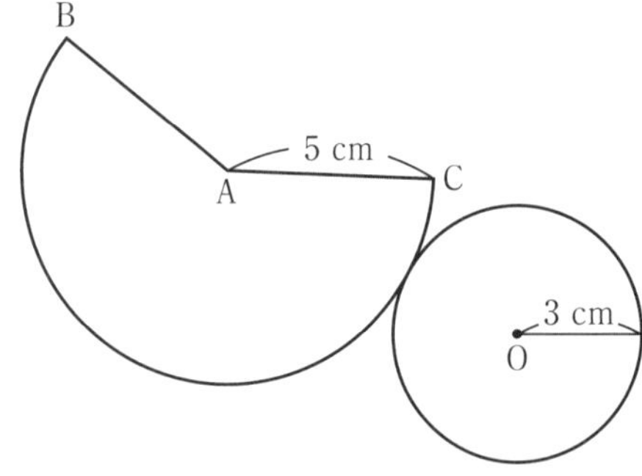

底面積は，
$\pi\times3^2=9\pi$

図の $\overset{\frown}{\mathrm{BC}}$ の長さは底面の円の周の長さに等しいので，

$\overset{\frown}{\mathrm{BC}}=2\pi\times3$
$=6\pi$

おうぎ形の中心角を a° とすると，

$6\pi=2\pi\times5\times\dfrac{a}{360}$
$a=216$

よって，おうぎ形の面積は，

$\pi\times5^2\times\dfrac{216}{360}=15\pi$

したがって，表面積は，
$9\pi+15\pi=24\pi$

6 (1)右の図
(2)312π cm^3

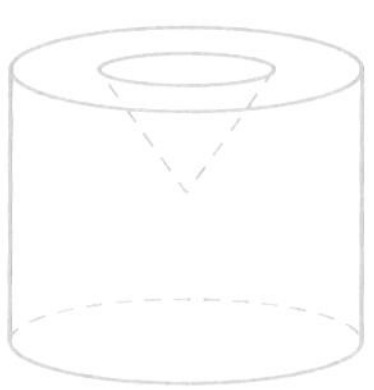

解き方 (1)円柱から，底面の中心が同じ小さい円錐を切りとった形である。
(2)円柱の体積から小さい円錐の体積をひくと，この立体の体積が求められる。
円錐の底面の円の半径は 3 cm，高さは 4 cm であるから，この立体の体積は，

$\pi\times6^2\times9-\dfrac{1}{3}\times\pi\times3^2\times4=324\pi-12\pi$
$=312\pi$

7 (1)12 cm　(2)45π cm^2

解き方 (1)円錐の母線の長さは，円 O の半径に等しい。

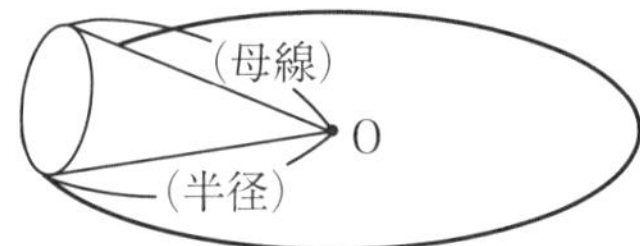

また，円 O の周の長さは，円錐が 4 回転してもとの場所にもどることから，円錐の底面の円の周の長さの 4 倍であることがわかる。したがって，円 O の周の長さは，
$2\pi\times3\times4=24\pi$
円 O の半径を r cm とすると，
$2\pi r=24\pi$
$r=12$
したがって，円錐の母線の長さは 12 cm である。

(2)円錐の底面積は，

$\pi \times 3^2 = 9\pi$

円錐の側面積は，次のようにして求める。

円錐は，円Oの周上を1周するのに4回転するから，円錐の側面積は，円Oの面積の $\frac{1}{4}$ である。

(1)より，円Oの半径は12 cmであるから，

円錐の側面積は，

$\pi \times 12^2 \times \frac{1}{4} = 36\pi$

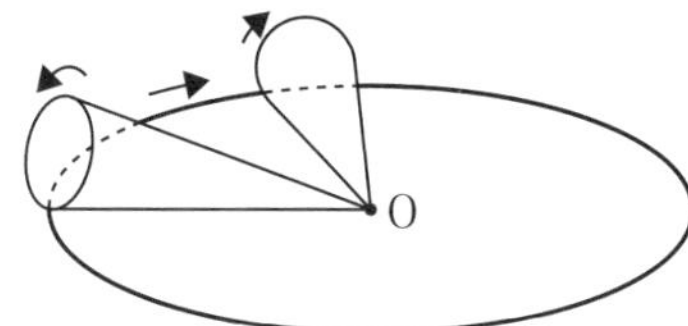

したがって，円錐の表面積は，

$9\pi + 36\pi = 45\pi$

8章　データの分析

p.125　ぴたトレ0

1 (1)24(m)　(2)23.5(m)　(3)23(m)

(4)

距離(m)	人数(人)
以上　未満 15～20	3
20～25	5
25～30	4
30～35	2
合計	14

(5)

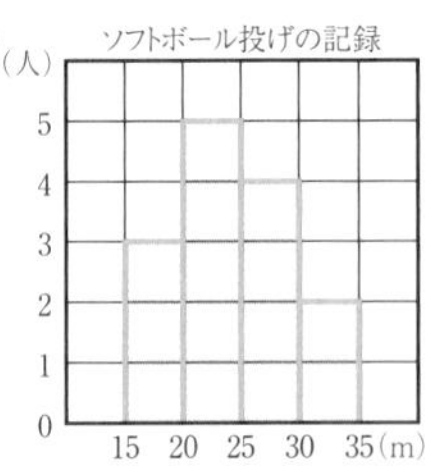

解き方
(1)資料の値の合計は 336，資料の個数は 14 だから，336÷14＝24(m)
(2)資料の数が 14 だから，7 番目と 8 番目の値の平均値を求めます。
(23＋24)÷2＝23.5(m)

p.126～127　ぴたトレ1

1 (1)17 人
(2)下の図
(3)下の図

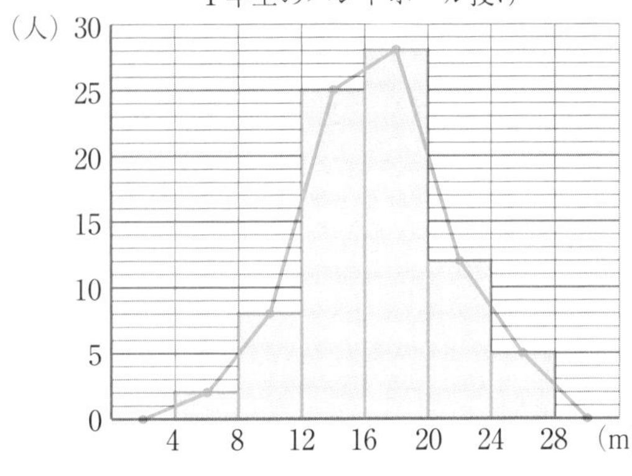

解き方
(1)20 m 以上投げた人は，20 m 以上 24 m 未満の 12 人と，24 m 以上 28 m 未満の 5 人の計 17 人である。
(2)それぞれの階級の度数を度数分布表から読みとり，縦軸に値をとってグラフに表す。
(3)度数折れ線をかくときは，左右両端に度数 0 の階級があるものと考えて，横軸の上に点をとって結ぶ。

2 (1)㋐160　㋑180　㋒6
(2)160 cm

解き方
(1)階級値は各階級の真ん中の値である。
㋒20－(4＋9＋1)＝6
(2)度数が最も多いのは 155 cm 以上 165 cm 未満の階級で，その階級値は 160 cm である。

p.128～129　ぴたトレ1

1 (1)㋐37　㋑0.250　㋒1.000　㋓0.700　㋔1.000
(2)0.55
(3)0.6
(4)150 cm 以上 160 cm 未満の階級
(5)160 cm 未満

解き方
(相対度数)＝$\dfrac{(階級の度数)}{(度数の合計)}$ で求める。また，累積度数は最も小さい階級から各階級までの度数の合計であり，累積相対度数は最も小さい階級から各階級までの相対度数の合計である。
(1)㋐28＋9＝37(人)
㋑10÷40＝0.250
㋒相対度数の合計は 1.000 である。
㋓0.400＋0.300＝0.700
㋔0.925＋0.075＝1.000
(2)140 cm 以上 160 cm 未満の度数は，
10＋12＝22(人)となるので，その割合は，
22÷40＝0.55
(3)身長が 150 cm 以上の度数は，
12＋9＋3＝24(人)となるので，その割合は，
24÷40＝0.6
(4)中央値は 20 番目と 21 番目の身長の平均である。20 番目も 21 番目も 150 cm 以上 160 cm 未満の階級にふくまれる。
(5)(1)の㋓より，0.700×100＝70(%)なので，全体の 70 % は 160 cm 未満であることが分かる。

p.130～131　ぴたトレ1

1 (1)㋐0.396　㋑0.391
(2)0.39

解き方
(1)㋐198÷500＝0.396
㋑782÷2000＝0.391
(2)表より，0.39 に近づいていることが分かる。

2 (1)㋐0.61　㋑0.60
(2)0.6
(3)㋐

解き方
(1)㋐305÷500＝0.61
㋑596÷1000＝0.596
(2)表より，0.6 に近づいていることが分かる。
(3)(1)，(2)より，上向きになるほうが起こりやすいことが分かる。

p.132～133　ぴたトレ2

1 (1)10 kg
(2)35 kg 以上 45 kg 未満の階級

(3)下の図

(4)下の図

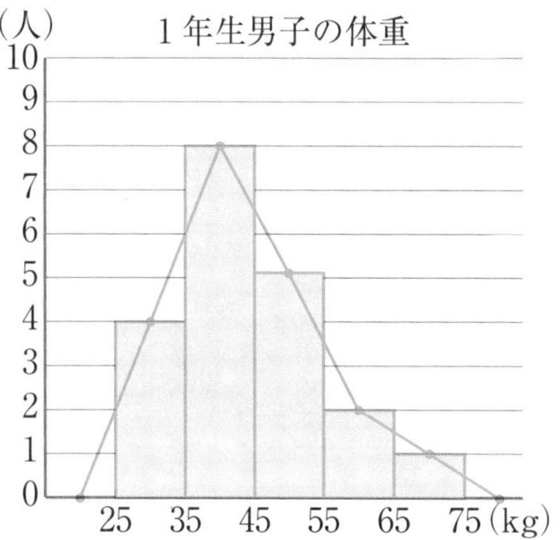

解き方

(1)35−25＝10(kg) なので，階級の幅は 10 kg である。

(2)表より，35 kg 以上 45 kg 未満の階級である。

(3)それぞれの階級の度数を度数分布表から読みとり，縦軸に値をとってグラフに表す。

(4)度数折れ線をかくときは，左右両端に度数 0 の階級があるものと考えて，横軸の上に点をとって結ぶ。

2 (1)19 人

(2)400 cm 以上 450 cm 未満の階級

(3)13 人

(4)450 cm 以上 500 cm 未満の階級

(5)下の図

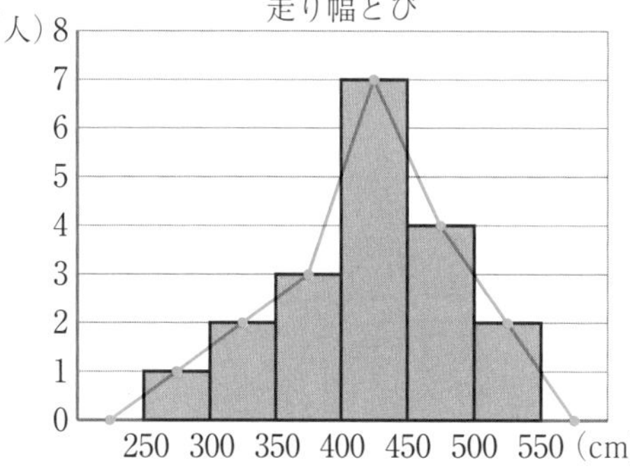

解き方

(1)男子の人数は，度数を全部たして，
1＋2＋3＋7＋4＋2＝19

(2)度数が最も多いのは，400 cm 以上 450 cm 未満の階級である。

(3)400 cm 以上の人は，400 cm 以上 450 cm 未満の 7 人と，450 cm 以上 500 cm 未満の 4 人と，500 cm 以上 550 cm 未満の 2 人の計 13 人である。

(4)450 cm をふくむのは，450 cm 以上 500 cm 未満の階級である。

(5)ヒストグラムのそれぞれの長方形の上の辺の中点をとり，左右両端に度数 0 の階級があるものと考えて，横軸の上に点をとって順に結ぶ。

3 (1)㋐33　㋑0.175　㋒1.000　㋓0.975　㋔1.000

(2)0.525

(3)12 m 以上 16 m 未満の階級

解き方

(1)㋐19＋14＝33(人)
㋑7÷40＝0.175
㋒相対度数の合計は 1.000 である。
㋓0.825＋0.150＝0.975
㋔1.000＋0＝1.000

(2)(14＋6＋1＋0)÷40＝0.525

(3)20 番目と 21 番目の記録はどちらも 12 m 以上 16 m 未満の階級にふくまれる。

4 (1)㋐0.370　㋑0.378

(2)0.4

(3)㋐

解き方

(1)㋐111÷300＝0.370
㋑189÷500＝0.378

(2)表より，0.4 に近づいていることが分かる。

(3)(1)，(2)より，表向きになるほうが起こりやすいことが分かる。

理解のコツ

・度数分布表やヒストグラムについての基礎をしっかり身につけておく。
・ことがらの起こりやすさは割合で考える。

p.134～135　ぴたトレ3

1 (1)A… 3 回　B… 4 回

(2)A…3.7 回　B…3.9 回

(3)B グループ

解き方

(1)A グループは 3 回が 4 人で最も多い。
B グループは 4 回が 4 人で最も多い。

(2)A グループ
(3＋0＋3＋2＋1＋10＋5＋3＋3＋7)÷10＝3.7
B グループ
(6＋1＋4＋5＋2＋4＋4＋3＋6＋4)÷10＝3.9

(3)A グループ
(3＋3)÷2＝3(回)
B グループ
(4＋4)÷2＝4(回)

2 (1)A チーム…4.5 点　B チーム… 5 点

(2)A チーム… 4 点　B チーム… 6 点

(3)A チーム…5 点　B チーム…8 点

解き方

資料を小さい順に並べて考える。

A…2　2　3　3　3　3　4　4　4　4
　4　4　4　4　5　5　5　5　6　6
　6　6　6　7　7　7　7　7

B…0　1　1　1　2　2　2　3　3　4
　4　4　4　5　5　5　5　5　6　6
　6　6　6　6　6　6　6　7　7　7
　8　8

(1)A チームは，中央の 2 つの数値が 4 と 5 であるから，

(4＋5)÷2＝4.5

B チームは，中央の 2 つの数値が 5 であるから，5

(2)A チームは 4 点が 8 人で最も多い。B チームは 6 点が 9 人で最も多い。

(3)A チームは，7－2＝5

B チームは，8－0＝8

❸ **(1)44 cm 以上 48 cm 未満の階級**

(2)7 人

(3)44 cm 以上 48 cm 未満の階級

解き方

(1)ヒストグラムの棒が 1 番長い階級を答える。

(2)1＋2＋4＝7(人)

(3)ヒストグラムから度数の合計を求めると，20 であるから，中央値は，数値の小さい方から数えて 10 番目と 11 番目の値の平均である。したがって，10 番目と 11 番目の人が入っている階級がどこかを調べればよい。

❹ **(1)㋐10　㋑8　㋒48　㋓0.175　㋔0.950**

(2)19 m 以上 21 m 未満の階級

(3)17 m 以上 19 m 未満の階級

(4)19 m 未満

解き方

(1)㋐18－8＝10

㋑80×0.100＝8

㋒32＋16＝48

㋓(32－18)÷80＝0.175

㋔(68＋8)÷80＝0.950

(2)15 m 以上 17 m 未満の階級の度数は，

32－18＝14(本)

19 m 以上 21 m 未満の階級の度数は，

68－48＝20(本)

23 m 以上 25 m 未満の階級の度数は，

80－76＝4(本)

よって，19 m 以上 21 m 未満の階級である。

(3)40 番目と 41 番目の木の高さはどちらも 17 m 以上 19 m 未満の階級にふくまれる。

(4)累積相対度数を調べると，17 m 以上 19 m 未満の階級が 0.600 なので，19 m 未満である。

❺ **(1)㋐0.540　㋑0.506**

(2)0.5

解き方

(1)㋐162÷300＝0.540

㋑506÷1000＝0.506

(2)表より，0.5 に近づいていることが分かる。

定期テスト予想問題〈解答〉 p.138〜151

p.138〜139 予想問題 1

出題傾向

正の数，負の数の計算問題は，必ず出題される。ミスをしないように注意し，確実に点をとれるようにしておこう。
また，基準を決めて，数量の過不足を正の数，負の数で表し，平均を求める問題もよく出題される。正の数，負の数のよくある応用問題なので，しっかり解けるようにしておこう。

1 (1)$2^2\times3^2\times5$ (2)28

解き方
(1)
2) 180
2) 90
3) 45
3) 15
　 5

(2)$84=2^2\times3\times7$
$196=2^2\times7^2$
どちらにもふくまれる素因数の積より，
$2^2\times7=28$

2 (1)-4.5 (2)-6 段
(3)A…-2.1 B…-0.4 C…$+0.7$

解き方
(1)0 より小さい数だから，負の数である。負の符号－を使って表す。
(2)「上がる」と「下がる」は，反対の性質をもつ数量である。「上がる」を正の数で表しているから，「下がる」は負の数で表す。したがって，「-6 段」とする。なお，「-6 段下がる」とするのは誤り。

3 (1)-1 (2)-7

解き方
(1)負の数では，絶対値が小さいほど大きい。
(2)絶対値は，数直線上で，原点からの距離を表している。また，数から符号を取り除いたものとみることができる。

4 (1)8 つ (2)$-1.2<-0.9$

解き方
(1)$-\frac{8}{3}=-2\frac{2}{3}$ だから，-2，-1，0，1，2，3，4，5 の 8 つ。

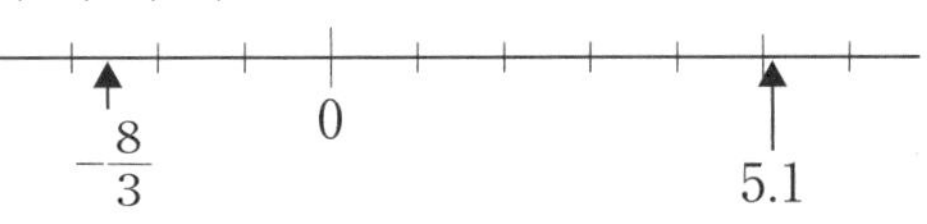

(2)負の数 -1.2 と -0.9 とでは，絶対値の大きい -1.2 の方が小さい。$-0.9>-1.2$ としても正解。

5 (1)-8 (2)-23 (3)-20 (4)-2
(5)-29 (6)-61 (7)1.1 (8)$-\frac{37}{20}$

解き方
(1)与式$=-(11-3)=-8$
(2)与式$=-(14+9)=-23$
(3)与式$=(-7)+(-13)$
$=-(7+13)$
$=-20$
(4)与式$=(-21)+(+19)$
$=-(21-19)$
$=-2$
(5)与式$=13+11-35-18$
$=24-53$
$=-29$
(6)与式$=-31-16+29-43$
$=-31-16-43+29$
$=-90+29$
$=-61$
(7)与式$=-1.6-2.7+5.4$
$=-4.3+5.4$
$=1.1$
(8)与式$=-\frac{3}{4}+\frac{2}{5}-\frac{3}{2}$
$=-\frac{15}{20}+\frac{8}{20}-\frac{30}{20}$
$=-\frac{45}{20}+\frac{8}{20}$
$=-\frac{37}{20}$

6 (1)63 (2)$\frac{1}{3}$ (3)$\frac{3}{2}$ (4)$-\frac{8}{3}$ (5)-14 (6)$-\frac{1}{4}$
(7)50 (8)$-\frac{9}{4}$ (9)24 (10)-0.6 (11)-12 (12)33

解き方
答えの正の符号ははぶいてよい。
(1)与式$=+(7\times9)=63$
(2)与式$=\frac{1}{\cancel{2}_1}\times\frac{\cancel{2}^1}{3}=\frac{1}{3}$
(3)与式$=+\left(\frac{1}{\cancel{3}_1}\times\frac{\cancel{5}^1}{\cancel{5}}\times\frac{\cancel{9}^3}{\cancel{10}_2}\right)=\frac{3}{2}$
(4)与式$=-\cancel{16}^8\times\frac{1}{\cancel{6}_3}=-\frac{8}{3}$
(5)与式$=-(112\div8)=-14$
(6)与式$=\left(-\frac{3}{8}\right)\times\frac{2}{3}=-\left(\frac{\cancel{3}^1}{\cancel{8}_4}\times\frac{\cancel{2}^1}{\cancel{3}_1}\right)=-\frac{1}{4}$

(7)与式 $=8\times\left(-\frac{5}{4}\right)\times(-5)$

$=+\left(\overset{2}{\cancel{8}}\times\frac{5}{\underset{1}{\cancel{4}}}\times5\right)$

$=50$

(8)与式 $=9\times\frac{1}{6}\times\left(-\frac{3}{2}\right)$

$=-\left(\overset{3}{\cancel{9}}\times\frac{1}{\underset{2}{\cancel{6}}}\times\frac{3}{2}\right)$

$=-\frac{9}{4}$

(9)与式 $=15-81\div(-9)$

$=15+9$

$=24$

(10)与式 $=(1-16)\times0.04$

$=-15\times0.04$

$=-0.6$

(11)与式 $=(36-18)\div(-3)\times(6-4)$

$=18\div(-3)\times2$

$=-(18\div3\times2)$

$=-12$

(12)(　　)の中を先に計算しないで，分配法則を使って計算する。

与式 $=\frac{4}{\underset{1}{\cancel{9}}}\times(-\overset{12}{\cancel{108}})-\frac{3}{\underset{1}{\cancel{4}}}\times(-\overset{27}{\cancel{108}})$

$=-48+81$

$=33$

7 (1)×　(2)×　(3)○　(4)○

解き方

実際に数をあてはめて調べるとよい。1つでも成り立たない例があれば，「常に成り立つとはいえない」といえる。

(1) $(-2)+(+3)=1$ で，(負の数)+(正の数)=(正の数)となることがある。

(2) $(-2)-(-3)=1$ で，(負の数)−(負の数)=(正の数)となることがある。

(3)異符号の2数の積は負の数になる。

(4)同符号の2数の商は正の数になる。

8 (1)59点　(2)22点　(3)64.6点

解き方

(1) $62+(-3)=59$

(2)最も点数の高い生徒はDで+15点，最も点数の低い生徒はBで−7点である。したがって，

$(+15)-(-7)=22$

(3)5人の生徒の点数を求めてから平均を求めるより，次のように表の点数の平均を求め，基準にした点数62点に加えたほうが簡単である。

$8-7+0+15-3=13$

$13\div5=2.6$

$62+2.6=64.6$

p.140~141

予想問題 2

出題傾向

文字式の計算は必ず出題される。基本的な計算力をみる問題が中心なので，計算ミスをしないように注意して，確実に点をとれるようにしておこう。数学のほとんどの問題で，文字式の計算を使うので，ふだんから計算練習をしっかりしておこう。計算では，正確さに加え，ある程度のスピードも大切だよ。

文字を使った数量関係の表し方や，読みとり方にも十分慣れておこう。

1 (1) $\boldsymbol{-0.1m}$　(2) $\boldsymbol{2ab^2}$

(3) $\boldsymbol{-\frac{3b}{a}}$　(4) $\boldsymbol{\frac{x}{6y}+11}$

解き方

(2)与式 $=2\times a\times b\times b=2ab^2$

(3)与式 $=\frac{-3}{a}\times b=-\frac{3b}{a}$

(4)与式 $=\frac{x}{6}\div y+11=\frac{x}{6y}+11$

$x\div6\div y=x\times\frac{1}{6}\times\frac{1}{y}$ と計算してもよい。

2 (1) $\boldsymbol{(-3)\times x\times y}$　(2) $\boldsymbol{2\times a\times a\times b}$

(3) $\boldsymbol{3\times b\div5}$　(4) $\boldsymbol{(x+y)\div z}$

解き方

(1) $-3\times x\times y$ としてもよい。

(4)分子の $x+y$ にはかっこをつけるのを忘れないようにする。

3 (1) $\boldsymbol{(80x+3y)}$ 円　(2) $\boldsymbol{0.95x}$ 円

解き方

(1)(鉛筆 x 本の代金)+(消しゴム3個の代金)

(2)定価の5%引きの代金は，$(1-0.05)x$ 円である。

4 (1)24　(2)−3　(3)−54　(4) $\boldsymbol{-\frac{11}{15}}$　(5)−5

解き方

(1) $-8a=-8\times(-3)=24$

(2) $-2x+5=-2\times4+5$

$=-8+5=-3$

(3) $2xy-x=2\times6\times(-4)-6$

$=-48-6=-54$

(4) $\frac{1}{3}x-\frac{2}{y}=\frac{1}{3}\times(-1)-\frac{2}{5}$

$=-\frac{1}{3}-\frac{2}{5}$

$=-\frac{5}{15}-\frac{6}{15}=-\frac{11}{15}$

(5) $x^2-y^2=(-2)^2-(-3)^2$

$=4-9=-5$

5 (1) $\boldsymbol{2x-14}$　(2) $\boldsymbol{17a-4}$　(3) $\boldsymbol{-9x-5}$

(4) $\boldsymbol{x+9}$　(5) $\boldsymbol{-4y+\frac{7}{6}}$

解き方

(1)与式$=5x-3x-14=2x-14$

(2)与式$=7a+10a-8+4=17a-4$

(3)与式$=6x-8-15x+3$
$=6x-15x-8+3=-9x-5$

(4)与式$=3x+5-2x+4$
$=3x-2x+5+4=x+9$

(5)与式$=-2y+\frac{5}{3}-2y-\frac{1}{2}$
$=-2y-2y+\frac{5}{3}-\frac{1}{2}$
$=-4y+\frac{10}{6}-\frac{3}{6}=-4y+\frac{7}{6}$

6 **(1)$-12x$　(2)$-4x$　(3)$-12x+9$**
(4)$-2x+5$　(5)$2x-2$　(6)$-20a+35$

解き方

(1)与式$=(-4)\times3\times x=-12x$

(2)与式$=\frac{6}{5}x\times\left(-\frac{10}{3}\right)$
$=\frac{\overset{2}{\cancel{6}}}{\underset{1}{\cancel{5}}}\times\left(-\frac{\overset{2}{\cancel{10}}}{\underset{1}{\cancel{3}}}\right)\times x=-4x$

(3)与式$=4x\times(-3)-3\times(-3)=-12x+9$

(4)与式$=\frac{8x-20}{-4}=\frac{\overset{2}{\cancel{8}}x}{-\underset{1}{\cancel{4}}}-\frac{\overset{5}{\cancel{20}}}{-\underset{1}{\cancel{4}}}=-2x+5$

わる数の逆数をかける乗法に直して計算してもよい。

(5)与式$=\frac{x-1}{\underset{1}{\cancel{6}}}\times\overset{2}{\cancel{12}}$
$=(x-1)\times2=2x-2$

(6)与式$=(-\overset{5}{\cancel{15}})\times\frac{4a-7}{\underset{1}{\cancel{3}}}$
$=(-5)\times(4a-7)=-20a+35$

7 **(1)$a-5b=c$　(2)$\frac{x}{12}=\frac{x}{4}-1$**
(3)$8a\geqq250$　(4)$x-6\leqq3x$

解き方

(1) 5分間に捨てた水の量は$5b$ Lである。
(全体の水の量)−(捨てた水の量)
=(残りの水の量)で,
$a-5b=c$
$a=5b+c$としてもよい。

(2)(時間)$=\frac{(\text{道のり})}{(\text{速さ})}$である。
x kmの道のりを時速12 kmで走ると,$\frac{x}{12}$時間かかる。この時間は,時速4 kmでx kmの道のりを歩く$\frac{x}{4}$時間より1時間少ないから,
$\frac{x}{12}=\frac{x}{4}-1$
$\frac{x}{12}+1=\frac{x}{4}$としてもよい。

(3) 1個a円のみかん8個の代金$8a$円が250円以上であるから,
$8a\geqq250$
250以上とは,250か250より大きいという意味であるから,=と>を合わせた記号≧を使う。
$250\leqq8a$としてもよい。

(4)xから6をひいた数は$x-6$,xを3倍した数は$3x$で,$x-6$が$3x$以下であるから,
$x-6\leqq3x$
$3x$以下とは,$3x$か$3x$より小さいという意味であるから,=と<を合わせた記号≦を使う。
$3x\geqq x-6$としてもよい。

p.142~143　予想問題 3

出題傾向

方程式を解く問題はよく出題されるが,複雑な問題はあまり出題されないので,ミスなく確実に解けるようにしておこう。方程式の応用問題も出題率は高い。「方程式をつくる」「計算過程を示す」場合もあるので,わかりやすく記述できるように,日ごろから注意して解くようにしよう。

1 **(1)㋒　(2)1**

解き方

(1)それぞれの方程式のxに$x=3$を代入して調べる。
㋐左辺$=3-4=-1$
右辺$=1$
㋑左辺$=3\times3-2=7$
右辺$=2\times3+3=9$
㋒左辺$=3\times(1-3)=-6$
右辺$=3-9=-6$
左辺=右辺となるのは㋒である。

(2)方程式$-2x+6=4$のxに,それぞれ-1,0,1を代入して調べる。
$x=-1$のとき,
左辺$=(-2)\times(-1)+6=8$　右辺$=4$
$x=0$のとき,
左辺$=6$　右辺$=4$
$x=1$のとき,
左辺$=(-2)\times1+6=4$　右辺$=4$
左辺=右辺となるのは$x=1$のときである。

2 **(1)$x=-7$　(2)$x=2$　(3)$x=-4$**
(4)$x=-16$　(5)$x=-4$　(6)$x=2$

解き方

(1) 5を移項すると,
$x=-2-5$
$=-7$

(2) −8 を移項すると,

$x=-6+8$

$=2$

(3)両辺を 7 でわると,

$\frac{7x}{7}=-\frac{28}{7}$

$x=-4$

(4)両辺に 4 をかけると,

$-\frac{x}{4}\times 4=4\times 4$

$-x=16$

$x=-16$

(5) $5x$, −8 を移項すると,

$2x-5x=4+8$

$-3x=12$

$x=-4$

(6) $-6x$, −3 を移項すると,

$2x+6x=13+3$

$8x=16$

$x=2$

3 **(1) $x=6$ (2) $x=7$ (3) $x=-3$**

(4) $x=-2$ (5) $x=\frac{2}{21}$ (6) $x=\frac{11}{7}$

解き方

かっこのある式は，まずかっこをはずす。係数に小数をふくむ式は，両辺に 10，100 などをかけて，係数を整数にしてから解く。係数に分数がある方程式は，分母の公倍数をかけて，係数を整数にしてから解く。与えられた方程式を簡単な形にしてから解くことがポイントである。

(1)かっこをはずすと,

$4x=6x-12$

$4x-6x=-12$

$-2x=-12$

$x=6$

(2)かっこをはずすと,

$2x+6=5x-15$

$2x-5x=-15-6$

$-3x=-21$

$x=7$

(3)両辺に 10 をかけると,

$(0.4x-0.3)\times 10=(1.5x+3)\times 10$

$4x-3=15x+30$

$4x-15x=30+3$

$-11x=33$

$x=-3$

(4)両辺に 100 をかけると,

$(0.16x+0.5)\times 100=-0.09x\times 100$

$16x+50=-9x$

$16x+9x=-50$

$25x=-50$

$x=-2$

(5) x の係数を整数にするには，両辺に 4 をかければよいが，数の項にも分数があるから，数の項も整数になるように，両辺に 12 をかける。両辺に 12 をかけると,

$\left(\frac{1}{4}x+\frac{1}{3}\right)\times 12=\left(-\frac{3}{2}x+\frac{1}{2}\right)\times 12$

$\frac{1}{4}x\times 12+\frac{1}{3}\times 12=-\frac{3}{2}x\times 12+\frac{1}{2}\times 12$

$3x+4=-18x+6$

$21x=2$

$x=\frac{2}{21}$

(6)両辺に 6 をかけると,

$\left(1-\frac{x-3}{2}\right)\times 6=\left(x-\frac{x-2}{3}\right)\times 6$

$1\times 6-(x-3)\times 3=x\times 6-(x-2)\times 2$

$6-3x+9=6x-2x+4$

$-3x-6x+2x=4-6-9$

$-7x=-11$

$x=\frac{11}{7}$

4 **(1)250 円 (2)150 円**

解き方

(1)弟がはじめに持っていた金額を x 円とすると，現在の 2 人の所持金は，兄が $(3x-200)$ 円，弟が $(x+300)$ 円と表すことができ，この 2 つの式は等しい。

$3x-200=x+300$

$3x-x=300+200$

$2x=500$

$x=250$

弟がはじめに持っていた金額 250 円は，問題の答えに適している。

(2)りんご 1 個の値段を x 円とすると，持っていたお金は $(8x-200)$ 円，$(6x+100)$ 円と 2 通りで表すことができ，この 2 つの式は等しい。

$8x-200=6x+100$

$8x-6x=100+200$

$2x=300$

$x=150$

りんご 1 個の値段 150 円は，問題の答えに適している。

5 **1600 m**

解き方

分速 80 m で歩いた道のりを x m とすると，分速 60 m で歩いた道のりは
$(4000-x)$ m である。

$(時間)=\dfrac{(道のり)}{(速さ)}$ であるから，時間について方程式をつくると，

$$\frac{4000-x}{60}+\frac{x}{80}=60$$

$\frac{4000-x}{60}$ 分　$\frac{x}{80}$ 分

60 分

この方程式を解く。
両辺に 240 をかけると，

$$\left(\frac{4000-x}{60}+\frac{x}{80}\right)\times 240=60\times 240$$
$$4(4000-x)+3x=14400$$
$$16000-4x+3x=14400$$
$$-4x+3x=14400-16000$$
$$-x=-1600$$
$$x=1600$$

分速 80 m で歩いた道のり 1600 m は，問題の答えに適している。

6 (1)$\boldsymbol{x=54}$　(2)$\boldsymbol{x=24}$　(3)$\boldsymbol{x=\dfrac{14}{3}}$　(4)$\boldsymbol{x=4}$

解き方

(1)$x\times 1=9\times 6$
$x=54$
(2)$4\times 18=3\times x$
$3x=72$
$x=24$
(3)$4\times 3x=7\times 8$
$12x=56$
$x=\dfrac{14}{3}$
(4)$2\times(14-x)=5\times x$
$28-2x=5x$
$-7x=-28$
$x=4$

7 **50 円**

解き方

値上がりした金額を x 円とすると，

$$(400+x):(670+x)=5:8$$
$$(400+x)\times 8=(670+x)\times 5$$
$$3200+8x=3350+5x$$
$$8x-5x=3350-3200$$
$$3x=150$$
$$x=50$$

値上がりした金額 50 円は，問題の答えに適している。

p.144〜145　予想問題 4

出題傾向

比例と反比例では，比例の問題の方がよく出題される。また，比例と反比例の両方を扱った問題では，比例と反比例のグラフの交点から式を求める問題が出るので注意しておこう。

1 (1)$\boldsymbol{y=\dfrac{50}{x}}$　△　(2)$\boldsymbol{y=4x+6}$　×
(3)$\boldsymbol{y=7x}$　○

解き方

$y=ax$ という形に表すことができれば比例，
$y=\dfrac{a}{x}$ という形に表すことができれば反比例である。

(1)平行四辺形の面積は，(底辺)×(高さ)で求められるから，$(高さ)=\dfrac{(面積)}{(底辺)}$ で，$y=\dfrac{50}{x}$

(2)長方形の周りの長さは，(縦)×2＋(横)×2 で求められるから，
$y=2x+2(x+3)$
$=2x+2x+6$
$=4x+6$

(3)100 g が 700 円であるから，1 g は 7 円である。
したがって，$y=7x$

2 (1)$\boldsymbol{y=8}$　(2)$\boldsymbol{y=-\dfrac{3}{2}}$　(3)$\boldsymbol{-56\leqq y\leqq 0}$

解き方

(1)$y=ax$ で，$x=4$ のとき $y=-8$ であるから，
$-8=a\times 4$
$a=-2$
したがって，$y=-2x$
$y=-2x$ に $x=-4$ を代入すると，
$y=-2\times(-4)$
$=8$

(2)$y=\dfrac{a}{x}$ で，$x=5$ のとき $y=3$ であるから，
$3=\dfrac{a}{5}$
$a=15$
したがって，$y=\dfrac{15}{x}$
$y=\dfrac{15}{x}$ に $x=-10$ を代入すると，
$y=\dfrac{15}{-10}$
$=-\dfrac{3}{2}$

(3)$y=ax$ で，$x=-6$ のとき $y=-42$ であるから，
$-42=a\times(-6)$
$a=7$

$y=7x$ で，$x=-8$ のとき $y=-56$

$x=0$ のとき $y=0$

したがって，y の変域は，$-56 \leqq y \leqq 0$

❸

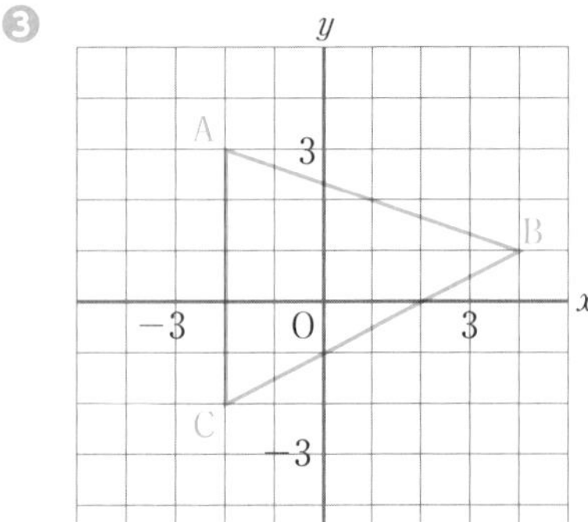

解き方 原点 O から，x 軸の負の方向に 2，y 軸の正の方向に 3 進んだ点が A である。

❹

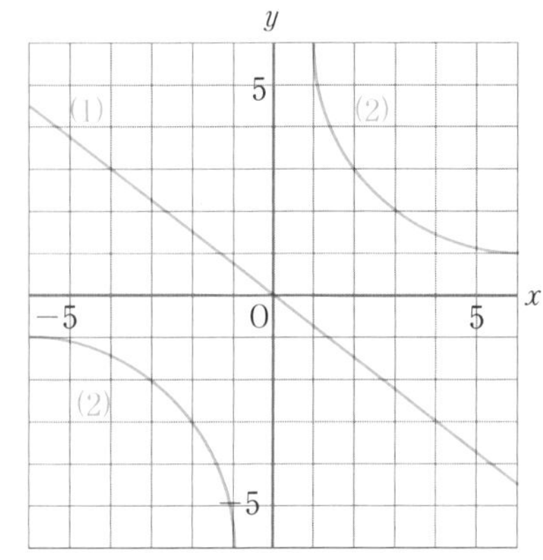

解き方
(1)$x=4$ のとき $y=-3$ であるから，
点 $(4,\ -3)$ を通る。

(2)対応する x と y の値を表にまとめると次のようになる。

x	-6	-5	-4	-3	-2	-1
y	-1	-1.2	-1.5	-2	-3	-6

x	1	2	3	4	5	6
y	6	3	2	1.5	1.2	1

❺ **(1)$y=-\frac{4}{5}x$　(2)$y=\frac{8}{x}$**

解き方
(1)点 $(5,\ -4)$ を通るから，
$y=ax$ に $x=5$，$y=-4$ を代入すると，

$$-4=a\times 5$$
$$a=-\frac{4}{5}$$

したがって，$y=-\frac{4}{5}x$

(2)点 $(4,\ 2)$ を通るから，$y=\frac{a}{x}$ に $x=4$，$y=2$ を代入すると，

$$2=\frac{a}{4}$$
$$a=8$$

したがって，$y=\frac{8}{x}$

❻ $\frac{3}{2}$

解き方
まず点 A の座標を求め，曲線②の式を求める。次に，曲線②の式に $x=8$ を代入して点 B の y 座標を求める。

点 A の y 座標は，$y=3x$ に $x=-2$ を代入すると，

$$y=3\times(-2)$$
$$y=-6$$

点 A の座標は $(-2,\ -6)$ である。

曲線②の式を $y=\frac{a}{x}$ として，この式に $x=-2$，$y=-6$ を代入すると，

$$-6=\frac{a}{-2}$$
$$a=12$$

したがって，曲線②の式は，$y=\frac{12}{x}$

点 B の y 座標は，$y=\frac{12}{x}$ に点 B の x 座標の値 8 を代入して，

$$y=\frac{12}{8}$$
$$=\frac{3}{2}$$

❼ (1)

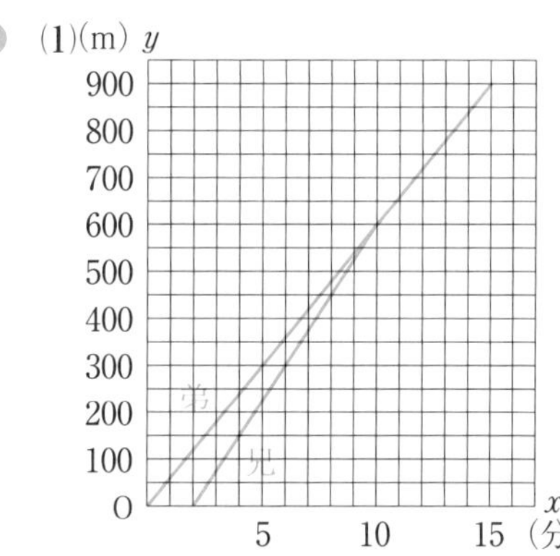

(2)分速 75 m

解き方
(1)(時間)＝(道のり)÷(速さ)であるから，
$900\div 60=15$ で，弟のグラフは，原点と点 $(15,\ 900)$ を通る直線である。直線の式は，$y=60x$ である。
兄は弟が家を出発した 2 分後に出発したから，兄のグラフは点 $(2,\ 0)$ を通る直線である。兄は家を出発してから 8 分後に弟に追い着くから，x 座標が 10 のとき，弟のグラフと交わる。交点は $(10,\ 600)$ である。

なお，「兄が弟に追い着くまでのようす」をグラフにかくので，兄のグラフは，x の変域を $2 \leqq x \leqq 10$ としてかけばよい。弟のグラフも兄のグラフと交わるところまででもよい。

(2)兄は，600 m の道のりを 8 分で歩いた。
(速さ)＝(道のり)÷(時間) であるから，
600÷8＝75 で，兄の歩く速さは分速 75 m。

8 **(1)毎秒 4 回転　(2)12**

解き方

2 つの歯車はかみ合っているから，1 秒間にかみ合う歯車 A と歯車 B の歯の数は同じである。

(1)歯数 32 の歯車 A が毎秒 6 回転するとき，歯車 A と歯車 B がかみ合う歯数は 32×6＝192 である。歯車 B の歯数を x，歯車 B の毎秒の回転数を y とすると，$xy=192$ より，$y=\dfrac{192}{x}$

$y=\dfrac{192}{x}$ に $x=48$ を代入すると，

$$y=\frac{192}{48}=4$$

したがって，歯車 B は毎秒 4 回転する。

(2)歯数 18 の歯車 B が毎秒 8 回転するとき，歯車 A と B がかみ合う歯数は 18×8＝144 である。歯車 A の毎秒の回転数を x，歯数を y とすると，$xy=144$ より，$y=\dfrac{144}{x}$

$y=\dfrac{144}{x}$ に $x=12$ を代入すると，

$$y=\frac{144}{12}=12$$

したがって，歯車 A の歯数は 12 にすればよい。

p.146〜147　予想問題 5

出題傾向

作図の問題がよく出題される。2 つの条件が与えられていて，その条件を満たす作図の問題も多い。基本の 3 つの作図(垂直二等分線，角の二等分線，垂線の作図)のしかたをしっかり身につけておくだけでなく，図形の性質を考えて，基本の作図を組み合わせて作図するしかたにも十分慣れておこう。おうぎ形の弧の長さや面積，中心角を求める問題も基本であり，必ず出題されるので，確実に計算できるようにしておくことが大切である。

1 **(1)交わらない　(2)交わる　(3)∠ABC**

解き方

(1)次の図のように，線分 CD は 2 点 C，D を両端とする直線の一部分であるから，直線 AB と線分 CD は交わらない。

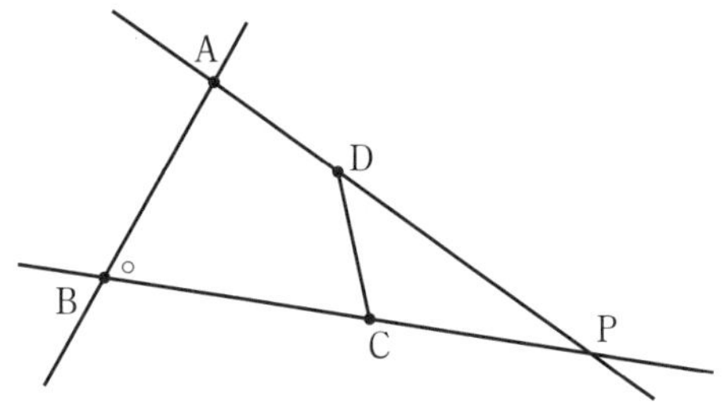

(2)上の図のように直線 AD と直線 BC は点 P で交わる。

(3)線分 AB と線分 BC によってできる角は，上の図の◦印をつけた角で，∠ABC と表す。

2 **下の図**

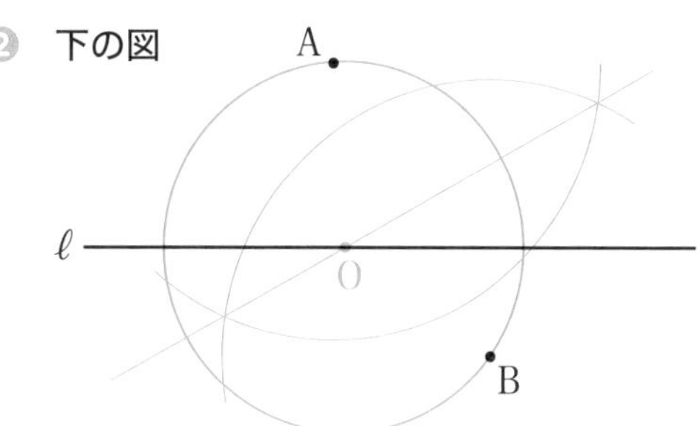

解き方

OA＝OB より，点 O は線分 AB の垂直二等分線上にある。線分 AB の垂直二等分線と直線 ℓ との交点を O とし，半径が OA の円を作図する。

3 **(1)(2)下の図**

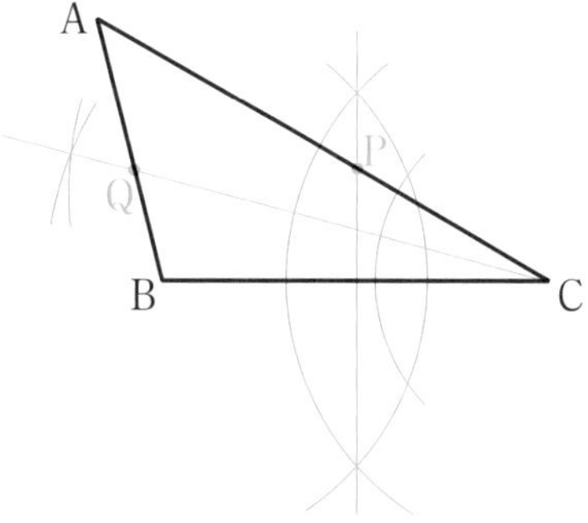

解き方

(1)辺 AC 上にある線分 BC の垂直二等分線上の点を P とすればよい。

(2) 2 辺までの距離が等しい点は，その 2 辺がつくる角の二等分線上にある。∠ACB の二等分線をひき，辺 AB との交点を Q とする。

4 **下の図**

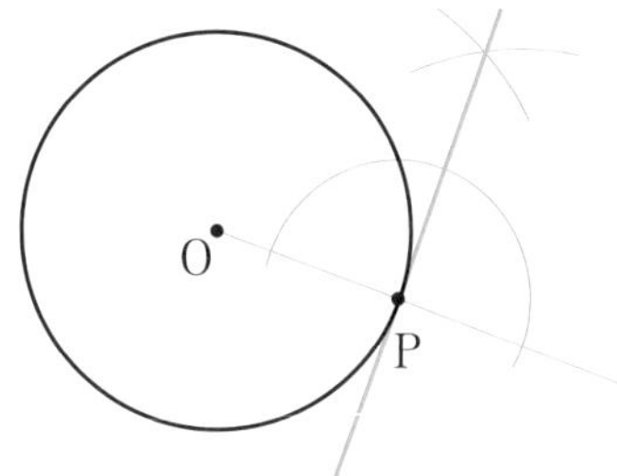

解き方　直線(半直線)OP をひき，点 P を通る直線 OP の垂線を作図する。

❺ **下の図**

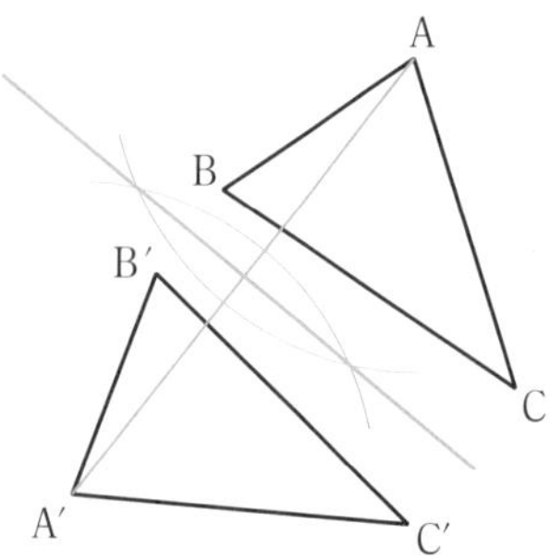

解き方　対称の軸は，対応する 2 点を結ぶ線分の垂直二等分線であるから，上の図のように，線分 AA′ の垂直二等分線を作図する。

❻ **(1)回転移動，平行移動**

(2)辺 EB，辺 FG

解き方　(2)点 A に対応する点は，点 E，点 F で，点 B に対応する点は，点 B，点 G である。辺 AB に対応する辺を示すときは，辺 BE，辺 GF などとしないで，対応する点の順をそろえて，辺 EB，辺 FG と書くようにする。

❼ **弧の長さ…6π cm**

面積…24π cm^2

解き方

$\ell = 2\pi \times 8 \times \frac{135}{360}$

$= 6\pi$(cm)

$S = \pi \times 8^2 \times \frac{135}{360}$

$= 24\pi$(cm^2)

❽ **48°**

解き方　中心角を $a°$ とすると，

$4\pi = 2\pi \times 15 \times \frac{a}{360}$

$a = 48$

❾ **8π cm**

解き方　頂点 A がえがく線は，下の図のようになる。

したがって，

$2\pi \times 6 \times \frac{120}{360} \times 2$

$= 8\pi$(cm)

p.148〜149　予想問題 6

出題傾向

空間図形では，角柱，円柱の表面積，角錐，円錐の体積，表面積の問題がよく出る。体積，表面積の問題は，回転体，展開図，投影図などと関連して出ることも多い。
特に，回転体と円錐の体積，表面積の問題は，よく練習しておこう。
円錐の表面積を求める問題は，与えられる条件のタイプがいろいろあるので，よく練習しておこう。
直線，平面の位置関係については，ねじれの位置の問題がよく出る。

❶ **(1)正六角形**

(2)1 つ

(3)二等辺三角形

(4)6 つ

解き方　正六角錐は，底面が正六角形で，側面がすべて合同な二等辺三角形である。

❷ **(1)5 つ**

(2)辺 AC，辺 AD

(3)辺 BF，辺 BE，辺 EF

(4)面 BFGC⊥面 BEF

解き方　(1)辺 AB とねじれの位置にある辺は，辺 CG，辺 DG，辺 DE，辺 EF，辺 GF

(2)辺 BE とねじれの位置にある辺は，
辺 AC，辺 AD，辺 CG，辺 DG，辺 GF
辺 GF とねじれの位置にある辺は，
辺 AB，辺 AC，辺 AD，辺 AE，辺 BE
どちらともねじれの位置にある辺は，下線をひいた辺である。

(3)面 ADGC 上になく，交わらない辺を見つける。

(4)面 BEF は，面 BFGC に垂直な辺 EF をふくんでいるから，面 BFGC と面 BEF は垂直である。

❸ **㋒**

解き方　㋐，㋑，㋓は，それぞれ下のような図を 1 回転させてできる回転体である。

㋐ ℓ

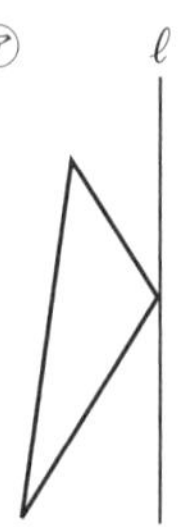

㋑ ℓ

㋓ ℓ

4 **(1)正五角柱**

(2)円錐

解き方

見取図は，それぞれ下の図のようになる。(1)は底面が正五角形であるから，五角柱とせず，正五角柱と答える。

(1)

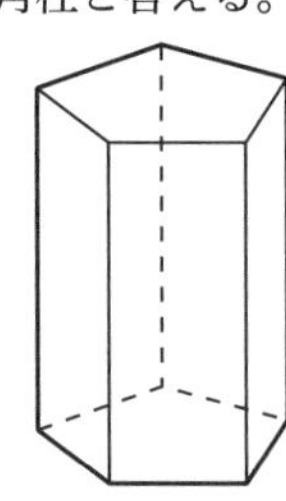

(2)

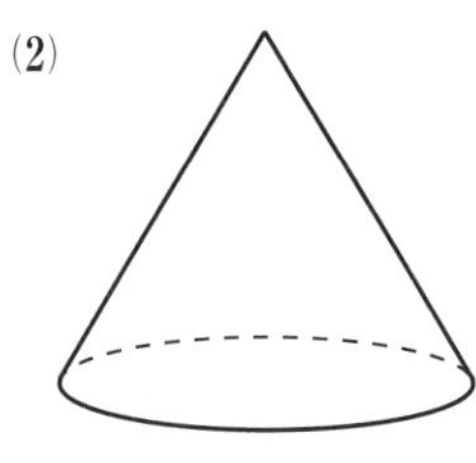

5 **(1)体積…720 cm^3　表面積…576 cm^2**

(2)体積…32π cm^3　表面積…40π cm^2

解き方

(1)体積は，$V=Sh$ より，

$\frac{1}{2}\times12\times8\times15=720$

底面積は，$\frac{1}{2}\times12\times8=48$

側面積は，$15\times(10+10+12)=480$

したがって，表面積は，

$48\times2+480=576$

(2)体積は，$V=Sh$ より，

$\pi\times2^2\times8=4\pi\times8=32\pi$

底面積は，$\pi\times2^2=4\pi$

側面積は，$8\times(2\pi\times2)=32\pi$

したがって，表面積は，

$4\pi\times2+32\pi=40\pi$

6 **(1)400 cm^3**

(2)360 cm^2

解き方

正四角錐であるから，底面は1辺10 cmの正方形である。

(1)$V=\frac{1}{3}Sh$ より，

$\frac{1}{3}\times10^2\times12=\frac{1}{3}\times100\times12=400$

(2)底面積は，$10\times10=100$

側面積は，$\frac{1}{2}\times10\times13\times4=260$

したがって，表面積は，

$100+260=360$

7 **(1)972π cm^3**

(2)324π cm^2

解き方

(1)$V=\frac{4}{3}\pi r^3$ より，

$\frac{4}{3}\times\pi\times9^3=972\pi$

(2)$S=4\pi r^2$ より，

$4\pi\times9^2=324\pi$

8 **(1)下の図　(2)192π cm^3　(3)192π cm^2**

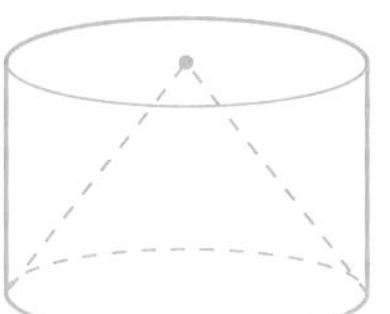

解き方

(1)底面の円の半径が6 cm，高さ8 cmの円柱から，同じ底面積，高さの円錐を切りとった形である。

(2)円錐の体積は，底面積も高さも等しい円柱の体積の $\frac{1}{3}$ であることに着目する。

この立体の体積は，

$1-\frac{1}{3}=\frac{2}{3}$

より，円柱の体積の $\frac{2}{3}$ になる。

したがって，

$\pi\times6^2\times8\times\frac{2}{3}=36\pi\times8\times\frac{2}{3}=192\pi$

(3)この立体の表面積は，

(円柱の底面積)+(円柱の側面積)+(円錐の側面積)である。

円柱の底面積…$\pi\times6^2=36\pi$

円柱の側面積…$8\times(2\pi\times6)=96\pi$

円錐の側面積を求めるには，下の図のおうぎ形の面積を求めればよい。

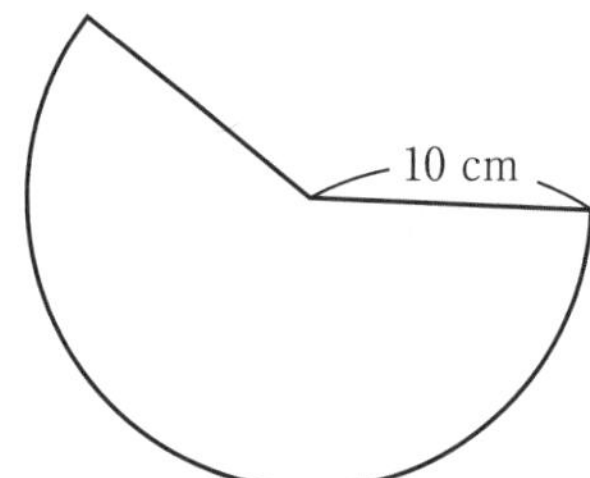

おうぎ形の弧の長さは，底面の円の周の長さに等しいから，

$2\pi\times6=12\pi$

おうぎ形の中心角を $a°$ とすると，

$12\pi=2\pi\times10\times\frac{a}{360}$

これを解くと，$a=216$

よって，円錐の側面積は，

$\pi\times10^2\times\frac{216}{360}=60\pi$

したがって，この立体の表面積は，

$36\pi+96\pi+60\pi=192\pi$

p.150~151 予想問題 7

出題傾向

度数分布表の読み方や平均値を求める問題がよく出題される。ヒストグラムの読み方やそこから平均値を求める問題も出る。中央値(メジアン)，最頻値(モード)，範囲，累積度数，累積相対度数なども，その意味や求め方をよく理解しておこう。平均値を求める問題では，計算が多くなる場合があるので，計算ミスをしないよう，また見直しもしっかりしておこう。

1 **(1)14 人　(2)102 分**

解き方

(1)テレビを見た時間が 120 分未満の生徒は，0 分以上 60 分未満の 6 人と，60 分以上 120 分未満の 8 人の計 14 人である。

(2)次のように計算する。

階級(分)	階級値(分)	度数(人)	(階級値)×(度数)
以上　未満			
0～ 60	30	6	30×6＝180
60～120	90	8	90×8＝720
120～180	150	3	150×3＝450
180～240	210	2	210×2＝420
240～300	270	1	270×1＝270
		20	2040

$(\text{平均値})=\dfrac{(\text{階級値})\times(\text{度数})\text{の合計}}{(\text{度数の合計})}$ より，

2040÷20＝102

2 **(1)40 人　(2)10 分　(3)0.3**

解き方

(1)10＋12＋8＋7＋2＋1＝40

(3)度数が最も大きい階級は，10 分以上 20 分未満の階級で，度数は 12 である。

$(\text{相対度数})=\dfrac{(\text{その階級の度数})}{(\text{度数の合計})}$ より，

12÷40＝0.3

3 **(1) 1 組…26 kg　2 組…30 kg**

(2) 2 組

解き方

(1) 1 組で 24 kg 未満の割合は

0.05＋0.2＝0.25

28 kg 未満の割合は 0.25＋0.3＝0.55

したがって，中央値がふくまれる階級は 24 kg 以上 28 kg 未満である。階級値を求めるので，26 kg とする。

2 組で度数の小さい方から数えて 10 番目，11 番目の人が入っている階級は 28 kg 以上 32 kg 未満の階級。階級値は 30 kg である。

(2) 1 組は，0.15＋0.1＝0.25

2 組は，(4＋3)÷20＝0.35

4 **(1)中央値… 2 冊　最頻値… 3 冊**

(2)中央値… 2 冊　最頻値… 2 冊

(3)㋒，㋓

解き方

男子，女子のどちらの資料も小さい順に並べて考える。

男子…0　0　0　1　1　1　2　2　2　2
　　　2　3　3　3　3　3　3　3　6　8

女子…0　1　1　2　2　2　2　2　2　2
　　　2　2　2　3　3　3　4　4　5　5

(1)男子の中央値は，中央の 2 つの数値が 2 であるから 2，最頻値は，3 冊が 7 人で最も多いから 3 である。

(2)女子の中央値は，中央の 2 つの数値が 2 であるから 2，最頻値は，2 冊が 10 人で最も多いから 2 である。

(3)男子の平均値は，48÷20＝2.4

女子の平均値は，49÷20＝2.45

男子の範囲は，8－0＝8

女子の範囲は，5－0＝5

平均値はほぼ同じ，中央値は同じである。男子と女子では最頻値が異なり，範囲は男子の方が大きいから，男子の資料のほうが散らばりの程度が大きい。

5 **(1)㋐ 5　㋑0.28　㋒0.32　㋓0.52　㋔0.84**

(2)20 分以上 25 分未満の階級

(3)15 分以上 20 分未満の階級

解き方

(1)㋐25×0.20＝5

㋑7÷25＝0.28

㋒25－(1＋7＋5＋4)＝8

8÷25＝0.32

㋓0.32＋0.20＝0.52

㋔0.52＋0.32＝0.84

(2)(1)より，度数が最も多いのは 20 分以上 25 分未満の階級である。

(3)13 番目の通学時間は 15 分以上 20 分未満の階級にふくまれる。